All'Ill.mo Signore
Il Sig. Abbate Sebastiano Venier
Patritio Veneto.
Ruota perpetua della Settuagesima. F. serue a Febraio. G. a Genaro.
Ruota perpetua della Quadragesima. F. serue a Febraio. M. a Marzo.
Ruota perpetua della Pascha. M. serue a Marzo. A. a Aprile.
Ruota perpetua dell' Ascensione. M. serue a Maggio. G. a Giugno.
Ruota perpetua delle Pentecoste. M. serue a Maggio. G. a Giugno.
Ruota perpetua del Corpo di Christo M. serue a Maggio. G. a Giugno.
AVREVS NVMERVS
MONDO NVOVO
Globo della Terra.
Case delli 12 secondo
Venti collocati la Sphera.
Rotondità della
del Cielo, et Terra.
Nascimento et delle
Occaso Stelle.
Membri dell' Huomo dominati dalli dodici segni Celesti.
Nel Laboratorio del P. Coronelli in Venetia
U0186360

THE SKY ATLAS

星空5500年

THE SKY ATLAS

星空5500年

The Greatest Maps, Myths and Discoveries of the Universe

人类探索神话、历史和宇宙的伟大旅程

EDWARD BROOKE-HITCHING

[英] 爱德华 · 布鲁克 - 海钦 著

慕真 译

北京联合出版公司
Beijing United Publishing Co.,Ltd.

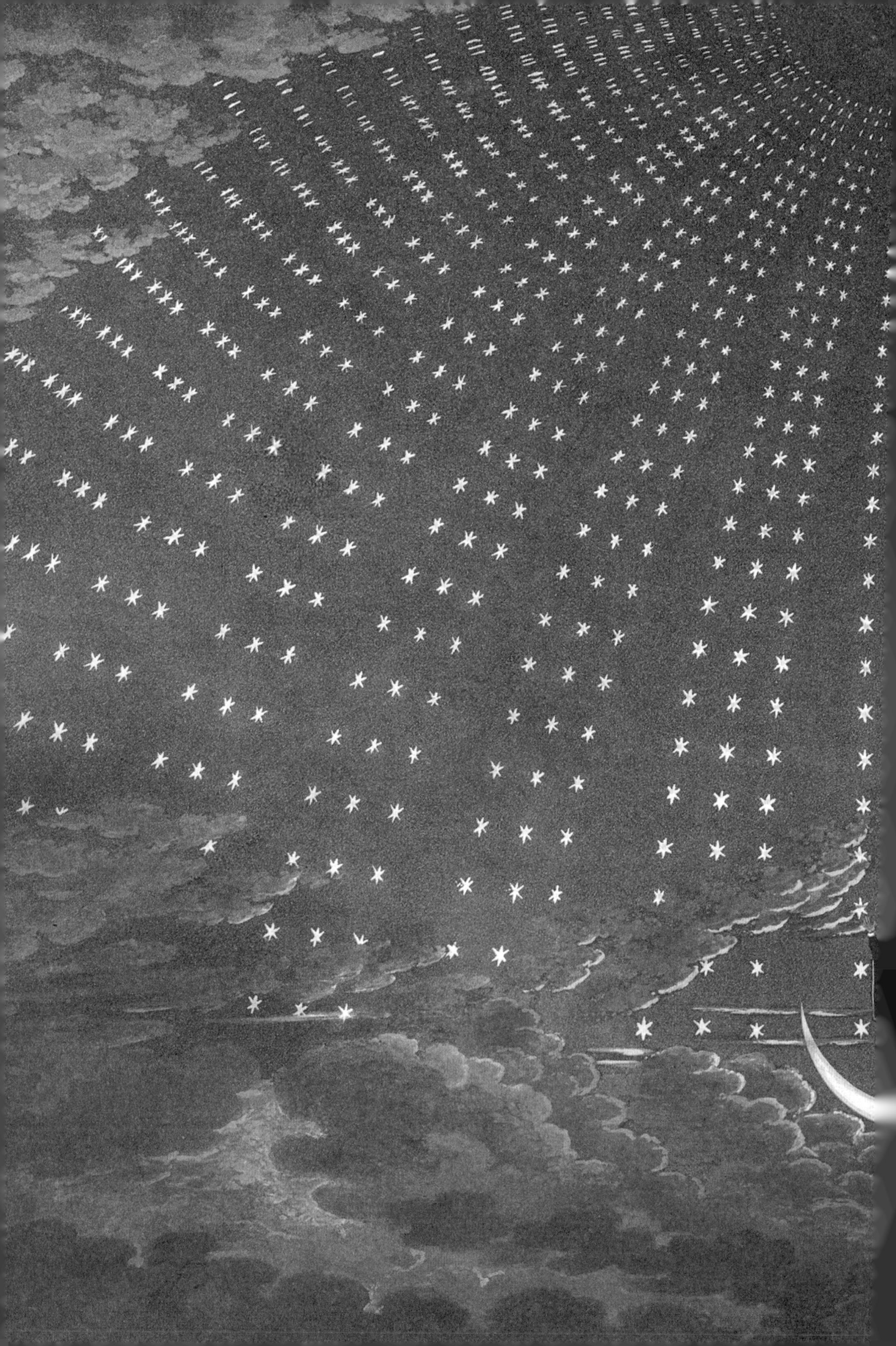

致弗拉维娅·埃比沙姆
由此上达群星。

Sive
ORBIVM MVNDI
PTOLEMA=
NO DI=
AQVARIVS
ECLIP
TICA
PISCES
ARIES
TAVRVS
ORBITA IOVIS
VIA
CIRCVLVS
PLANE
MVNDVS SVBLVNARIS
CVRRICVLVM
VENERIS
ITER MER
SATVRNI

目 录

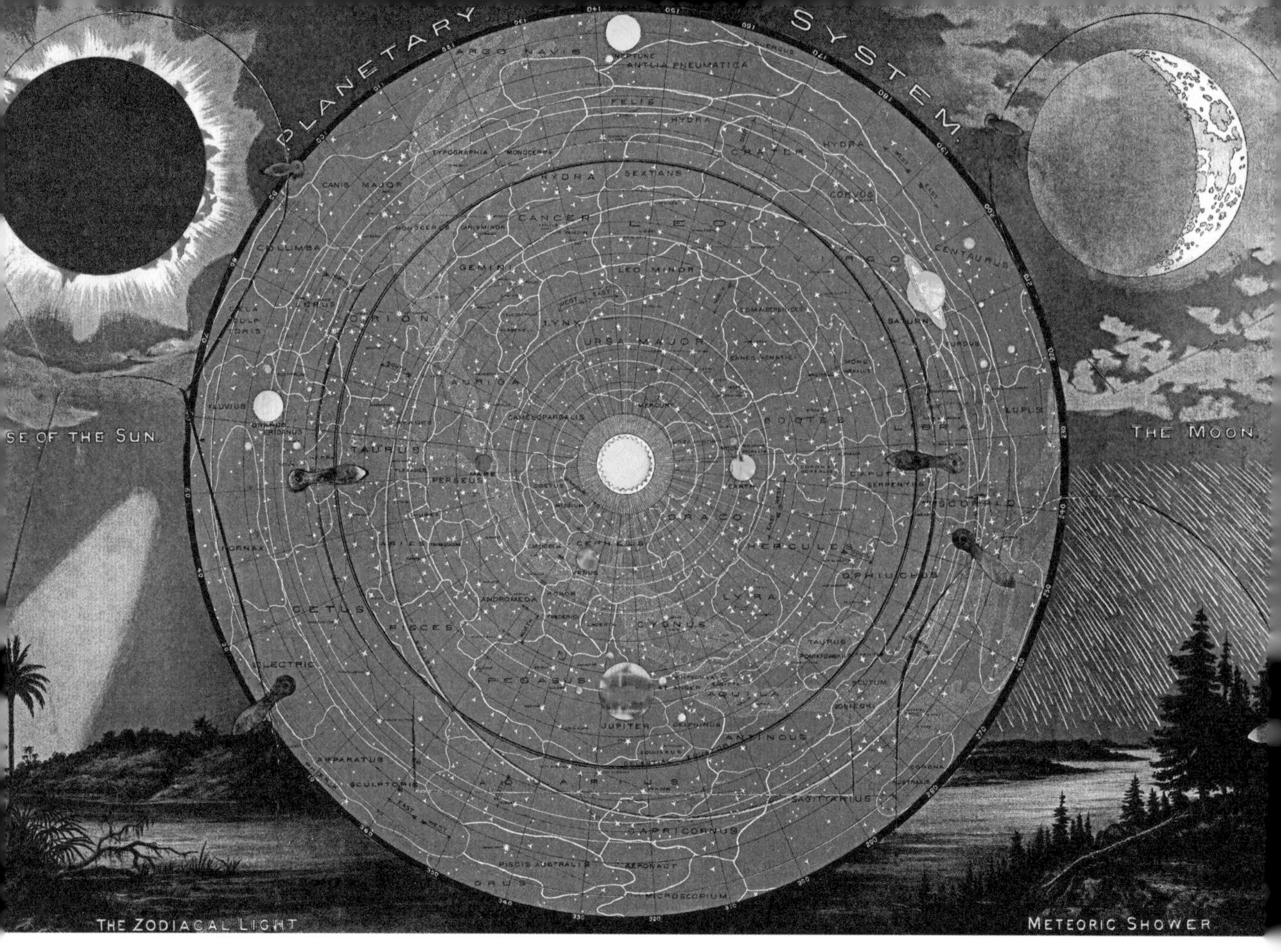

▲ 夜空，摘自《雅吉斯地理星图小绘本》（1887 年）。

序 言

“当我循着浩瀚群星的轨道前进时，我的双脚便再也触不到地面了。”

——托勒密

关于宇宙的起源，我们知道些什么？这个问题，不同的人会给出不一样的答案。一位现代宇宙学家肯定会回答由比利时神父乔治•勒梅特在 1927 年提出的“宇宙大爆炸”理论（详见第 206 页“宇宙的新视角：爱因斯坦、勒梅特和哈勃”），勒梅特提出一种猜想：现在的宇宙是从一个“宇宙蛋”（或称“原初原子”）的爆炸中产生的。在百亿年以前，所有的时间、空间和能量挤在一个密度无限大、温度无限高的“奇点”中。这个“奇点”在不到10^{-24}秒内，经由一次“大爆炸”而膨胀，我们的宇宙由此诞生，不断膨胀至目前直径930亿光年的规模。

如果问一位天体物理学家，他可能会争辩说，“大爆炸”可能不是宇宙的真正起源，因为以爱因斯坦广义相对论为基础的大爆炸理论，只能描绘在奇点之后发生了什么，但对之前的事一无所知。实际上，存在两个“大爆炸”理论，其中只能有一个为真。另一个“大爆炸”理论假设，时间和空间诞生得更早，在“大爆炸”之前，还存在一个极短的“暴胀”时期，这个时期内，驱动宇宙发展的并不是物质和辐射，而是其内生能量，即尚不可见的“暗能量”（详见第216页“20世纪以后天文学的突破性进展”）。虽然暗能量的存在目前也只是猜想，但它产生的效应明显是可观测的。如果再多问几位天体物理学家，他们可能会将爱因斯坦定律与近些年的量子方程模型相结合，给你另一个答案，即从来就不存在创世点，宇宙永远存在，没有起始也没有尽头。这个观点居然和2300多年前亚里士多德的观点并无二致（详见第34页“古希腊人”），神性简直是宇宙永恒说的最佳佐证。

那么，关于宇宙的起源我们到底知道些什么呢？人类对宇宙起源的好奇心古已有之，所以世界各文化的发源地都有创世神话。中国有盘古开天辟地的传说。盘古是个毛发浓密、奇大无比的巨人，他在混沌中等了一万八千年，大斧一挥，将混沌一分为二，形成了天地。之后，他的四肢变成了群山，血液变成了江河，而呼吸则变成了风。

史蒂芬·霍金特别喜欢在他的演说中引用刚果（金）库巴人的创世神话：曾经有一个叫作姆邦博神（也被称

▼ *一件科里亚克萨满在典礼上跳舞时所穿的外套，科里亚克文化是俄罗斯远东地区的一种本土文化。这件外套由鞣制过的驯鹿皮制成，绣有大小不同的圆片来代表各个星座，腰部的带子代表银河。*

作布姆巴神）的巨人，他独自站在黑暗和水中，忽然感到一阵胃痛，就吐出了太阳、月亮和群星。太阳的照晒蒸干了水分，陆地便显露出来。接着，他又吐出了九种动物，最后，一阵干呕后，人类被吐了出来。

▲ *15 世纪的一幅曼荼罗（即宇宙图谱），图中的形象是喜金刚。画面中的四个轮分别代表着不同的象征意义，这位受灌顶的藏传佛教金刚与金刚无我母，在位于宇宙中心的四轮之间以舞姿示人。*

其他地方也有不少关于创世的故事，比如在匈牙利的神话传说中，银河被称作“勇士之路”。传说，如果塞凯什人（居住在特兰西瓦尼亚的一个匈牙利部族）遭受了威胁，匈奴王阿提拉之子乔鲍将经由此路，率部营救。再比如，现今的伊拉克地区，差不多 4000 年前在此居住的古巴比伦人就有了《巴比伦史诗》（详见第 10 页“古巴比伦人”）。据史诗记载，体形巨大的最初几代神灵之间爆发了一场大战，宇宙由此诞生。

翻阅《圣经》，可以在《创世记》中看到这样的描述：在创造光之前，上帝之灵运行在无边黑暗的渊面上。（《旧约》明显受到《巴比伦史诗》影响，二者在叙事上的相合之处不胜枚举。）人们对《圣经》中的这类信息深信不疑，做了很多死板的直译，因此出现了许多奇奇怪怪的结论。比如当时人们认为地球是四方扁平的；还有一个早被遗忘的中世纪理论——苍穹之上的汪洋，人们认为水手们操控船只飞翔在天空之上（详见第 82 页“苍穹之上的汪洋”）。到了 17 世纪，大主教詹姆斯•乌雪（1581—1656）经过反复考证和推算，居然算出了上帝创造宇宙的精确时间——公元前 4004 年 10 月 22 日下午

6 点前后。不仅如此，17 世纪还出现了另外一个理论，物理学家、术士罗伯特•弗拉德认为，创世之前宇宙一片虚无。弗拉德在他的《两个世界的历史……》(1617 年）中，还描绘过这片虚无（见第 5 页图）。[1]

实际上，这张图展示的那片创世之前黑沉沉的虚无，有人认为这就是“天空”最初的形象，这也是本书创作灵感的来源。本书本质上是以整理一份天空的可视化历史为出发点，结合天文学、天体物理学领域中里程碑式的发现，将遍布世界各地错综复杂的天空神话和哲学宇宙学，浓缩成一个跨越千年的人类对天空认知发展变化的旅程，并随附了精美的插图。虽然这本书收集了各种绘画、仪器和照片，以便按年代顺序一步步揭开宇宙这部大戏中藏着的秘密，但它本质上还是一部天空制图学领域的星图集。

◀ 罗伯特•弗拉德在他 1617 年出版的《两个世界的历史……》中，用这幅图展示了无边的虚无。

1 注释：17 世纪奇怪的理论还有很多，其中最诡异的要数梵蒂冈图书馆馆长利奥•奥拉提乌斯给出的基督教天文学解释。据称，奥拉提乌斯在一篇未发表的题为《论我们的主耶稣基督的包皮》论文中声称，上帝之子耶稣基督的包皮升入天界之后，变成了土星的环。

在我看来，天空制图在制图学领域中是最不受重视的一类。在制图学的历史中，即便传统上是天空类制图和地球类制图并重，描绘天空的制图作品数量也远远少于地图。这恐怕违背了这样一个假设：虽然陆地地图描绘了君主制和帝国统治下的探索和政治阴谋，天空制图却在反映尘世景象方面无能为力。而由于缺乏历史内涵，现代也确实存在将天图的使用范围仅仅缩小到装饰物的趋势。（当然了，天图曾经与伪科学占星术的历史关联也没起什么正面作用。）荒谬的是，人们还认为天图是只有做学术研究的科学家才会感兴趣的一种死气沉沉的技术图。在本书中，我们将了解到以上观点实际上是对事实的极度扭曲。天空地图是生机勃勃、富有故事性的一类图，和其他的图没什么两样，而天图在艺术性上拥有无与伦比的优势。

当然，天图和地图展现出的发现方式是不一样的，在制图传统上也大相径庭。地球制图扎根于人类对地球积极探索的渐进过程中。自初次尝试冒险开始，人类在地理上的认知范围扩张就是通过在地面上一步一步地丈量、在水面上一艘艘船的开拓实现的。人们根据记录和测量的结果，将地图上空白区域本来的样子一点一点地描绘出来。而在天图这边，从一开始，天穹就将它壮丽的景象全部展现在人们眼前。在天幕中数不清的可见恒星的映衬下，太阳、月亮及其他在天穹“游荡”的行星早就将它们的运动和相位变化毫无保留地展示给我们了，即便那时人类尚不清楚为什么星体会有这样的运动。

制图师们面对的就是这浩瀚无垠的壮观景象，对他们来说，天空本身是一块画布。注目天穹时，人类的大脑会本能地在混乱中搜寻认知中已有的图样，制图师便将脑海中所有的神话传说、恐惧元素和宗教幻想都投射到这块画布上去。苦于没有“船只”去探索天穹这片最壮阔的“海洋”，天文学家和艺术家们只能挑出那些亮度超群的恒星，再用已知的东西（比如神、神话传说和动物）给星座赋形和命名。黄道十二宫星座符号的出现比古罗马人书面记录的时代还要早。而古罗马人从古希腊人那里继承了星座划分模式，古希腊人又是从古巴比伦人那里吸收了这个想法。以此类推，我们便可以一直回溯到史前那片未知的迷雾之中。

本书将从考古天文学领域的一些史前遗迹说起，但有关天文学故事的文字记载，是从美索不达米亚平原上的古苏美尔人和古巴比伦人开始的（比如，史上第一位写相关故事的具名作者是一位月亮女祭司）。随后，我们的旅程将穿行到古埃及，然后再去看看古希腊哲学家们对天空的惊人看法和观点。而在那些希腊化时期的观点中，最奇妙、被人们奉行时间最长的就是水晶天球论了（详见第 40 页“天球论”）。水晶天球论认为，宇宙由一层层嵌套在一起的透明的物理天球层构成。天球层由内向外依次增大，行星、太阳和月亮等星体就分布在这些天球层中，每层都有一颗，宇宙的最外圈则是恒星背景。从现代的角度看这个观点的确很奇怪，但这一观点其实是有逻辑可循的。当时人们是根据地球已知的运动表现

◀ *黄道十二宫转轮，图摘自约翰内斯·安杰勒斯《平面的天体》1491 年之后的版本。*

去推断、解释天体的运动，于是他们判定，要让物体在这么长的时间内一直保持运动状态，只有一种可能——它们是被什么东西带动着在运动。

实际上，天球论还给人们带来了一项重要启示——真正的突破性进展往往就是将那些显而易见的、已经为人所知的、合乎常理的理论放到一边，创造性地提出一个违反直觉的理论。纵观天文学发展的历史，大部分突破性进展都属于这一类型。哥白尼可能是这条规律的拥护者中最出名的那一位了（详见第 104 页“哥白尼的革命”），在上帝创造的宇宙里，他将处于中心位置的地球换成了太阳，在当时的宗教组织和社会机构中引发了震动，并触发了一场科学革命。于是我们发现，天文学家们的终极目标是获得认识宇宙的客观视角，厘清宇宙中错综复杂的力学原理，而想象力可以说是他们最重要的工具。

这也是为什么这本书在讲述天文学领域重大发现、各式各样神话文化的同时，还搜罗了一些错误的天文冒险故事和科学迷思——例如，珀西瓦尔 • 洛厄尔观测到火星上有外星人修造的运河（详见第 194 页“珀西瓦尔 • 洛厄尔看见了火星上的生命迹象”）、勒内 • 笛卡尔涡旋宇宙理论（详见第 126 页“笛卡尔的宇宙”），或是追捕祝融星等幽灵行星的离奇行为（详见第 182 页“幽灵行星祝融星”）。这些天马行空的想象，虽然最终被证伪，但我们从中汲取的经验和知识绝对不比我们从成功案例中学到的少。随着天文学领域一点点地向前推进着发展（偶尔也会误入歧途），我们还需要了解一门用形象化的手段记录下改革和创新的艺术——天空制图艺术。这门艺术在古腾堡发明的印刷机的助力下蓬勃发展，并作为制图艺术的一部分，使得人们在文艺复兴运动中对测量和精确描绘形状的热忱在短时间内发酵、扩散，掀起了一股热潮。到了 15 世纪，随着地理大发现的帷幕缓缓升起，制图学的黄金时代如期而至。在地球制图方面，新国度、新大陆的发现使得地图覆盖的范围越来越大，也使得地图的细节越来越丰富，天空制图在这些方面也不遑多让。天空制图的进步让人们对几种宇宙结构的理论

▲ *澳大利亚土著文化中的星座——天空中的鸸鹋座，构成这个星座的并不是恒星，而是银河系恒星之间暗沉的深影。这张照片是在澳大利亚维多利亚州阿拉皮莱斯山上拍摄的。*

莫衷一是，争论不休。17 世纪，天空制图达到了一个极高的艺术水平。这个时期，安德烈亚斯·策拉留斯出版了《寰宇秩序》，这本图集是公认的有史以来最美丽的星图集之一。

稍晚些时候，光谱学的发展又让人类对宇宙奥秘的认知向前迈进了一大步。人们意识到恒星正是通过它们发出的光向我们透露其化学构成。由此，天体物理学兴起，加之同时期摄影技术的发展，使得天空测绘制图的范围也发生了转变。到了 20 世纪，各领域的创新层出不穷，天文学的发展也是一日千里。其中最著名的就是爱因斯坦的广义相对论了，广义相对论又影响了前面提到过的勒梅特神父关于“宇宙蛋”的想法。接下来，埃德温·哈勃（详见第 206 页“宇宙的新视角：爱因斯坦、勒梅特和哈勃”）发现那些在夜空中发着微光的星云实际上是一个个完整的星系，并不是银河系的一部分，离我们非常非常遥远。哈勃还发现这些星系中有许多正在远离我们，这个发现证实了宇宙膨胀的理论模型。直到 1998 年，人们才发现宇宙膨胀的情形和之前的推测完全相反，宇宙的膨胀并不是在逐渐放缓，而是在加速，各个星系正在相互远离。这个现象就好比你向空中投掷了一块石头，然后发现这块石头加速着越飞越远，令人十分困惑。虽然宇宙加速膨胀的具体原因目前还是个谜，但人们算出了宇宙的膨胀率，再反向推算，得出宇宙的年龄应该在 100 亿年到 200 亿年之间。再后来，哈勃太空望远镜顺利进入了运行轨道，大大拓展了天文观测的视界。仅仅在大主教乌雪宣布他估算出宇宙已经有 5650 岁高龄的 350 年后，人们就用哈勃太空望远镜发回的数据，将宇宙的年龄进一步精确到了现在人们普遍认可的数值——138 亿年。更令人惊讶的是，我们的视线可以到达诸如大熊座 GN-z11 这样的超级遥远的星系（详见第 216 页“20 世纪后天文学的突破性进展”）。GN-z11 星系离我们到底有多远呢？我们知道它的诞生仅仅比大爆炸晚了 4 亿年[1]。

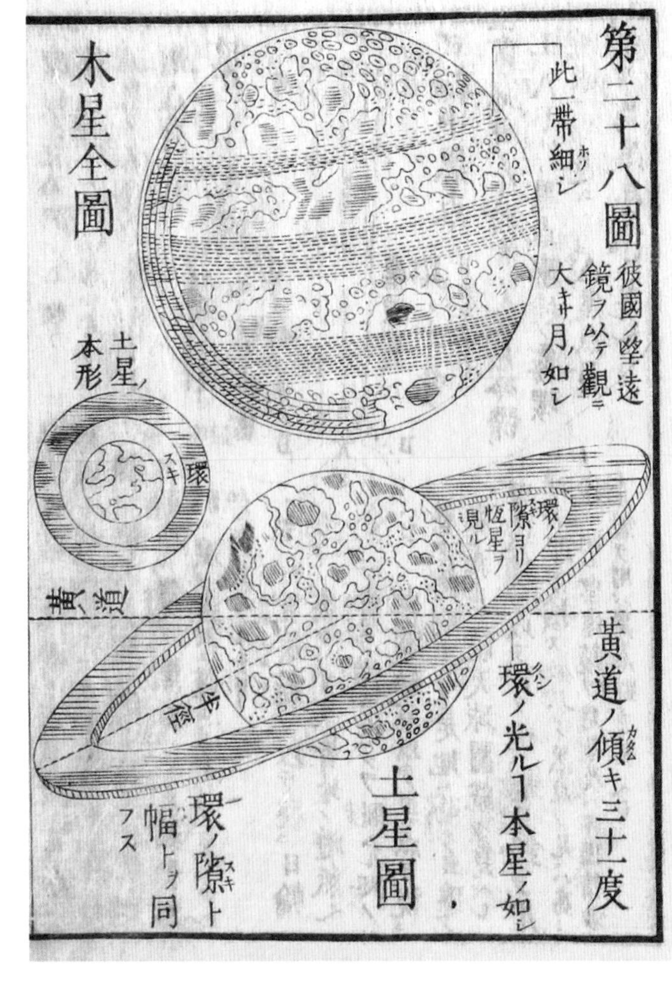

▲ *日本艺术家司马江汉将哥白尼的日心说宇宙理论引入了日本，这张图摘自司马江汉的《哥白尼天文图解》（1808 年）。*

再回过头来看看开篇我们提出的第一个问题，或者说是“宇宙第一问”——关于宇宙的起源，我们知道些什么？首先，我们现在知道已经有空间探测器飞越了太

1　译者注：我们能看见这个星系是因为它发出的光到达了地球，也就是说，从它诞生之初发射光芒开始，我们看见的这束光在路上花的时间差不多和宇宙同岁了。

阳系的边际，进入了星际空间，向宇宙的更深处进发[1]，就像过去探险家们向未知世界推进，点亮地图上的阴影区域那样，我们对宇宙的了解也一天比一天更深入。我们还知道空间望远镜大幅拓展了人类的视界，并将观测的灵敏度提高到了前所未有的水平。再回过头来看看人类关于宇宙的那些主要问题——除了地球以外，宇宙中是不是还存在着其他生命？宇宙究竟是由什么构成的？宇宙的最终命运是什么？我们离解开与这些问题紧密相关的数不清的未解之谜的日子也越来越近了，我只希望届时人类还没有灭绝。除此之外，从历史的角度来看，我们还学到了应该保持积极的怀疑态度，怀疑一切我们自认为已经了解的事物。我们现在所有理论的基础是只存在一个宇宙，可谁又能保证这就是真理，而不是人类受认知水平限制做出的短视论断呢？毕竟 100 多年前，天文学家们还笃信太阳系就是这浩瀚宇宙间唯一的星系呢。

不过在我看来，起码有两件事情是确定无疑的。第一件就是，细致严谨而又理性的想象力依然是我们探索宇宙奥秘最有力的工具。正因为有了它，我们才能磨出第一台望远镜的镜片，才能重新给行星排定位置，才能用满满一黑板的方程将宇宙的恢宏和壮美囊括其中。而另一件确定的事就是，天空地图必将流芳百世、隽永不朽。在本书中我们附上了大量的图片，希望能够直观地展示不同时期、不同文化背景下的人类描绘天空方式的不同。也想请读者们仅仅通过天图的存在，就可以感受到人们在绘制天图这件事上矢志不渝的决心又是何其相似。无论将来制图学采用哪种先进的天文摄影形式，也不论人类的制图水平会超出我们史前先祖在洞窟墙壁上涂画的第一幅星图多大一截，天图一直都是人们用来记录天文学成就、找到前进道路的工具。

1　注释：一个例子是，直到 2018 年 7 月，剑桥大学的研究人员才通过分析 ESA（欧洲航天局）盖亚天文卫星发回的数据，发现大约在 80 亿年到 100 亿年以前，银河系曾经与一个叫作“盖亚香肠”的矮星系相撞过。在那次撞击中，香肠星系坍毁了，它带来的恒星、气体和暗物质并入了银河系，使得银河系的形状变成了现在这样中部带有凸起的圆盘。

THE SKY ATLAS

星空5500年

古代人眼中的星空

中国古代有一个很小的诸侯国，叫作杞国。在史书中很难找到关于杞国的记载，偶尔提到一回半回，也是这样标注：“杞小微，其事不足称述。”现如今，我们还能记得这个无足轻重的小国，多亏了那句耳熟能详的成语——杞人忧天。它的本义是说，杞国有个人时时刻刻都在担心天会突然塌下来把人压得粉碎，这句成语常被用来劝导人们不要为一些缺乏根据的事情而忧虑。

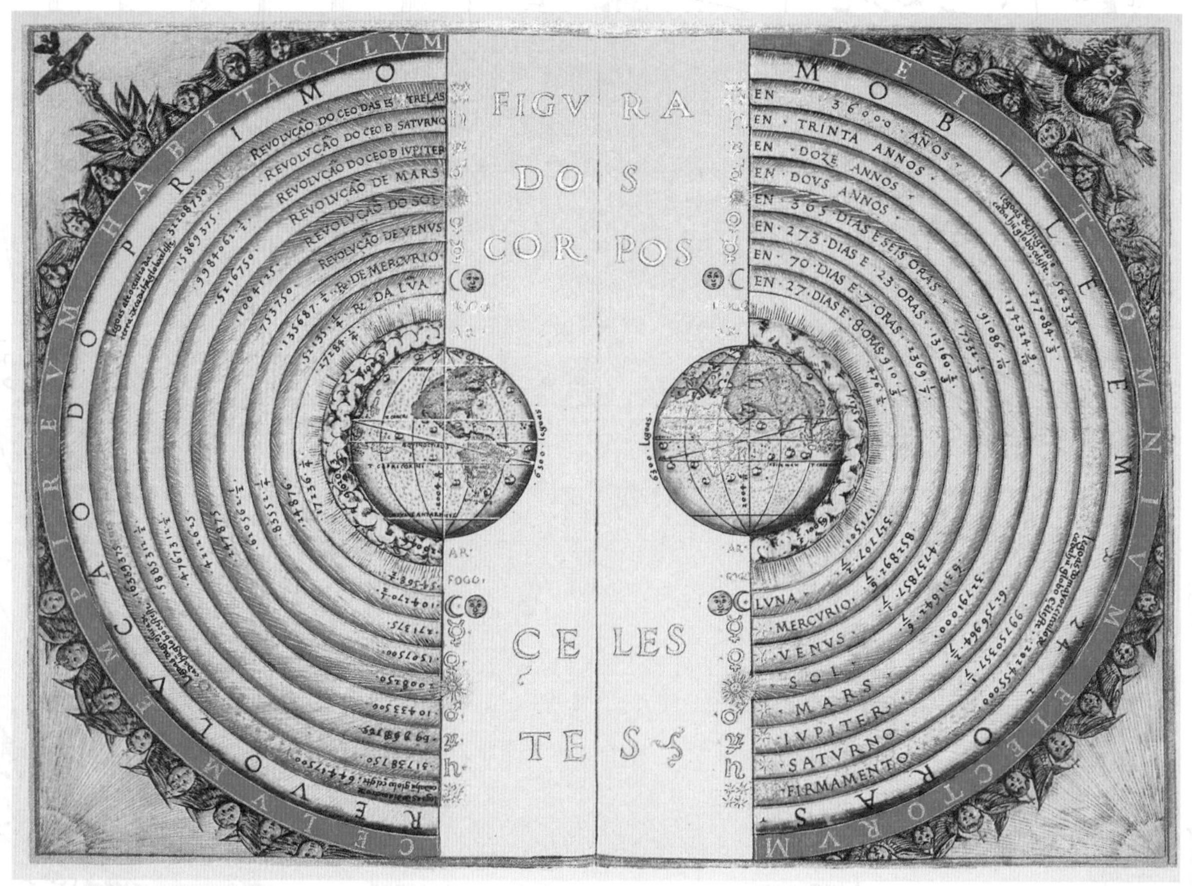

THE ANCIENT SKY

“天文学是迫使心灵向上看，引导心灵离开这里的事物去看高处事物的。”

——柏拉图，《理想国》（约公元前380年）

天穹是永恒的奇观之源。柏拉图在《理想国》中表达的古老信念，用现代语言读起来依旧熠熠生辉，在历史的长河中，人类对天空的一次次回应，也在现代文化中留下了深深的印记。我们在天穹这个巨型的舞台上，找到了众神、巨怪，学会了度量时间，发现了化学成分的秘密，甚至受到了神的告诫；而悬在人类头顶的宇宙无边无垠，让这一切又有了令人心生敬畏的意味。天穹还有一种神秘的魔力，像催眠术一样让人无法自拔，天空的奥秘一层又一层仿佛没有穷尽，人类破解掉一层，还会有更多的新谜团出现，破解的谜团越多，我们就越是被深深吸引。有史料记载的人类问天的历史最早是从苏美尔人开始的，这部分内容我们在后文会展开叙述。那么在有史料记载之前呢？人类和天空的关联是怎样的呢？

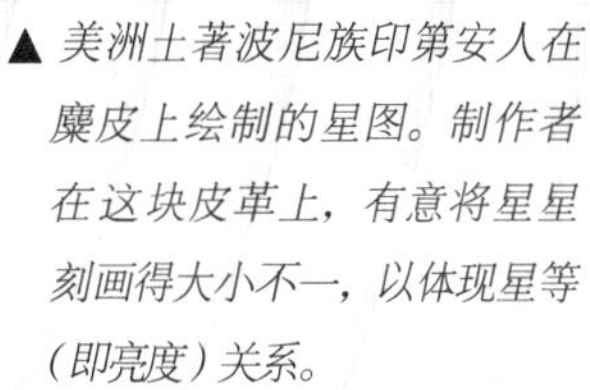

▲美洲土著波尼族印第安人在麋皮上绘制的星图。制作者在这块皮革上，有意将星星刻画得大小不一，以体现星等（即亮度）关系。

考古天文学就是研究上述问题的学科，这是一门通过研究遗存下来的零星物证，破解史前人类与天空之间谜一般关系的学科。我们应该将考古天文学和后文会提到的古代天文学学术传统区别开来。近些年来，尤其是在欧洲，远古天文学文物的发现，使我们对新石器时代和青铜时代的人类生活图景有了更清晰的认知。我们现在知道了，远在文字体系和辅助观测的光学仪器发明之前，人类已经掌握了复杂精妙的数学和天文学的知识，而我们显然低估了那个时代的认知水平。

◀《天体图》（约1568年），图中所绘是托勒密地心说宇宙的结构，葡萄牙宇宙结构学家、制图师巴尔托洛梅乌·维利乌绘制。

史前观星

1940年，在法国西南部蒙蒂尼亚克附近，一群十几岁的孩子正在和宠物狗嬉闹，偶然发现了一个小洞口，这就是拉斯科洞窟的发现过程，史前最伟大的艺术品就此展现在世人面前。据其中一个名叫马塞尔·哈维达的孩子回忆，他们发现“洞窟的墙上、洞顶上画着成群结队的动物，比现实生活中的动物要大”，哈维达还补充道：“仿佛每只动物都在动。”据统计，拉斯科洞窟的内墙和洞顶遍布着600多幅矿物颜料彩绘和约1500件线刻作品，被誉为“史前西斯廷教堂”。好几代人共同努力，终于将这些艺术品的创作年代确定为距今大约17000年。洞窟包含如下几个区域：公牛大厅、边廊、亡者通道、

▼ *法国拉斯科洞窟公牛大厅局部。一般认为这幅壁画里的黑色标记是史前人类对昴星团的测绘。*

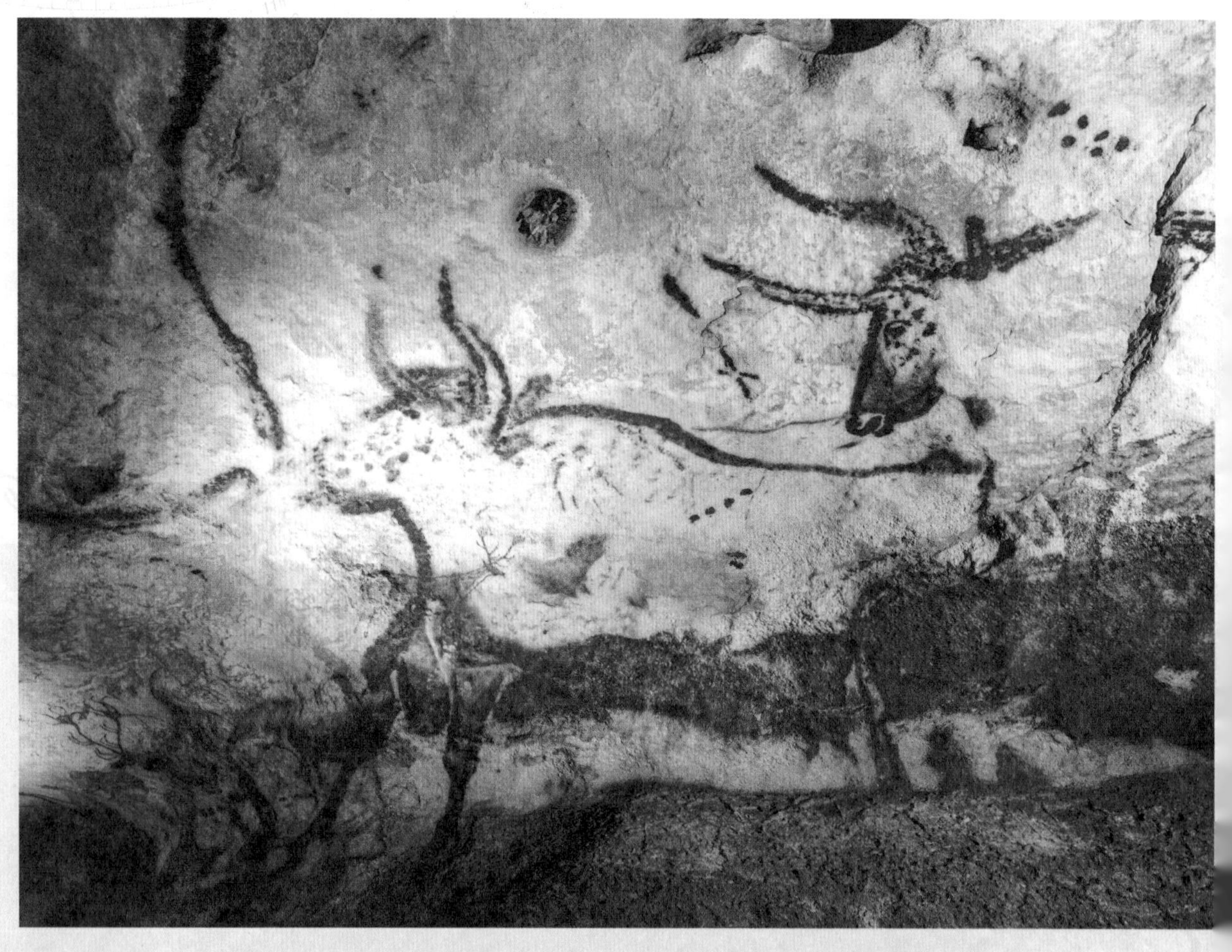

线刻厅、彩绘长廊及猫科动物厅。其中，公牛大厅因其区域内绘有一头 17 英尺高（约 5.2 米）的公牛而得名，这也是迄今为止发现的洞穴艺术作品中尺寸最大的动物画像。洞窟中的线描还体现出动物在不同时节的状态，带有一些季节性特征，比如秋季发情期的鹿、交配中的马、正在产崽的马。（奇怪的是，这里一只驯鹿的形象都没有，要知道在创作这些壁画的年代，驯鹿可是最主要食物来源。）

其中，特别令人感兴趣的是一幅绘在亡者通道墙上的线描，画面中有三个形象：一头公牛、一只鸟和一个鸟头人。慕尼黑大学的米夏埃尔·拉彭卢埃克博士等人认为这就是现存最早的星图，其中公牛、鸟和鸟头人分别代表织女一（天琴 α）、天津四（天鹅 α）和河鼓二（天鹰 α），也就是现在的“夏夜大三角”。这三颗是北半球盛夏的夜空里最明亮的天体之一。此外，公牛大厅还有一幅图，描绘的很可能是昴星团（也称“七姊妹星”）。画面上另有一些用颜料涂抹的小点，可能代表了其他一些小恒星。拉斯科洞窟曾在 1948 年面向公众开放，但参观者的碰触和呼吸使得洞窟的内部环境发生了改变，这些史前艺术品的状态每况愈下。为了保护文物，拉斯科洞窟于 1963 年关闭。现在人们参观的是离原窟不远的复制品——拉斯科二号洞窟。拉斯科洞窟就像一座史前天文馆，让我们能够通过洞窟中的壁画，借助原始人的眼睛，看见冰河时代宇宙的样子。

无独有偶，通过观测天空来计算时间的技术可能在文字发明前就存在了。在苏格兰沃伦菲尔德地区发现的公元前 8000 年前后的中石器时代“阴历”遗迹就是一个例证。2004 年，人们从空中发现了这 12 个坑洞，发掘活动也由此展开。人们发现，12 个坑洞似乎是在模拟 12 个月中的月相变化。而且在冬至那一天，12 个坑洞排成的弧线的开口正好能对上东南地平线上日出的位置，这可能是一种“天文校正”机制，让原始社会依靠狩猎和采集生活的古人能够在每年冬至，用太阳的位置重新调整他们的“阴历”，更好地记录时间流逝和季节变换，既有象征意义，也有实际可操作性。这是一种根据天象记录时间的体系，也是这种结构体系最古老的例证。而且在之后几千年内，整个欧洲都找不出第二个能相提并论的结构体系来。

不列颠群岛上的中石器时代遗迹特别丰富，其中巨石阵[1]也是考古天文学重要的研究对象。据考证，巨石阵大约是公元前3000—公元前2000年之间“拔地而起”的。在它的建造过程中，人们也设置了两条与天文有关的轴线，一条大致指向夏至日日出的位置，另一条则指向冬至日日出的位置。维多利亚时代的天文学家诺曼•洛克耶（1836—1920）曾在书中写道：“我认为，（巨石阵）这处古代遗迹建造的目的，就是观测天体从何处升起又在何处落下，并标记出这些位置。这个观点现在完全站得住脚。”在洛克耶看来，巨石阵确实承载了一些天文功能，这一点不言而喻，那么，有没有可能巨石阵就是一座古代天文台呢？由于缺乏确证，这个观点的呼声再高也只能停留在理论层面。近些年来对巨石阵内圈青石的研究表明，这处遗迹可能还有另外一个与声学相关的功能：巨石阵内圈采用青石是因为敲击石块时，青石发出的声音具有明显的声学特征。这也解释了为什么内圈没有选用当地的石材，而要从180英里（约290千米）以

▲ *第一幅在现场绘制的巨石阵画像，由佛兰德画家卢卡斯•德•海勒在1573年绘制。*

▶ *现存最早的巨石阵图片，是韦斯所著《布鲁特传奇》的一份1338—1340年间在英国抄录的手抄本（有删节）中的附图。*

---

1 注释：史前英格兰人那种圆形石结构（henge）通常是指圆形围墙堤坝和内部沟渠组成的一种土木工事，而巨石阵由于堤坝在沟渠内部，严格来说与圆形石结构并不是同一种结构。

外的彭布罗克郡大费周章运来这些巨大的青石。据说在青石的原产地彭布罗克郡，18 世纪初的马恩科洛朝格乡村教堂就已经使用青石材质的钟了。

▲ *内布拉星象盘，1999 年出土于德国萨克森—安哈特州，经联合检测定年后推测制造年代为约公元前 1600 年。*

关于巨石阵的功能，还有另外一种猜测。人们发现，巨石阵建造完成之后的 500 年间，它周边埋葬了大量的人类遗骸。如果仅考虑这一方面的证据，而不强求在丧葬和天空之间建立某种直接联系的话，那么巨石阵很有可能是一个坟冢。实际上，丧葬仪式和天空崇拜之间的联系古已有之，在各个文化中都有流传。比如波斯的琐罗亚斯德教（祆教）会修建“寂静之塔”，将逝者的遗体放置在这种高高的圆形结构建筑上，供食腐的鸟类啄食。同一时期的中国西藏也有类似的丧葬传统，并沿用至今。这种丧葬仪式在西藏被称为“天葬”，将遗体放置在山顶供鸟类食用，这是因为藏传佛教认为，一旦灵魂逝去，躯体只不过是一具空壳，不如慷慨地将之供奉于天地间的生灵。

1999 年，两个寻宝猎人带着一台金属探测仪在德国萨克森—安哈特州内布拉镇附近打开了一座青铜时代宝库。他们在一小堆的青铜剑、短柄斧、凿子和几个螺旋形的手镯中，发现了一个独特的物件——一块直径 12 英寸（约 30 厘米）的青铜圆盘。圆盘表面已经被氧化出了泛着蓝绿色光泽的铜锈，盘上还用黄金镶嵌了一些符号。随即，两个盗墓贼将宝物卖给了科隆的一个地下古董商。（这两个盗墓贼后来被起诉了，又因为要求宽大处理而被加重了量刑。）之后的两年间，内布拉星象盘和其他随葬物品在黑市上几易其手。直到 2002 年，在德国哈勒市州立史前历史博物馆的哈拉尔德 • 梅勒博士的带领下，追回了内布拉星象盘，它的真正意义才得以展露在世人面前。

学者们对同批埋葬的斧头和剑进行放射性碳分析后发现，内布拉星象盘的制造年代可以追溯到大约公元前 1600 年的青铜器时代的乌尼蒂茨文化。这意味着内布拉

▲ *昴星团的合成图像，来自 1986—1996 年，美国加利福尼亚州帕洛玛天文台捕捉到的图像。*

星象盘是已发现的现存最古老的描绘了宇宙模样的星象盘。这项惊人的发现还挑战了一项传统观念：在古埃及和古希腊高度文明的映衬下，欧洲大部分地方在青铜器时代还处于认知迷雾之中。内布拉星象盘工艺的复杂和精巧程度令人尤为惊叹：星象盘中，代表太阳和月亮的黄金镶嵌符号清晰可见。虽然日月周围点缀的星星显然是随机排布的，但是在星象盘中心靠上一点的位置有一组星星十分显眼，可以认出那是昴星团，这和学者们推断的青铜器时代北欧星空的样子完全一致。

星象盘最边缘位置的两块弧形黄金饰条令人惊奇（其中一块已经遗失），每块黄金饰条的弧度都是 82 度，这与冬至、夏至日落方位之间的地平夹角非常吻合。换句话说，内布拉星象盘很有可能精确记录了青铜器时代内布拉地区冬至、夏至时的天象，在当地的农耕作业中发挥着至关重要的作用。而第三块弧形黄金饰条与其他两块稍有不同，它在稍靠里一点的位置，并以更大的弧度上弯曲。人们对这块黄金饰条的解释就不那么一致了，有人认为它代表银河，也有人认为它是一道彩虹。然而，其中最主要的理论认为

这第三块弧形饰条有着激动人心的含义——它有可能代表的是古埃及神话传统中，日落后运送太阳神拉的太阳船。但是，在那个时代，古埃及的文化已经传播到那么远的地方了吗？

内布拉星象盘受埃及文化影响的观点听起来有些勉强，实际上有一定的可信度。2011 年，一项地球化学测量的结果表明，铸造内布拉星象盘所用的原料中，铜来自当地的矿藏，但黄金和锡是来自直线距离 700 英里（约 1127 千米）以外的英格兰康沃尔郡。这说明内布拉星象盘的意义，不单是揭示了它的创作过程中曾经被忽略和低估了的复杂与精妙程度，同时也证明了当时在不列颠群岛和德国中部存在着大量的金属贸易。如果第三块黄金饰条真的是代表了拉神的太阳船，这更是青铜器时代古埃及神话的影响已经传到了德国的铁证。正因为如此，2013 年，联合国教科文组织授予内布拉星象盘“20 世纪最重要的考古发现”称号。

▲ *纳斯卡线条巨画中的蜘蛛，长 150 英尺（约 46 米）。纳斯卡线条是位于秘鲁南部纳斯卡沙漠中著名的地质印刻痕迹群的一部分，形成于公元前 500—公元 500 年之间。在现存资料中，尚无关于其用途的记录。普遍认为纳斯卡线条巨画与水的出现有关，这说明这些巨画很可能是用来向太阳神表达感谢。*

◀ *独一无二的“柏林金帽子”。这顶在典礼仪式中使用的帽子由黄金制成，饰有浮雕，是青铜器时代晚期（公元前 1000—公元前 800 年）的文物，在德国南部（或是瑞士地区）出土。在青铜时代，能够读懂帽子上浮雕信息的人，可将其作为阳历和阴历使用，并用它来预测月食和其他天文事件发生的时间。*

古巴比伦人

研究史前发现确实令人心醉神迷，但因为缺乏文献佐证，这些遗迹和文物的天文学属性最终都无法确证。它们的天文学意义甚至是现代人怀着一腔热忱，为了证明人类早期就掌握了一定的天文学知识，所做出的解释。如果要追寻最早的有文字记载的天文学研究，我们得把目光从欧洲移向更遥远的东方世界。

西方天文学起源于美索不达米亚南部（现伊拉克南部）一个极富创造力的民族——苏美尔人。他们的发明包括：将圆分为360度，每度60分；已知最早的文字体系——楔形文字，可以追溯到公元前3500—公元前3200

▼古巴比伦地图，尼古拉斯·菲斯海尔绘于1660年。

年。那个时期，代表君主研究、观察天空的任务落到了“恩”（恩是具有强大政治权力的大祭司或高级女祭司）的身上。在众多拥有“恩”这一头衔的人中，最著名的是阿卡德帝国萨尔贡大帝的女儿恩西杜安娜，她是第一位被任命为“恩”的女性（任命时间大约是公元前2354年）。她写了很多讲述自己生活点滴的诗歌和赞美诗，其中最厉害的作品是她作为月亮神南纳的女祭司，记录了月亮观测结果的153行作品《依南娜的崇拜》。正因为如此，人们今天仍然记得她的名字。恩西杜安娜还是人类历史上第一位留下名字的作家。

公元前2000年前后，苏美尔政权衰落，汉谟拉比征服了苏美尔，巴比伦文明在其统治下发展壮大。阿卡德语逐渐取代了苏美尔人的语言，但苏美尔人的许多先进传统都融入了朝气蓬勃的巴比伦文化中。其中最引人瞩目的就是天文学。与其他古代文化一样，早期的巴比伦天文学也尝试在混乱中理出头绪。但是，在非科学动机的驱使下对天空进行的缜密的科学分析，在一定程度上使得天文学在其后的3000年间主要为占卜术服务。巴比伦人将恒星、行星与巴比伦诸神联系在一起，认为天象给出的预示极其重要，而那些能够解读天象的人，会对地面上发生的事务产生真正的影响。

厘清混乱的宇宙这个主题非常普遍，在创世神话《巴比伦史诗》（可能在公元前18世纪就已经编写完成了）中也有体现。1849年，英国考古学家奥斯丁•亨利•莱亚德在尼尼微（今伊拉克摩苏尔）亚述巴尼拔图书馆的遗址中发现了《巴比伦史诗》的一些片段。整篇史诗约有一千行，用苏美尔语和阿卡德语分别写于七块泥板上，讲述的是宇宙诞生的故事：在“天之高兮，既未有名”之时，原始神阿卜苏（淡水之神）之水和提亚玛特（咸水之神）之水相融合，创世的序幕就此开启。几位新神在提亚玛特的腹中诞生，其中一位神生了个儿子叫马尔杜克，马尔杜克司风，他创造出的龙卷风导致了一场浩劫。这些新神使得阿卜苏极为恼火，阿卜苏本想找机会杀死这些年轻的神祇，但新神们先发制人，发动一场突袭杀死了阿卜苏。众神怂恿提亚玛特为阿卜苏复仇，

《巴别塔》，马腾·范法尔肯博赫绘于1595年。《圣经·旧约·创世记》中记载了巴别塔的故事，解释了为什么世界上出现了多种多样的语言。根据《创世记》中所述，大洪水劫难之后人类向东迁居到了希纳尔（即苏美尔或巴比伦尼亚地区）。在那里，所有人都说同一种语言，狂妄自大的人类开始修建一座能直通天堂的高塔。上帝知道了这件事后，变乱了人类的口音，使人们语言不通，并将他们分散到了世界各地，建塔工作便半途而废了。实际上，历史学家们已经成功地找到了人类历史记录中真实存在的、可能与巴别塔有关的一些建筑物，其中最令人瞩目的就是七曜塔（Etemenanki）。这是一座300英尺（约91米）高的矩形阶梯塔状塔庙，巴比伦尼亚国王那波勃来萨在大约公元前610年建造了七曜塔来献给美索不达米亚的马尔杜克神。后来，大约在331年，亚历山大大帝下令将其拆除。

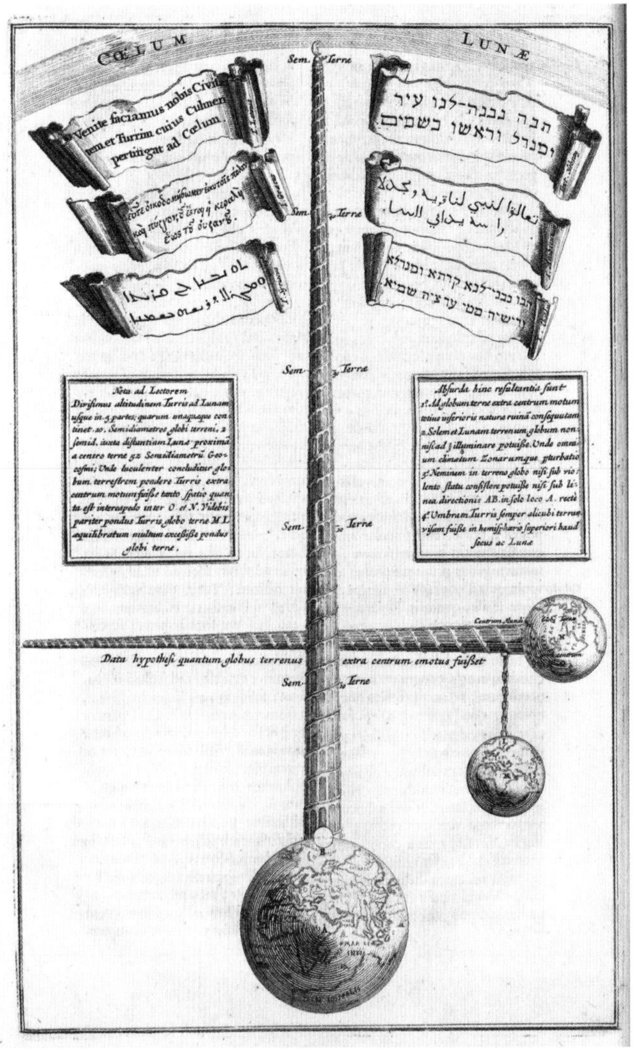

▶ 亚述城邦尼姆鲁兹的一幅浅浮雕，其上画面描述的是马尔杜克神战胜了生活在海中的提亚玛特。

◀ 阿塔纳斯·基歇尔于 1679 年发表的《巴别塔》，他通过分析建造通天巴别塔所需要的高度，证明了巴别塔实际上不可能通天。

但马尔杜克已经成了一众新神的领袖，并用他新获取的力量击败了提亚玛特，还将她撕成两半，用她的身躯创造出了天空和大地。马尔杜克立的众多规矩中的最后一项，是创建了历法，并将日、月、星辰排列得秩序井然。神话传说一方面提升了巴比伦神马尔杜克的地位，使他成为美索不达米亚的众神之首；另一方面还向我们呈现了古巴比伦人在仰望星空时脑海中浮现的故事情节和画面——尤其是在瞥见忽明忽暗的木星时，因为在占星术中，木星代表“太阳神的牛犊”[1]马尔杜克。

1 译者注：“太阳神的牛犊”是马尔杜克在苏美尔—阿卡德语中的字面意思。

人类现存最早的一批天文学文献也产生于古巴比伦文明，其中最古老的是阿米萨杜卡金星泥板，写成于公元前 17 世纪中叶阿米萨杜卡国王统治时期。这块泥板上的楔形文字是对金星的晨出（指恒星或行星在日出前刚刚在东方地平线上出现）和夕没（指恒星或行星在日落后刚刚没入西方地平线）的详细观测记录，整整记了 21 年。[1]

实际上，美索不达米亚文明与创世神话的碑文集成《当天神和恩利勒神》共有 70

▲ *英国考古学家伦纳德·伍利爵士在发掘苏美尔城邦吾珥时发现了一块方解石圆盘，石盘上描绘的是一场献祭，右边第三人就是高级女祭司恩西杜安娜，上图为修复后的石盘。*

1　注释：金星有一个有趣之处，它以 4.05 英里 / 时（约 6.52 千米 / 时）的速度旋转，转速如此之慢，使得在金星上，简单散个步就能与太阳划过金星天空的速度保持一致。用太空生物学家戴维·格林斯庞的话来说，这意味着“你可以散着步看一场永世不落的日落”。当然了，前提是你没被金星上致密而沉重的大气压扁，也没被金星平均 460℃的高温瞬间烤熟。

块泥板[1]，由迦勒底人[2]（当时的祭司）详细记录了大量观测到的天象及其卦象解释，阿米萨杜卡金星泥板只是其中的一块。直到公元前 1 世纪，人们还在持续地更新和补充，提供了丰富的天文数据和历史资料。其中还记录了当时在该地区发生的最震撼世界的历史事件——亚历山大东征。1880 年发现的一块泥板记录了公元前 331 年 10 月 1 日的高加米拉之战，在这场大战中，亚历山大大帝击败了波斯帝国阿契美尼德王朝的君主大流士三世，彻底攻占了两河流域。泥板上的楔形文字记录，迦勒底人在大战的 11 天前就进行了观测，并卜算出了战争结果："有月食。当木星落下土星升起时，月亮被完全遮挡。这段时间里，西风会一直吹，东风则被清除干净。月食期

▲ *阿米萨杜卡金星泥板，现存最古老的美索不达米亚天文观测记录，泥板的制造年代大约是公元前 17 世纪中叶。泥板上记录了第一次和最后一次金星在日出和日落时分出现在地平线上的具体日期。*

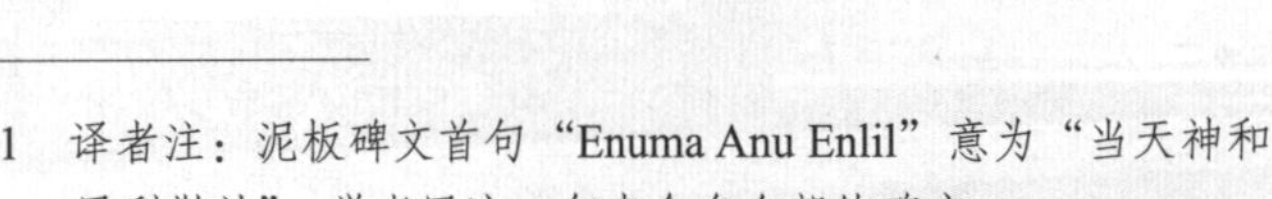

1　译者注：泥板碑文首句"Enuma Anu Enlil"意为"当天神和恩利勒神"，学者用这一句来命名全部的碑文。

2　译者注：迦勒底人原指生活在两河河口地区的西闪米特语民族，被波斯征服之后，转而用来称呼处于巴比伦人上层的占星术士和天文学者群体，《圣经·旧约》中也沿袭了这一用法。

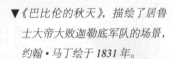

▼ *《巴比伦的秋天》，描绘了居鲁士大帝大败迦勒底军队的场景，约翰·马丁绘于 1831 年。*

间，死亡和瘟疫现世。”

迦勒底人在碑文中详细记述了大流士三世败给“世界之王”（即亚历山大大帝），作为月食预言应验的记录。随后，他们接着写道：“这意味着：国王之子将因王位而净化，却不会继位。一位入侵者将随西方诸王子一同前来，他将执掌王权八年，他会击败敌军，数不尽的财富等着他，他将不断追击敌人，好运将一直伴随他左右。”1世纪的罗马历史学家昆图斯·科提乌斯·鲁弗斯在他所著的《亚历山大大帝传》中指出，这次大战前，大流士三世还额外增加了几场献祭，但天象预示得如此明确，什么献祭仪式都救不了他了。大流士三世甚至学习了公元前681—公元前669年统治新亚述帝国的亚述王以撒哈顿的做法，妄图瞒过众神，但也无济于事——以撒哈顿十分惧怕月食，他让一位替身坐在王座上（替身通常是囚犯或者精神病患者），替他承受众神之怒，直至风平浪静。以撒哈顿还会在事后处决替身，确保一切残存的凶兆都被清除干净。

◀ *黄道十二宫及其符号系统的使用也能追溯到古苏美尔，随后被古巴比伦人、古埃及人和古希腊人沿用。这块年代在公元前1124—公元前1100年之间的石灰岩库杜鲁（即界碑石）刻有包括太阳神沙玛什（图中以太阳圆盘代表）在内的九位神祇，以及被苏美尔人称为“闪耀的牧群”的17个神圣符号，人们认为这17个符号代表的是黄道星座。*

天文圖

《苏州石刻天文图》的拓本，非常稀有。原图是早期中国科学领域中成就非凡的作品，1193 年由黄裳绘制，但几百年前已经遗失。所幸 1247 年，王致远将这张天文图刻在了石碑上，才让它得以长久地保存下来。全图收录了 280 个星群的 1434 颗星体，图中所配文字说明中总共列举了 1565 颗已知星体。配文开头写道：“太极未判，天地人三才函于其中，谓之‘混沌’云者，言天地人浑然而未分也。太极既判，轻清者为天，重浊者为地，清浊混者为人。清者为气也，重浊者形也，形气合者人也。”

中国古代的星象家

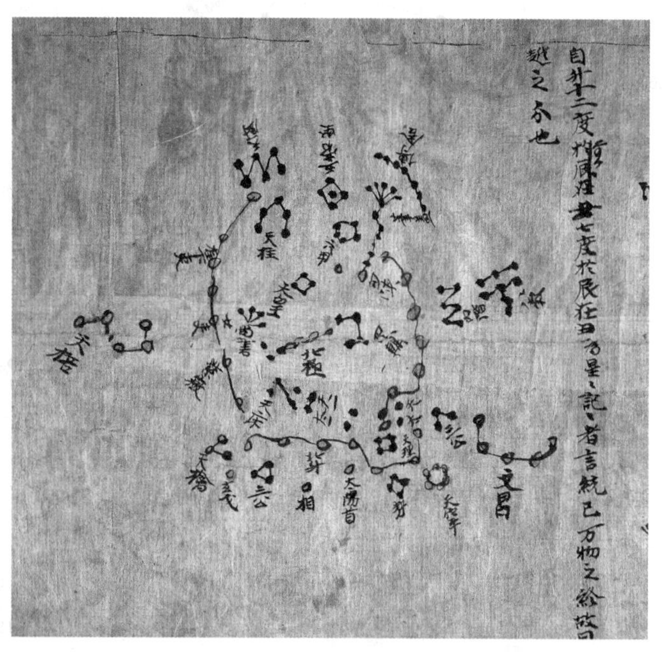

◀ *敦煌星图（北极区），约绘制于唐中宗时期（705—710年），全图总计收录了1300多颗星体。*

远在欧洲天文学开始发展之前，古代中国就已经有了“历法”和“天文”（天体运行范式）的概念。“历法”和“天文”的基础都是研究和解释天文现象，但它们的目的大相径庭。历法，是通过研究天象，发现日月星辰的运动模式，从浩如烟海的天象变化中归纳总结出秩序，编制一套适用于人类世界（中国人称之为“天下”）的结构化历法。而天文，则与古罗马的“神迹”（指人们将自然界中的反常事件解释为神要发怒的不祥预兆，详见第76页“苍穹之上的汪洋”）更为相似。天文学者们巡视天穹，搜寻和记录离奇的天象，给天象定名、编目，并解释这些超自然信息在人世间的预示意义。

人们一般把19世纪的中国称为“天朝”，“天”的概念也确实深深融进了中国的民族认同萌生和发展的历程。对国家和君王的统治来说，掌控天象的预示意义至关重要，因此历法和天文的研究工作都由君王任命的官吏负责执行。自周朝以来（公元前1046—公元前256），中国历代君主皆“受命于天”，在天意授权下施行统治，被称

▲《夜梦天河图》。牛郎织女是中国民间传说中发生在天上的仙女织女（即织女星）和地位卑微的牛郎（即牵牛星）之间的浪漫的爱情故事。这幅画中展现的就是故事中的天河。

◀《月百姿：玉兔——孙悟空》，画中玉兔正与齐天大圣孙悟空对峙。在中国民间传说中，玉兔住在月亮上，常被塑造成用研杵和研钵捣药的形象，替月神嫦娥捣制长生不老药（在日本和韩国的神话传说中，玉兔捣制的不是药而是年糕）。为弘扬传统文化，中国在现代太空计划中，将月球探测工程命名为“嫦娥工程”，并把2013年发送至月球的月球车命名为“玉兔”号。

为“天子”。新任君王虽然能够受益于神授之权的名义，但这同样也存在风险。一旦监管不力，百姓们会将彗星、暴风雨雪、洪涝灾害之类可怕的自然事件，看作上天对统治者不满的迹象，甚至可能引发叛乱。对司天官来说，解释天文现象这份工作让人如履薄冰，尤其是对日食的预测，那时人们相信日食是天上的巨龙吞噬了太阳。[1] 在中国古代，日食是某位帝王统治终结的预兆。（约公元前 20 年，就有记载表明中国古代的占星术士已经弄清了交食的发生机制，并在公元前 8 年，就预测过日全食将在 135 个月后重现。到了 206 年，中国的占星术士已经可以根据月球的运动来预告日食了。）在一份对公元前 2136 年日食事件的引用中，记录了两位未能预测某次日食的天文学家的命运：

这里躺着和氏与羲氏的尸首，
他们的命运可悲又可笑。
他们遭诛杀，
是因为他们未能预见看不见的日食。

几千年来，中国的天文学家在研究天空的漫漫长路上努力探索、从未停歇，生活在同一时代的石申和甘德是其中的代表人物。在早期文献中，我们可以找到关于石申在公元前 4 世纪测定 121 颗恒星方位的记载。石申筹划了对太阳黑子的观测，并记录了观测结果，这是世界上最早的有计划地对太阳黑子的观测，只不过当时他误以为太阳黑子是日食。石申的发现或多或少也启发了甘德。甘德生活在公元前 364 年前后，他也是我们前文提到的“杞人忧天”中杞国的国民 [2]。甘德在天文学研究

▲ *中国的甲骨，其上文字刻于公元前 1600—公元前 1050 年。*

▲ *甲骨的背面*

1 注释：在各文化的神话传说中，对交食现象的解释里都出现过吞噬巨兽的身影。维京传说认为是天狼在追逐月亮，一旦月亮被天狼追上，就会发生月食。（英文中日食“eclipse”一词来自希腊语 ekleípo，意为消失不见、抛弃。）人们通常认为交食现象传达的是神的恐怖旨意，代表人类已被诸神抛弃。

2 译者注：此处可能是中文的音近字让作者产生了误会，甘德是楚国人，在齐国为官、游学，而非杞国人。

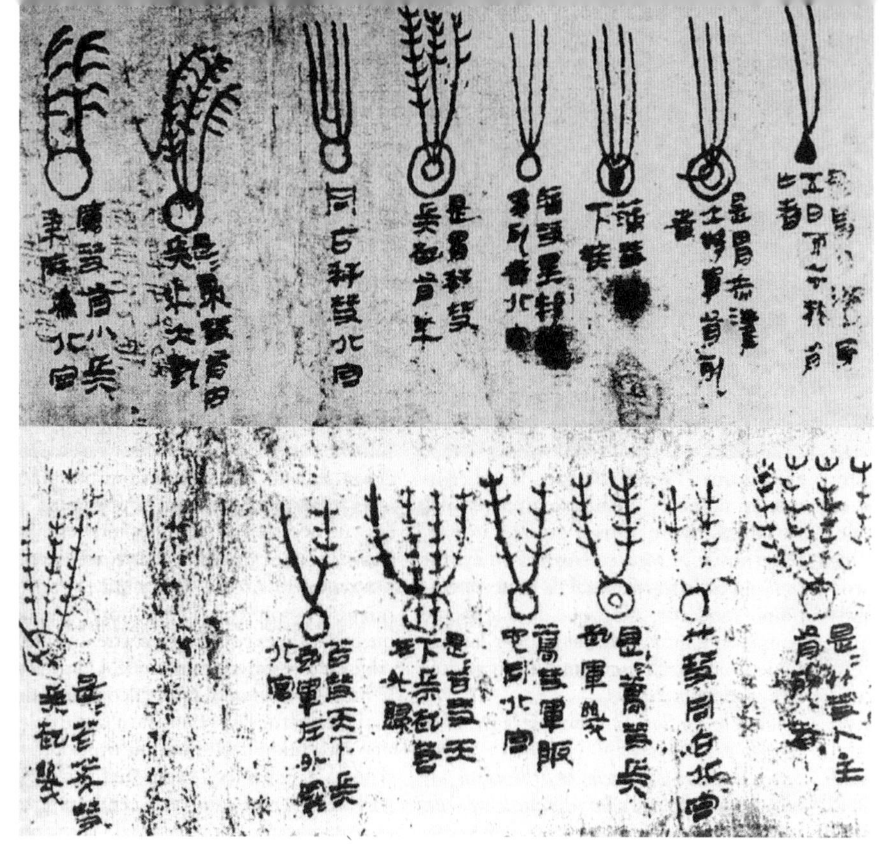

上取得了许多成就，因此也在天文学史上留下姓名。他是有史以来第一位完成木星详细观测的人，他还在著述中提到木星附近有一颗“小赤星”。著名天文学史家席泽宗先生指出：这是世界上最早的仅凭肉眼对木卫三的观测记录，比伽利略发现木卫三至少要早 1500 年。（四颗最明亮的木星卫星，从技术上说在没有望远镜的情况下是裸眼可见的。但通常人们都无法看到它们，因为木星的眩光会盖过它们的光芒。）

▲ *马王堆汉墓帛书，记录了不详的彗星。帛书是中国古代一种记录在帛上的手稿。*

虽然很多古代文献都已经遗失，幸运的是中国的天文研究文献资料却留存了上千年。最早的科学历法只能追溯到大约公元前 100 年，但中国古代对天文现象的观测记录可以再往前推 1000 年。这些记录之所以可以保留得如此长久，一部分原因是中国古人使用了特殊的记录载体，他们并没有用纸，而是将这些观测结果记录在甲骨上。甲骨是动物的骨头，一般是牛骨或者龟骨。使用时算命先生会先用火灼烧甲骨使其表面开裂，形成兆纹，来回答未来天气如何、军事行动的成败等问题。有时，人们还会在甲骨上记录天文事件。但甲骨很稀有，一部分原因是，出土的甲骨常常被误认作龙骨，而中医中龙

▲《敦煌星图（甲本）》，是现存最古老且保存完好的星图集。《敦煌星图（甲本）》是中国古代重要的天文学文献，收录有北半球1300多颗恒星，绘制年代约为700年，早于望远镜的发明好几百年。

骨粉可入药，许多甲骨就这样被当成药吃掉了。第22页上图中展示的这一块甲骨，是大英图书馆馆藏中最古老的文物，上面的字刻于公元前1600—公元前1050年之间，大意是预测了未来十日内不会有厄运，它的反面还记录了一次月食。

中文文献《天文气象杂占》的成书年代稍晚一些，这份手稿也被称为“帛书”。这本古老的写在帛上的天文日志及其注解，是由中国西汉时期（公元前202—公元9）的天文学家们编纂完成的。1973年，帛书出土于马王堆马鞍形丘陵群的墓葬，终于重见天日。这份帛书是史上发现的第一份明确描绘了彗星形态的图集，详细记录了约300年间，人们观测到的29种燃着火的天体——“彗星”（也称为“扫帚星”）。而且在帛书中，每幅图都配有文字来说明彗星的各种形态预示的事件，比如“王子之死”“瘟疫将至”或“三年大旱”等。

人类文明中最古老的星图集手稿，是《敦煌星图（甲本）》。敦煌星图卷轴有 6 英尺（约 2 米）多长，是在中国西北地区丝绸之路上敦煌市郊一个隐秘的洞穴（莫高窟藏经洞）中发现的 40 000 件文书之一。《敦煌星图（甲本）》是遵皇命开展的观测和记录（几百年后人们才发明了望远镜），完整地展示了 8 世纪古代中国天空中 1339 颗恒星的分布，是天文学史上最蔚为壮观的文献，它的精确性至今仍令现代研究者啧啧称奇。最令人赞叹的是，当时制图师使用的投影技术（即在平面的纸上绘制球形的天空和球形的行星表面的技术）与我们至今仍在使用的、由 16 世纪佛兰德制图师赫拉尔杜斯·墨卡托发明的绘图技术十分相似。尤为难得的是，《敦煌星图（甲本）》这个宇宙奇迹竟然历经乱世平安无事地度过了近千年，直到近代才被偶然发现。《敦煌星图（甲本）》对早期天空的观测是如此详尽，西方世界没有任何一个文献可与之相提并论。

◀ *张道陵，东汉人，道教祖天师。图中张道陵执雌雄斩邪剑、骑黑虎在天上飞过，剑身周遭围绕着的就是北斗七星（即大熊座）。*

古埃及天文学

在其他文化中，冬至日、夏至日一直是历法中最重要的时节。而古埃及由于地理位置特殊，几千年内都不见得降一滴雨，使得古埃及的农耕更依赖当地特有的事件——每年一次的尼罗河水泛滥。关于尼罗河的泛滥，古埃及流传着这样一个神话传说：掌管生命和健康的女神、世界之母伊西斯因为她的丈夫——生命和死亡之神奥西里斯的死泪如泉涌，她的泪水落入尼罗河引发了河水泛滥。事实上，每年5月至8月，大雨季给埃塞俄比亚高原送来了超强降水，尼罗河的水位因此疯狂上涨，大量河水冲出河道导致了尼罗河水泛滥。河水泛滥给尼罗河两岸带来了奇迹般的灌溉效果（古埃及人为了庆祝河水泛滥带来的肥沃土壤，将每年8月15日起的两周定为尼罗河泛滥节，并举行盛大的庆祝活动）。尼罗河的泛滥周期十分稳定，恰巧每年泛滥开始的时间都是天狼星偕日出现在东方地平线上的前后几天，于是古埃及人就把天狼星的偕日升与洪水季的开端紧密联系在一起。

根据尼罗河的水位高低，古埃及人把他们的行政历法划分成了三个季节：洪水季（以尼罗河水泛滥为标志）、生长季和收获季。据考证，这套历法至少在古王国时期（公元前2686—公元前2181）就开始使用了，而天狼星只不过是星象划分机制中的一个参考因素。而且，古埃及人有自己的一套星座划分方法，他们把恒星划分成36组，也称三十六旬（关于三十六旬最早的记录，是约公元前2100年的埃及第十王朝的棺材盖板上的装饰画）。每旬可能是一个星座，也可能是一颗单独的恒星。根据这个划分，每过十天，新的旬星便会从地平线上升起，如此三十六旬便形成了一个360天的年历，古埃及人在此基础上又增加了一个只有5天的月份作为校准。但想要进一步确认旬的细节就非常困难了。我们虽然知道各个旬的名字，还知道其中一些旬的名字的释义（比如“Hry-ibwiA”，意思是“在船的中央”，与沙漠、风暴和暴力之神赛特有关），可是关于这些星体的位置、亮度、它们

是怎么被选出来的、与其他恒星是什么关系等信息并没有流传下来，我们也没办法知道“旬星”具体都是哪些恒星。

好在古埃及棺椁和陵墓上的装饰，多少能帮助我们了解一些古埃及人是如何将 12 颗恒星纳入它们宏伟的天空神话传说的，即鹰首人身的太阳神拉乘船夜航穿过“杜阿特”（古埃及神话中的冥府）的传说。根据《阿姆达特书》（即《阴曹地府书》）的记载，拉神乘太阳船自西向东航行，每晚都要经过 12 个区域，沿途遇到了许多神祇和怪兽，并与混沌的化身巨蛇阿佩普（也称阿波菲斯）搏斗，摆脱黑暗、回满神力，以初升太阳之姿复出于东方。在古埃及墓穴中的一些天文数据表上（也就是现在说的“恒星钟”），我们发现拉神夜间穿行在“冥府星表”的十二个阶段刚好是夜晚的十二个小时。古埃及人在“恒星钟”上还标出了旬周，让懂得辨认恒星的人能够快速通过观星知道当下是晚上几点。（长期以来，学

▼ 南、北半球星图，图上展示的是古埃及天文学家划分的星座。由科尔比尼阿努斯·托马斯绘制，发表于 1730 年。

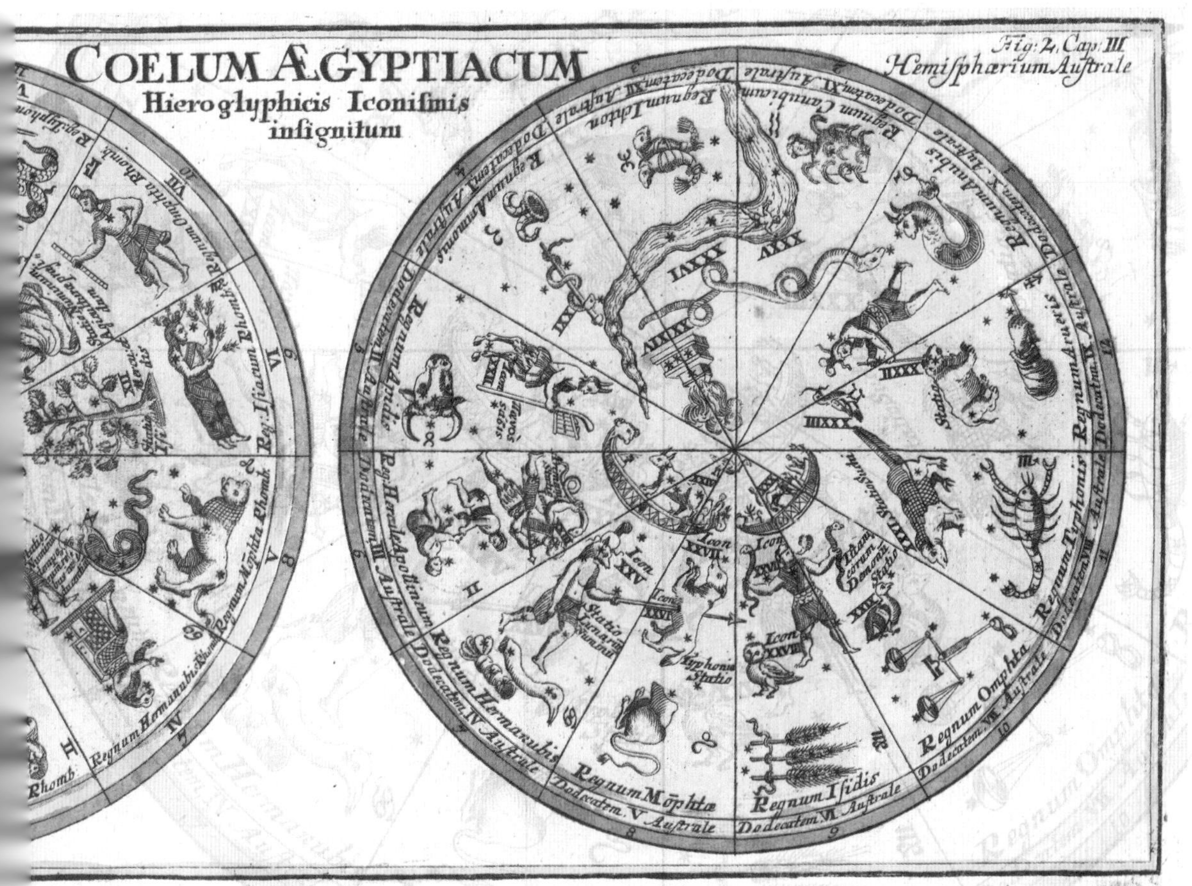

者们一致认同这些墓葬中的星图就是“恒星钟”，但前段时间，加拿大安大略省麦克马斯特大学的萨拉•西蒙斯和北海道大学的伊丽莎白•塔斯克提出：这些棺椁衬里内饰上的星图，可能只是为了帮助逝者的灵魂在夜空中穿行，化成耀眼的星星，获得永生。）

▲ *古埃及银河图。古埃及人崇拜银河，将银河神化为生育之神、母牛女神巴特（后来巴特崇拜融入了天空女神哈索尔崇拜之中）。这幅图画在阿蒙神大祭司随葬的莎草纸上，据测定这张纸已经走过了3000年的岁月。*

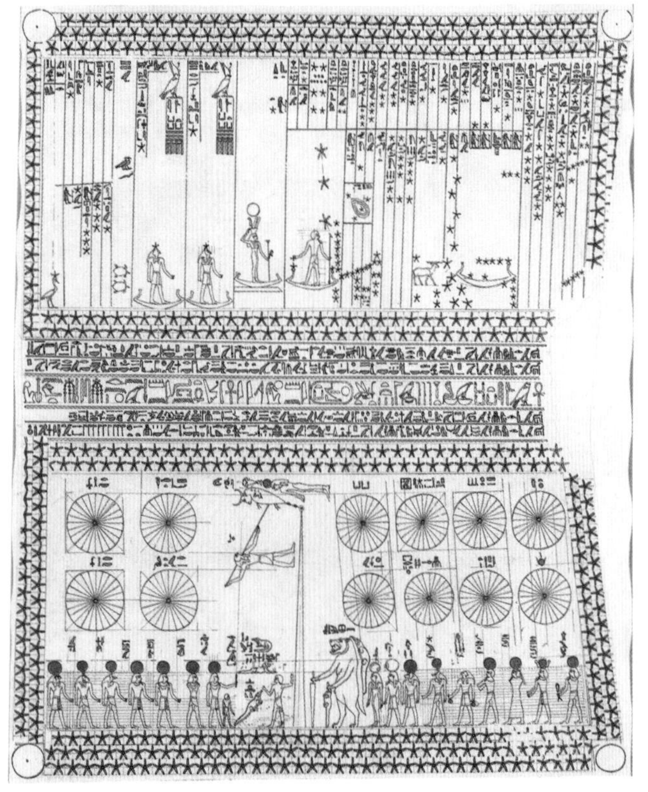

◀ 哈特谢普苏特女王的大管家、埃及建筑师塞奈姆特（生卒不详，只能确定公元前1473年在世）之墓天花板上的星图绘画。这张星图中展示了非常多的旬星，和其他一些天体的拟人化形态。

◀ *太阳神拉与西方女神阿门蒂特，公元前1298—公元前1235年，绘于拉美西斯二世的王后奈菲尔塔利的墓室中。*

在古埃及的信仰中，对北方的崇拜也非常重要。已有证据表明古埃及人对恒星和当时的极星（紫微右垣一）有所了解，并将这些知识运用到了金字塔的修建中。直到20世纪60年代，人们才意识到胡夫金字塔中的“通风井”不仅仅是通风装置，它还能和天空的某些区域、某些恒星连成一线。风井通道并不直，因此修建它的目的必然不是为了观测，很可能与法老死后升天有关。古埃及人认为，永远都在北方闪烁的恒星就是法老死后通往来世的入口。古埃及人还发现，小熊座的小熊 β（北极二）与大熊座的亮星大熊 ζ（北斗六）都围绕着北天旋转，仿佛是在标记这个入口的位置，于是他们就给这两颗星的组合起了个绰号叫“j.hmw-sk”（字面意思为“坚不可摧的星”）。

尽管在古埃及的信仰体系中，确实有一部分恒星承担了指示方位的作用，但比对了大量神话传说的原始资料后，没有证据表明古埃及人曾经编制过星表，也没有证据能表明在古埃及曾经存在过任何形式的具体观测。

▲ 奥芬木特纪念石碑（公元前 924—公元前 889 年），石碑的上部是太阳船，神话传说中，拉神就是驾驶这条船穿过冥府的。

◀努特，古埃及神话中的天空女神，约公元前12世纪绘于拉美西斯六世之墓。

实际上，也没有任何迹象表明古埃及人曾经试图从科学的角度去理解行星运动和其他天体的运行机制。对他们来说，天空不过是神话传说的画布，实际生活中能用来算算时间就够了。亚历山大大帝死后，其麾下将军托勒密一世于公元前323年即位，古埃及进入了托勒密王朝统治时期后，古埃及天文学才开始逐渐与古希腊、古巴比伦天文学相融合，科学研究的比重大大增加，这种情况才大为改观，亚历山大港逐渐成为全球科学研究活动的最前沿。

◀ *丹德拉神庙黄道十二宫图。埃及丹德拉哈索尔神庙中有一个献给奥西里斯的配殿，这幅黄道十二宫图就是该配殿屋顶的浅浮雕，也是已知最古老的完整地描绘了黄道十二宫的作品。在浮雕中央，古巴比伦星座与古埃及星座一一对应，浮雕的圆形宽边上还饰有36个人物形象，分别代表三十六个旬。*

▼ *塞提一世（公元前1294—公元前1279）陵墓中描绘天文事件的装饰，除了公牛和牧牛人星座（中间位置）能够对应上大熊座（北斗七星）之外，这里对星座的划分和其他传统文化完全不同。在塞提一世陵墓中还有另一幅作品描绘了“张开嘴”的仪式，能神奇地让死者的灵魂进入来世后依然可以吃喝。*

▲ 传说中太阳神荷鲁斯的右眼就是太阳，而在这幅画在丹德拉哈索尔神庙天花板上的画中，还将荷鲁斯的左眼看作月亮。画中描绘的场景象征着盈月；讲述的故事大致是荷鲁斯在一场战斗中输给了赛特，失去了左眼，随后被托特（位于画中最右边）治好，十四天后月亮又恢复到满月的状态。画中，排成一列的十四位神祇分别代表这十四天中的一天。

◀ 描绘丹德拉神庙的插画，戴维·罗伯特绘于1848年。

古希腊人

在英语和其他许多语言中，银河这个词都是由古希腊神话传说中赫拉克勒斯的故事演化而来的。传说，赫拉克勒斯出生后便被遗弃了，女神赫拉同意给这个饿得半死的男婴哺乳。但他吸吮乳汁太过用力，疼得赫拉一把甩开了男婴，乳汁喷洒飞溅到天空，便形成了银河。这便是英语中银河（Milk Way）一词的来源。由此看来，古希腊神话中关于银河的传说和其他古代文化没什么不同，都是在观测天空的基础上发挥了人们的一些想象。但古希腊人对天空展开的科学研究，要比其他文化更早，至少自公元前 6 世纪开始，古希腊的自然哲学家们就已经显出了与众不同之处，率先致力于解决理论上的宇宙

▼ *希腊人的宇宙观，图摘自奥龙斯 • 菲内 1549 年出版的《世界的范围》。*

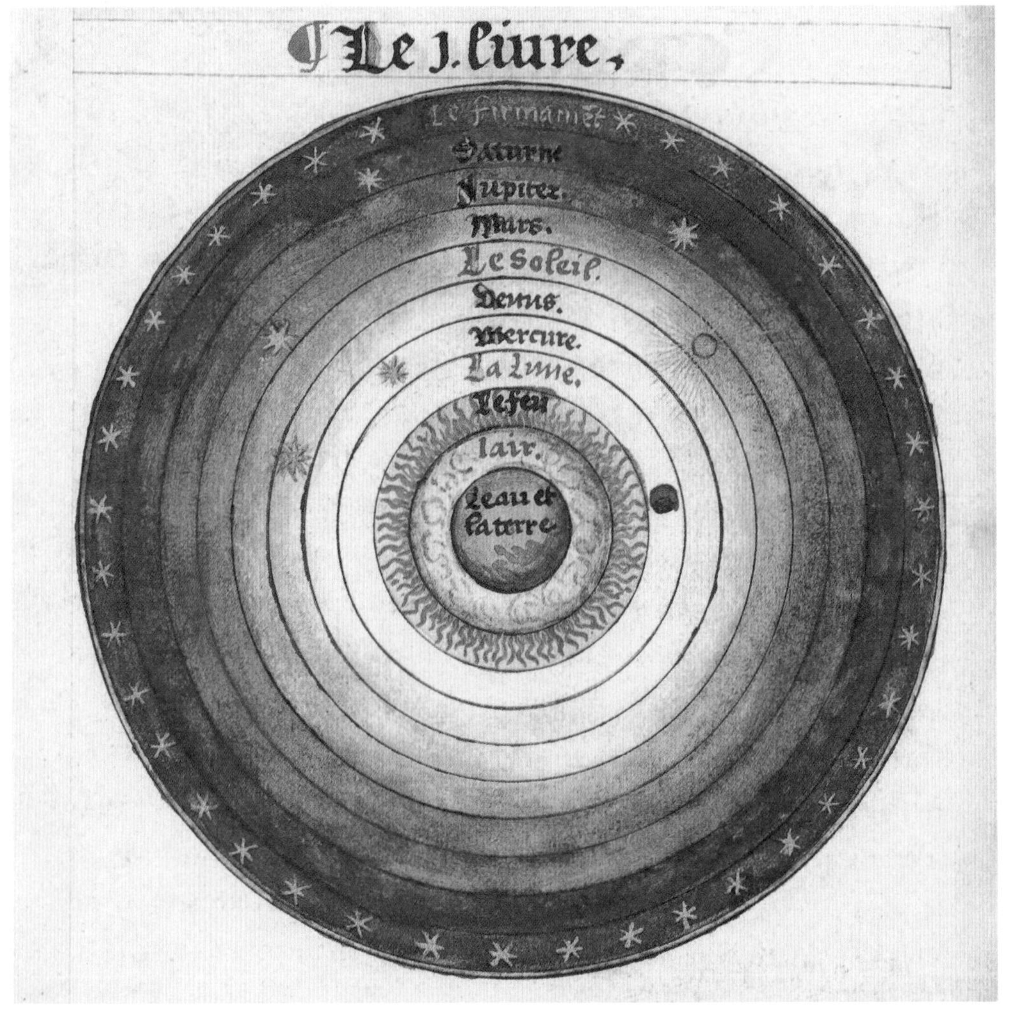

◀ *安提凯希拉天体仪现存最大的残块，约建造于公元前150年。一般认为，这个精妙复杂的机械装置是一台古代计算机，可用于推算天文位置[1]，也可以用来推演历法、预测交食。制造这个装置的技术已经失传，直至14世纪欧洲才重新出现了精密的机械式装置。*

的结构问题：到底什么模型才能合理地解释天体的运动。

由于古希腊天文学的天文图、理论说明图一张都没有保存下来，为了了解古希腊人在宇宙结构上的早期观点，我们只能从最古老的希腊文学入手，希望能从中瞥见古希腊人推测中的宇宙样貌。在由荷马创作的史诗《伊利亚特》（成书于公元前8世纪前后）中，我们找到了一些细碎但令人着迷的信息。比如，地球被描绘成如阿喀琉斯的盾牌一般扁平；盾牌上有海洋、万物的起源（包括水的源头），以及“众神之父”，大地被一条巨大的河环绕着。此外，荷马在《伊利亚特》中还提到了“秋季之星”（也就是天狼星，地球上的夜空中最亮的星）、毕星团和昴星团（现代星座中金牛座的一部分）、猎户座、大熊座（也叫大车座）及晨星和昏星。其中，晨星和昏星可能指的都是金星。每当黄昏降临，这些天体从海中升起，夜晚结束时又坠入同一片汪洋。而在《奥德赛》中，荷马将天空描述成一个由青铜或铁组成的繁星满布的穹顶，这个穹顶由巨大的柱子支撑着，坚固而遥

1　译者注：指通过观测天体确定的，或用天文经纬度确定的地球上某点的位置。

◀ *前苏格拉底哲学家泰勒斯，古希腊七贤之一，由于看星空看得过于专注，不幸绊倒坠井。图摘自安德烈亚·阿尔恰托于1531年出版的《寓言之书》。这则逸事后来演化成了《伊索寓言》中的故事“掉进井里的占星师”。*

不可及。太阳神赫利俄斯驾着日辇（能在天空穿梭的车）在巨大的天穹巡游。

早期古希腊思想家们关于宇宙的著述现已不知所踪，在公元前4世纪，亚里士多德对他们的著作做过一次批判性综述。也幸亏如此，我们才能通过亚里士多德的分析，了解公元前6世纪那四位最重要的人物是如何审视天空的，这四位是米利都的泰勒斯、阿那克西曼德、阿那克西米尼和毕达哥拉斯。首先介绍一下泰勒斯（公元前624—公元前546），这位被亚里士多德称为爱奥尼亚自然哲学创始之父的人物，也是一位从神话中脱离出来，投身构建自然世界理论的响当当的人物。与其他早期文明的天文学研究方法相比，爱奥尼亚学派最大的不同之处就是拒绝用“神的旨意”来解释一切。而对于泰勒斯本人来说，天文知识既给他带来过收益，也给他招致过麻烦。比如，有一则早期商业垄断的案例就是讲泰勒斯的。有一次，泰勒斯研究星象后成功预测了一次橄榄大丰收，于是他提前租用了米利都和爱琴海希俄斯岛周边所有的橄榄压榨机，借机大赚了一笔。

不过泰勒斯可不是回回都这么幸运，有一次他走在路上，只顾着仰头盯着天上的星星，一不留神就掉进了井里，逗得路边一个色雷斯女奴哈哈大笑。希罗多德在《历史》中提到，泰勒斯是有史以来第一位成功预测日食的人。不仅如此，他预测的那场日食还成功消弭了一场战争——公元前 585 年 5 月 28 日，米提亚人和吕底亚人正在酣战，日食如期而至，交战双方陷入了极度恐慌，即刻休战。（由于泰勒斯预测了日食发生的准确日期，艾萨克·阿西莫夫曾经称这场战役是能够确定日食发生日期的最早的历史事件，并称这次预测是“自然科学诞生”的标志。）

在泰勒斯的追随者中，有两位在他的思想的基础上发展出了自己的理论。一位是阿那克西曼德（公元前 610—公元前 546），他认为宇宙的定律就是几何定律，而地球处在一个完美平衡的对称宇宙的中心。他引入了阿派朗（即“无限定”）的概念，认为世界起源于无边无际的原始混沌，万物从中而生，消弭后又复归于这永不饱足的永恒。在阿那克西曼德看来，星星是一圈圈刺刺冒火、飞速旋转的环，由空气和火构成；而地球则是个圆柱体，人类就生活在这个圆柱体一端的平面上。泰勒斯的另一位追随者是阿那克西米尼（公元前 585—公元前 528），他的宇宙观和阿那克西曼德的有点类似，也认为宇宙是由同一种伟大的物质构成的。但他把从泰勒斯的思想中发展而来，由阿那克西曼德发扬光大的理论又向前推进了一步。他的前辈们认为万物的本原是水（这个观点可以一直追溯到《巴比伦史诗》，诗中提到过一个以水为创世之源的神话传说），但阿那克西米尼认为世界万物都是由气体构成的，宇宙中的天体是气体聚集凝结的产物。

然后我们来谈谈毕达哥拉斯（公元前 570—公元前 495）。虽然他的名字如雷贯耳，实际上我们对这个出生在希腊萨摩斯岛的男人知之甚少。至少在公元前 1 世纪，毕达哥拉斯就因以他命名的几何定理而著称于世（实际上，人们发现这条定理的时候，毕达哥拉斯还没出生呢），据说他证明了这个定理之后还特意向众神献祭了一头公牛。毕达哥拉斯的思想和学说追随者众多，

◀ *在毕达哥拉斯的故事传说中，最奇怪的可能就是关于他坚决抵制豆子的这一则，这张大约绘于 1512 年的法国插图说的就是这个故事。据说这位哲学家禁止他的追随者吃豆子，因为他相信吃了豆子之后必然会放屁，他害怕屁会带走人的一部分灵魂。不幸的是，一天晚上，毕达哥拉斯被一个愤怒的暴民追着打到了一片豆田边，他根本没办法躲进去。前有豆田后有追兵，进也不是退也不是，毕达哥拉斯随即被追赶而来的暴徒持匕首抓住了。*

还萌生出了一个宗教性学派组织——毕达哥拉斯学派，他们认为自然世界的语言就是数学。而这一点据说是毕达哥拉斯根据一次观察做出的推断——铁匠用不同大小的锤子能够敲击出不同的音符。实际上，锤子的大小对音符的长短并没有影响（这和钢琴的琴弦长度对音调的影响机制并不相同）。不过，这个故事只是想表达毕达哥拉斯学派试图用数学解释一切的理念，即数学是自然界秩序的基础，自然界的各组成部分和谐得如同一个生命体般美丽。毕达哥拉斯学派还认为，球体是自然界中最完美的形状，是地球和天穹的理想形状。究竟是哪些论据和实证让他们得出这个结论已不可考，但后来地球是个球体的想法，在水手们的实际观察经验中得到了证实。

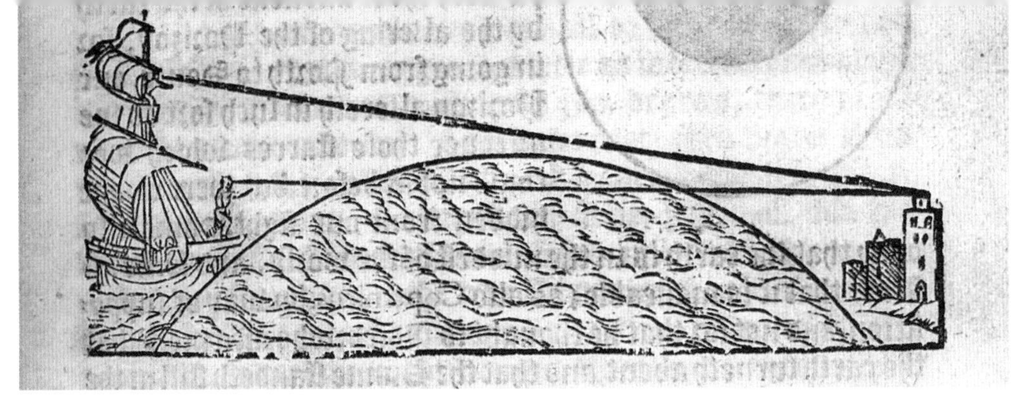

水手们发现，向南航行和向北航行见到的星星并不完全一样，这说明地球的表面是个曲面。后来亚里士多德指出，月食发生时地球在月球表面投下的阴影是圆形，就是地球是球形的有力证据（参见第 39 页下图）。从那时起，地圆说已经成为人们普遍接受的先进思想。这样看来，我们认为当时的主流地球观是扁平地球观，显然有失偏颇。

▲ *这里有一个证明地球是球体的有力证据，即从远处看，当人们的视线中出现一艘船的时候，总是先看见船的顶部，再看到船的其他部分。古往今来，使用这个示例图的天文学著作不在少数（这张图摘自托马斯·布伦德维尔在 1613 年出版的《布伦德耶先生的习作集》）。*

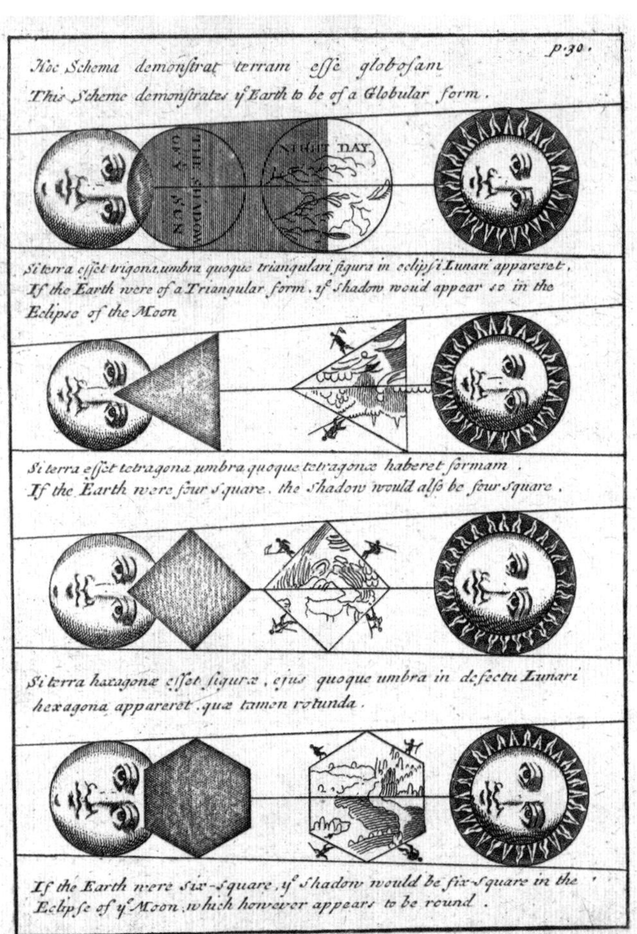

◀ *《地理全志》（1711 年）的插图，图中列明了亚里士多德用月食的形状来证明地球是球体的过程（除此之外，还解释了为什么地球不是三角形、不是正方形，也不是六边形）。*

天球论

为了搞清楚整个宇宙的运行机制，古希腊人首先做出了一个逻辑上的推断——如果地球是个球体，那么天空也应该是球体。柏拉图在他的著作中描述道：“造物主将地球塑造成一个圆圆的球体，……他将整个宇宙构建成一个圆球，宇宙的运动无外乎圆周运动。”还有亚里士多德，这个十几岁便赴雅典柏拉图学院学习，一直学到37岁的思想家，也认为宇宙是球体。而且，正如现代的天文学家必须确立“外层空间”的边界一样，亚里士多德也努力回答“天空是从哪里开始的”这个问题。他认为由四种元素组成的地球及其上的物质，是无序、无常的，而天空是由“第五元素”（即以太）构成的，拥有完美几何形状的界域，就这样亚里士多德敲定了天空和地球的界限。他在《气象学》中指出，天空中发生的所有

▼ *希腊人认为是固态天球层带动着天体运行，策拉留斯的这个作品试图用立体多维度的方式来展示行星的运动轨道。左下角小图展示的是托勒密体系传统的扁平地心宇宙体系，右下角是第谷·布拉赫的宇宙结构体系。*

◀ 亚里士多德的宇宙四大元素，图摘自巴托洛梅乌斯·安格利克斯编纂的百科全书《物之属性》(1491年)。

异常现象都与地球有关。比如彗星就是地球上的某处向外喷了火，而在高层大气中引发的一种局部现象；他还认为银河及一些光学现象（如北极光）的产生也不外乎是同样的原理。

为了弄清行星的运动模式，柏拉图邀请他的门徒们来解决这个问题。来自尼多斯的青年数学家欧多克索斯（公元前400—公元前347）接受了这个挑战。他用一个简单的方案就解决了关于行星运动的各种难题：欧多克索斯在柏拉图的模型基础上又增加了一些互相嵌套的同心球层。他给已知的五颗行星分别增加了四个由以太构成的快速旋转的同心球层，每个球层的旋转方向不同，这套多球层体系就解释了为什么行星会出现逆行（行星在地心天球上自东向西的视运动）的现象，也解释了为什么行星的位置每天、每年都会发生变化。在他的模型中，太阳和月亮分别有三个以太同心球层，而恒星在最大的那个同心球层中运动。欧多克索斯的天空模型一共有27个大大小小的同心球层。为了方便理解，请先想象一个透明的水晶球，其内部有一个略小的水晶球，每个球内部都嵌套着一个更小的，依此类推。这个层层嵌套的水晶球层和俄罗斯套娃有些类似。每个球层都牵动球层上的天体运动，离地球最远的那颗行星在最大的球层中。在这个包含很多旋转着的水晶玻璃球的多层同心宇宙体系中，地球位于正中心，人类在地球上抬头向上

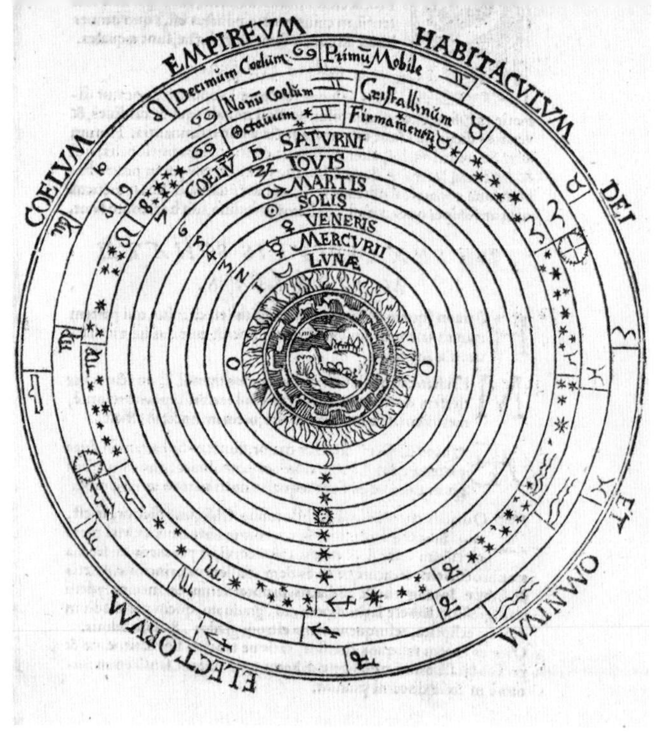

◀ 木版画插图，图中展示了柏拉图和尼多斯的欧多克索斯在著述中构建的“两球”[1]地心宇宙模型，摘自彼得鲁斯·阿皮亚努斯在 1524 年出版的《宇宙志》。

看的时候，就由内向外一眼望穿了这个不停旋转的宇宙结构。

亚里士多德对欧多克索斯的观点十分认可，还在此基础上将同心球层的数量增加到了 55 个，大大增强了模型对天体运动的解释能力，使这个非同凡响的球层结构宇宙观盛行了相当长的时间。亚里士多德认为，凡是无休止运动的事物必然有持续不断的推动力，他将维持这个极其宏大体系运动的力量归结为一种神秘的原动力。这是一股看不见的强大力量，也完美契合了后来基督教教义中对上帝之力的形容。

欧多克索斯的原著已不可寻，幸亏热爱传授知识的希腊诗人索利的阿拉托斯于公元前 276—公元前 274 年间，将欧多克索斯的原作改写成 732 行六音步格律韵文长诗《物象》，他的观点才得以流传下来。这首天文学长诗影响深远，还被译成了拉丁文和阿拉伯文（要知道只有极少数早期希腊诗篇才享有跨文化流传的殊荣），不断地再版、翻印，一直流传至中世纪。（甚至在《新约》“使徒行传”第 17 章中，使徒保罗抵达雅典后，也引用了这首长诗。）《物象》对各个星座、恒星群起落规律进

▼（P44—45）射手座和摩羯座，图中橙色点代表了恒星。西塞罗用韵文翻译了阿拉托斯的《物象》，图片摘自西塞罗译本《阿拉蒂亚》中的一份制作于 11 世纪中叶的（即诺曼底征服前夕）手抄本。

1 译者注：“两球”指地球和天球。

行了介绍和描述，使读者能够利用这些规律来判断夜晚的时间。诗中还详细介绍了欧多克索斯的球形宇宙结构、太阳在黄道十二宫中的运动路径，以及预测天气的方法。不过，阿拉托斯并不是科学家，所以他在《物象》开头几行坚称这一切的一切，最终都是宙斯在执掌。也许就是这些神话典故和文学的魅力让天文数据不再那样生硬，使得《物象》如此引人入胜，并最终让它能够广泛流传。

▼除文中提到的成就之外，学者们还认为欧多克索斯造出了世界上第一个天球仪，可惜原物已经遗失了。图中雕塑是“法尔内塞的阿特拉斯”，阿特拉斯是希腊传说中的泰坦巨神，一般认为，这件雕塑中阿特拉斯背负的球体就是现存最古老的天球仪。欧多克索斯的研究和公元前2世纪的天文学家喜帕恰斯的成果都在这个天球仪的浮雕上有直接的体现。

《物象》所述也并非完全正确，实际上伟大的天文学家、天文观测者、三角学的奠基人喜帕恰斯（公元前162—公元前127）在他唯一流传于世的著作——《评注阿拉托斯和欧多克索斯的〈物象〉》中就指出了《物象》中存在的天文学错误，他还批评了阿拉托斯和欧多克索斯对星座的描述。我们在此罗列喜帕恰斯取得的各项成就，希望读者们能感受到在古老的巴比伦推崇观测的方法论影响下，希腊天文学当时经历着怎样的翻天覆地的变革。喜帕恰斯怀疑某颗恒星莫名其妙发生了位移，于是在公元前129年编制完成了西方天空的第一份综合星表，以便后世在发现类似的恒星位移时，能有个参照。在星表中，他将恒星按亮度分成六等，并由此建立了第一套恒星星等标体系。现代天文学使用的依然是这套体系，只不过精确度比当时要高一些。

喜帕恰斯的成就还包括：发现了一颗新星，发现了第一套用来预测日食的可靠方法，根据巴比伦的天文观测记录运用数学技术设计出了现存最早的太阳和月球运动的定量模型。而他最著名的发现，是春分、秋分点岁差（现在普遍称作“轴向岁差”），从地面观测者的视角来看，恒星天球每年都要整体向后转一个小角度，差不多每25 772年旋转一周回到原来的位置。据喜帕恰斯测算，天球每个世纪转1度——实际数值是每72年转1度。这样一个早期发现，即便数据不是那么精确，也实在令人赞叹。

FABULA CAPRICORNUS

Capricornus. Huius effigies similis est Aegipani, quem Iuppiter, quod cum eo erat nutritus, in sideribus esse voluit, ut capram nutricem de qua ante diximus. Hic etiam dicitur Iuppiter Titanas obpugnaret primum obiecisse eum hostibus timorem qui panicos vocatur, ut ait Eratosthenes. Dicitur hac de tam de causa eius inferiorem partem piscis esse deformatam, quod muricibus hostis sit iaculatus pro lapidum iactione. Capricornus occasum spectans et totus in zodiaco circulo deformatur. Et claudet et toto corpore medius dividitur ab hiemali circulo, subposit aquarii manu sinistra occidit, praeceps exoritur, dum directus. Et habet in naso stellam unam, infra cervices unam, in pectore duas, in priore pede unam, in posteriore pede alteram, in scapulis VII, in ventre V, in cauda II. Omnino stellae XXVI.

Corpore semifero magno capricornus in orbe
Quem cum perpetuo vestivit lumine Titan
Brumali flectens contorquet tempore currum
Hoc caveto in pontum studeas committere mense
Nam non longinquum spatium habere diurnum
Non hiberna cito volvetur curriculo nox
Humida non sese vis aurora querellis
Ocius ostendit clari praenuntia solis
At validis aequor pulsabit viribus auster
Tum fissum tremulo quatietur frigore corpus
Sed tamen anni iam labuntur tempore toto
Nec vi signorum cedunt neque flamina vitant
Nec metuunt canos minitanti murmure fluctus

CAPRICORNUS

SAGITTARIUS

托勒密的地心宇宙观

◀克劳狄乌斯·托勒密，抬手指向星星。

之后的300多年，被认为是天文学史上的“蒙昧时代”。而数学家、地理学家、天文学家克劳狄乌斯·托勒密（100—170）的著作《天文学大成》，为我们了解那个时期的天文学发展提供了扎实的文献基础。通过他的文字，我们了解到这位住在亚历山大港的学者极力推崇喜帕恰斯，视其为热爱真理的人和最重要的前辈。故而在托勒密伟大的著作《天文学大成》中，他照搬了喜帕恰斯的太阳运动模型，并以此构建了他的推算基础——地球在天体运行轨道的位置必须是偏心或中心错位的，他认为这就是四季有长有短的原因。托勒密还在喜帕恰斯星表的基础上增加了坐标，增补了可见的星云，并将恒星数量从850颗扩大至1022颗。在随后的一千多年中，直到17世纪早期，托勒密划分的48个星座一直都是天文学界的权威和重要依据。《天文学大成》是几个世纪以来人类观测和认识宇宙的巅峰之作，书中用来预测行星运动轨迹的

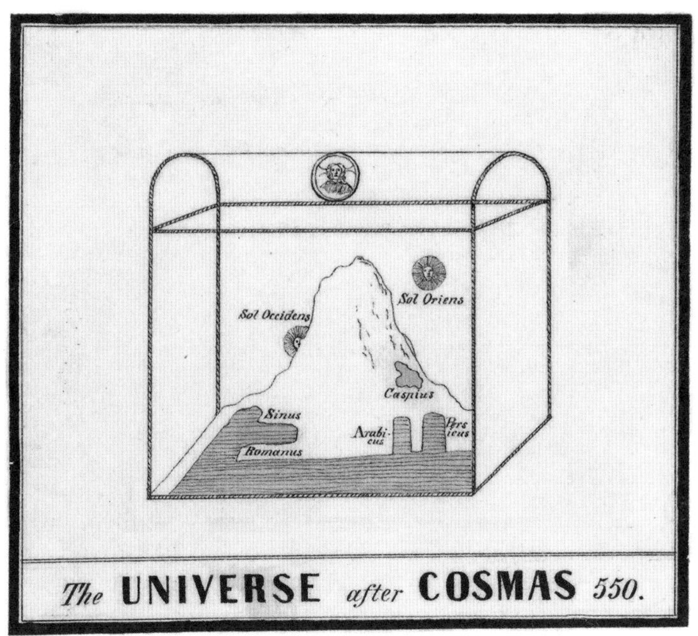

◀ *科斯马斯（全名Cosmas Indicopleustes，字面意思为“去过印度的科斯马斯”）是一个希腊商人，后来在亚历山大港（托勒密的家乡）成为僧侣，约在550年去世。科斯马斯以自己的旅行见闻，融合了基督教的信仰绘制了很多幅地图。左面这一幅，展示的就是一种理论上的宇宙结构——宇宙是一个巨大的箱子，箱盖弯曲向上鼓起，扣在巨大的帐幕上，这帐幕便是造物神在世间的居所。*

几何模型，精确得令人匪夷所思；此外，其中的表格和恒星目录，对占星师和偏好用数学方法研究天文的学者们来说也是极好的资料和工具。

虽然托勒密并没有像他的前辈们那样完整地展示出自己的宇宙体系，但我们可以先根据他算出的行星和地球之间的距离为行星运动天球层排序，再将这个顺序与他稍晚些的著作《行星假说》中的计算结果相结合，这样就能还原托勒密脑海中宇宙的模样[1]。在《行星假说》中，托勒密使用了一个宇宙单位——地球半径，计算出各行星与地球之间的距离，这是人类计算宇宙大小的最早尝试。他算出的地球半径大约为5000英里（约8500千米），因此他认为地球与月球间的距离大概是30万英里（约48万千米），实际上为23.89万英里（约38.45万千米）；他算出的地球与太阳之间距离为500万英里

1　注释：虽然托勒密的计算成果为天图和地图的绘制坐标构建了基础，但托勒密本人连一张图表、一个地球仪、一个太阳系仪都没有留给后世。没有任何迹象表明曾经真实地存在过以上物品，很难想象托勒密或同时代的人从来没想过画张图或是制作点什么。

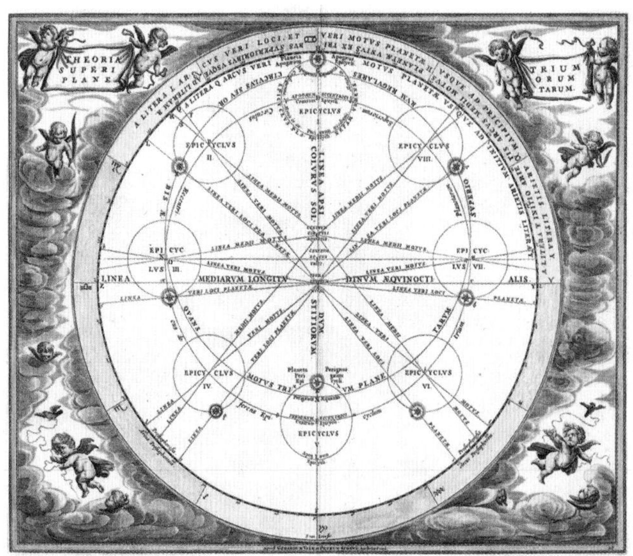

▲ *策拉留斯绘制的天体图，图中展现的是托勒密天体运动模型中古老的本轮（小圈）概念。托勒密的模型采用本轮来解释为什么行星和月亮的运行轨道并不是个完美的正圆，而各行星和月球围绕地球运行的大圈被称为均轮。*

▶*《托勒密天球的平面图》（1661年），展示了托勒密的地心宇宙模型。图中众神驾驶战车在各自的轨道赛跑，代表行星围绕地球在轨道上运行。安德烈亚斯·策拉留斯绘。*

（约800万千米），实际上约为9200万英里（约1.48亿千米）。由于采纳了欧多克索斯的嵌套球层理论，托勒密认为恒星天球层最遥远，大约距离地球1亿英里（约1.6亿千米），这个距离就是宇宙的半径。

根据上述数据，托勒密脑海中的球形宇宙直径约为2000亿英里（约合3200亿千米）[1]。这个数字对现代天文观察者来说微不足道（土星在近地点时，离地球也有大约12亿千米），但对前哥白尼时代的人们来说大得惊人。托勒密推算出的数据，将天穹确立为一个有限的、几何上有序的界。托勒密的这套以地球为中心的多层天球嵌套宇宙模型盛行了1300多年，直到16世纪哥白尼学说出现，才受到了颠覆性的挑战。

---

1 译者注：英文原书如此，但2000亿英里这一数据有误，实际应为2亿英里（约3.2亿千米）。

PTOLEMAICVM, Machina EX HYPOTHESI ICA IN PLA: SPOSITA.
SEV
CAPRICORNVS
ZO
SAGITTARIVS
DIA
SCORPIVS
CVS.
LIBRA
VIRGO
LEO
CANCER
GEMINI
VIA
SOLIS
CIRCVLVS
MARTIS
SEPTEM
ORBIS
LVNÆ
NE
TARVM
ITER
MER
CVRII
ORBES
SATVRNI
MVNDVS SVBLVNARIS QVATVOR ELEMENTA COMPLECTENS.

印度耆那教的宇宙

▲ 耆那教的传统宇宙形式，宽臂人像（17 世纪）。

◀ 自公元前4世纪起，希腊、巴比伦、拜占庭和罗马的天文学思想开始向印度传播，使得印度的传统宇宙观转向了以观测为基础的宇宙学。这张耆那教宇宙图（约1850年）中所描绘的就是印度的传统宇宙观。耆那教是公元前六七世纪在印度恒河流域兴起的一个古老宗教，这个教派所秉持的宇宙学思想与其他古代宗教相比极为复杂，也可以说耆那教的某些宇宙观念非常先进。耆那教徒认为，宇宙是无始无终的，形式上类似于一个双臂双腿伸展开的窄腰人，而神并非宇宙的主宰。他们相信宇宙由六种物质组成：灵魂（梵文：jīva）、物质（梵文：pudgala，意为没有感觉的物质）、运动介质（梵文：dharma）、静止介质（梵文：adharma）、虚空（梵文：ākāśa）及时间（梵文：kāla）。这类传统图画描绘的耆那教宇宙一般分为三个部分，上部为天界，中部为凡间，凡间以下则是地狱黄泉。据估计，目前耆那教信徒有700多万人，其中包括印度航天计划的发起人维克拉姆·萨拉巴依和亚洲最大的航空航天公司印度斯坦航空公司的创始人赛特·瓦尔昌德·希拉昌德。

中世纪的天空

在西方天文学发展的时间线上，2 世纪托勒密的《天文学大成》问世之后的几个世纪，明显是西方天文学的一段衰落时期。当时，雅典文明的黄金时代早已消亡，再也没出现能与托勒密一较高下的大天文学家。与此同时，罗马帝国也不太平，四分五裂，摇摇欲坠。欧洲就这样迈入了中世纪早期。

历史上将这个时期称为“蒙昧时代”，但这个术语颇有争议，现代的中古史学家们花费了大量时间和精力想要证明它是错的。关于这个发展停滞时期的概念，最早是由 14 世纪的罗马诗人彼特拉克在一段描写神圣罗马帝国光辉统治丧失的诗中提出的，是他个人的偏见。实际上，“蒙昧时代”一词来源于拉丁文词汇“saeculum obscurum”，大约 1602 年由罗马天主教枢机主教恺撒·巴龙纽斯自创。值得注意的是，巴龙纽斯是用这个词来形容自 10—11 世纪以来原始资料和文献的匮乏，而不是用它来贬损和定义整个时代。而且，实际上巴龙纽斯认为，1046 年教皇格里高利的一系列改革，使得文献的留存比率大大提升，他所指的“蒙昧时代”也就此终结。

由于史料的匮乏，现代历史学家没法弄清那个年代的许多事情，历史更久远的古典时期的那些关键成果反而被保留了下来，这得益于复杂的跨文化传播体系。罗马沦陷后，希腊的许多文字材料连同它们包含的科学研究成果一起，被送进了拜占庭（君士坦丁堡的希腊古称，4 世纪因在罗马皇帝君士坦丁大帝治下而更名）的图书馆。这些图书馆如今早已不存在，不过我们可以通过资料，了解这些最佳的学术天堂。例如，7 世纪由主教塞尔吉乌斯一世修建的图书馆，在同时代诗人的描绘中，就

▼*（P54—55）《阿斯加德的骑行》，这幅巨大的画作描绘了北欧神话中“狂猎”的场景，彼得·尼科莱·阿部绘于 1872 年。画中，正值隆冬，北欧诸神骑着骏马，和铺天盖地的无数逝者之魂一起疯狂追逐猎物，所到之处尽被恐惧淹没。欧洲民间传说中都有关于狂猎的故事，每当雷声轰鸣、隆隆作响时，人们就觉得是狂猎来了。*

THE MEDIEVAL SKY

“我记得很久很久以前，巨人初生；我记得那时有九个世界。”

——摘自 14 世纪《冰岛故事集》“女先知的预言”

是“一片充满灵魂香气的精神草原”（不幸的是，这片“草原”在 726 年和 790 年两度被烧毁）。这些新理论和新方法论没有使欧洲最先受益，反倒在更遥远的东方被充分地吸收，大大促进了东方的科学技术发展，将中世纪早期的欧洲远远甩在了身后。这就是 8—14 世纪东方发明大爆发的由来，这个时期也被称为伊斯兰黄金时代的文化大繁荣。

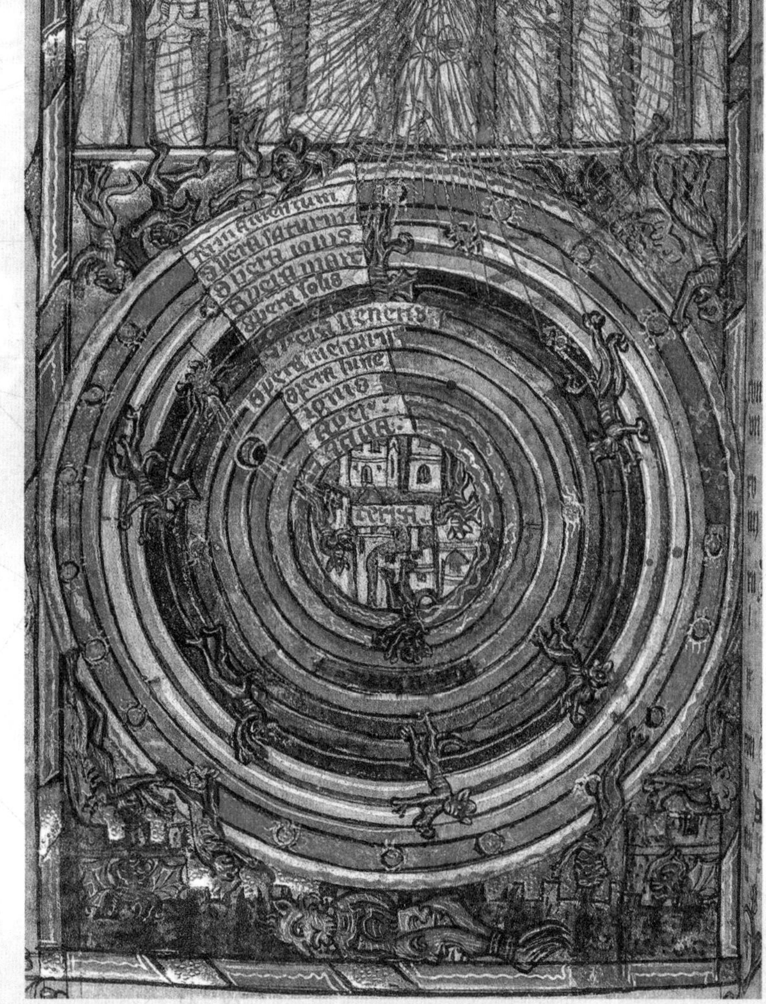

▶ *这个名为《霍恩比时期的内维尔》的手稿，约创作于 1325—1375 年。图中天使们由天堂层层坠落，直至变为地狱中的恶魔，体现的是一种融合了古希腊天球层概念和基督教观点的思想。*

P.N.Arbo
1872

伊斯兰天文学的兴起

641年，哈里发的伊斯兰军队攻下要塞，占领了埃及的亚历山大港。虽然换了新君，亚历山大港在随后的几年中还是基本沿用了拜占庭统治时期的习惯——居民们依然讲着流利的希腊语、科普特语[1]和阿拉伯语，医学、数学、炼金术的飞速发展也不曾中断，这座科学发展年深月久的城市，依旧是一座知识的城邦。彼时，伊斯兰理性主义日益壮大，阿拉伯人轻轻松松就从古埃及人手中接管了亚历山大港这个知识学术中心和它丰富的物质遗产。

远在伊斯兰教的创立者先知穆罕默德（570年前后生于麦加）出生之前，阿拉伯人就开始重视希腊的科学文献及其他西方科学著作。4世纪，基督教圣徒圣埃弗雷姆在埃德萨（今土耳其乌尔法）创立了世界上最古老的大学之一——埃德萨学院，学院的一部分工作就是翻译文献和著作。489年，埃德萨学院被关闭，学院的一部分搬到了伊朗贡迪沙普尔，翻译工作没有停止，又持续了几个世纪，大量的希腊著作被译成了古叙利亚语。在另一边，先知穆罕默德死后，随着倭马亚王朝攻占伊比利亚半岛，伊斯兰教如野火般在北非、西班牙、葡萄牙传播开来。762年，先知穆罕默德的后裔建立的第三个伊斯兰教王朝——阿拔斯王朝，在底格里斯河西岸巴格达地区建立了新都——巴格达。到10世纪，巴格达几乎已经发展成为当时世界上最大的都市了。物质上的富足使得阿拔斯宫廷渴望从古典资源中汲取精神养分，进一步丰富伊斯兰文化，于是他们找到了贡迪沙普尔的基督教学者们。这次接触促进了伊斯兰世界对古希腊、波斯、古埃及和古印度伟大知识瑰宝的收集和整理。9世纪，阿拔斯王朝建立了“智慧宫”，希腊语和古叙利亚语译者们付出了大量的劳动，将外来古籍翻译成了阿拉伯语。很快，阿拉伯语就通过伊斯兰宗教网络传播开来，出乎意料地

▶ *库塞尔阿姆拉城堡遗迹中的湿壁画，库塞尔阿姆拉城堡是在723—743年，由倭马亚王朝哈里发瓦利德二世下令修建的，位于现在的约旦境内的一片沙漠中。这幅湿壁画是现存最古老的非平面的描绘夜空的画作。壁画中，逆时针排列的经典黄道十二宫星座依稀可辨，以从外部向内部观看天球的视角呈现。壁画展示的星图与雕塑“法尔内塞的阿特拉斯”（详见第43页图）中天球仪上的浮雕内容高度一致，说明这件与众不同的伊斯兰艺术品受到了外来古典文化思想的影响。*

---

1 译者注：即埃及古语。

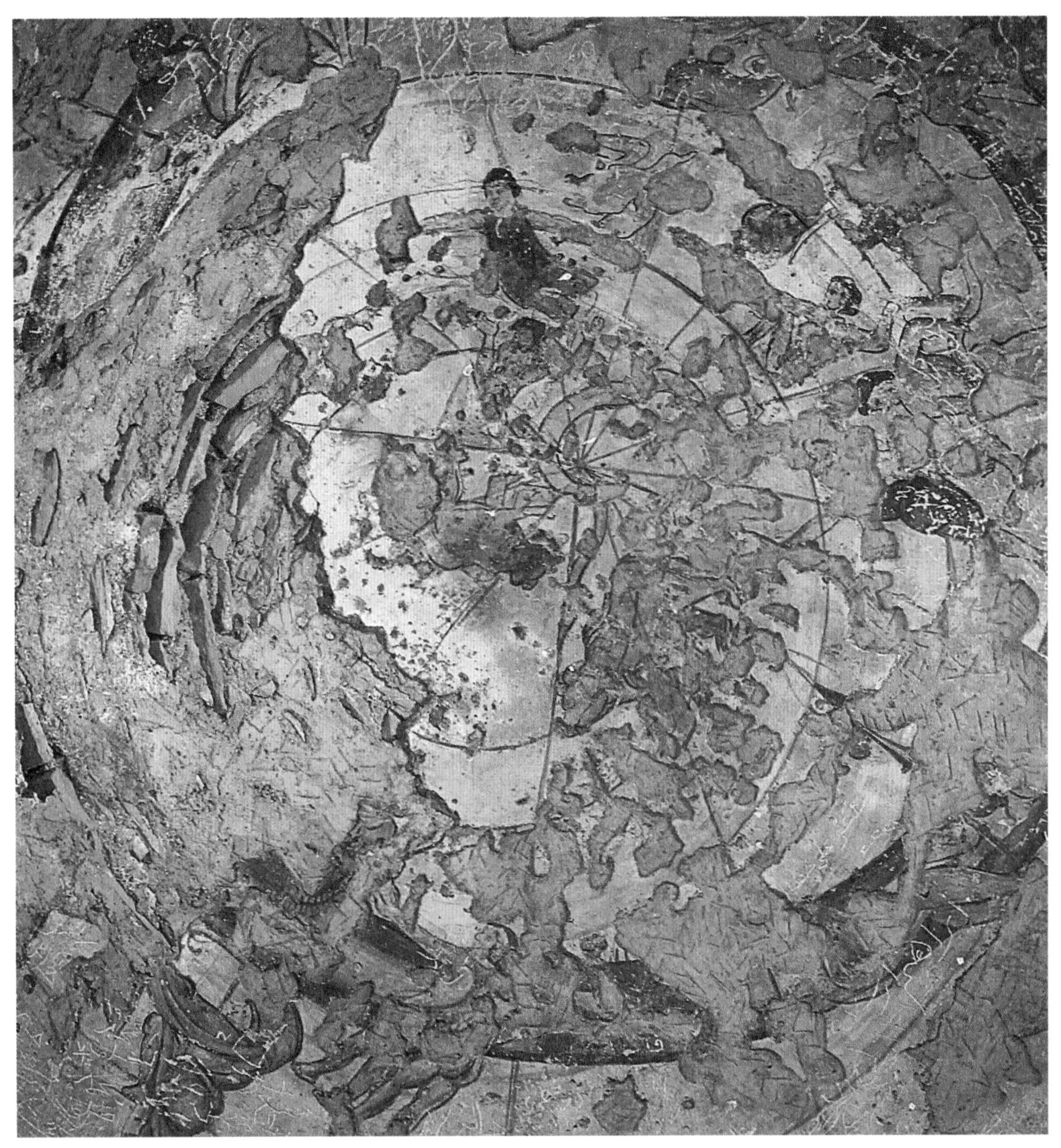

成为科学界的国际通用语言。

在中世纪的文献中，流传至今的天文学手抄本数量庞大，约有 1 万份。这些手抄本是用阿拉伯语、波斯语或土耳其语写成的。几个世纪以来，大部分文献只是作为收藏品，静静地躺在世界各地的书架上。随着藏书数字化项目的实施，我们能够参阅的文献也越来越多。大英图书馆的数字化项目，就让我们能够通过更多、更深入的实例，了解 9 世纪以来伊斯兰天文学家们面临的问题。当时，伊斯兰世界的天文学家们面临的最大挑战，是如何使新的科学认知与先知穆罕默德的教义并行不悖。这一点在伊斯兰历法上尤为明显。与其他文化的历法不同，伊斯兰历（也称西吉来历、回历）一直以来都是纯阴历，每年有 354 天或 355 天不等。有证据表明，在伊斯兰教诞生以前，阿拉伯中部地区会设置闰月，来使每一年各个月份对应的季节大致相同。但先知穆罕默德故去后，就不再允许设置闰月了。（由于伊斯兰历比我们现在用的阳历每年少 11~12 天，使得在伊斯兰历中固定不变的斋月可能出现在阳历中的任何月份。）伊斯兰历还有一个特殊之处，传统上，它并不是通过计算来确定月首，而是通过观察天象，每当夜空中出现新月，新的月份就开始了。因此，天气状况成了一个非常不稳定的影响因素。如果乌云遮蔽了月亮，某些地区会因看不到新月而推迟月首，而天气晴朗的地区月首正常开始，因此不同地区的月首可能不在同一天。除此之外，那时候天文学家们还得解决另外两个问题，一是如何精确地测定每天五次祷告的时间，二是哪面才是朝觐的方向——穆斯林朝觐时须面向克尔白（麦加的圣殿）。[1]

为了解决上述问题，伊斯兰天文学家们编制了“积尺”（zij）。积尺是一种天文学手册，是根据托勒密《天文学大成》及希腊、印度文献提供的观测记录和资料编制的一系列天文学数据表格。根据积尺提供的数据，人们不但可以计算出太阳、月亮、恒星和行星在天空中的位置，还可以查到每个月月首可能出现的时间。由于编制这些积尺的数据通常都是某一特定纬度地区的观测结果，所以精确度只在推断同一纬度地区的日、月、星辰位置时才有保障。而且经常需要更新数据重新校准，以抵消春分、秋分点岁差（地面上的观测者看到的恒星背景逐年缓慢移动位置的现象）。八九世纪编制的积尺数目如此庞大，充分表明了天文学在当时的重要地位。9 世纪，伊斯兰天文学家阿尔哈什米在《积尺解读》一书中指出，因为《古兰经》上说只有真主才能预见未来，从伊斯兰教角度来看根据印度文献编制的这些积尺有多么离经叛道，恐怕伊斯兰天文学家们心知肚明，故而不得不极力淡化积尺的超自然“预言”能力，小心翼翼地在科学和宗教之间维持微妙的平衡。（阿尔哈什米认为，由于这些印度数据在数学上是可导的，所以用来编制积尺不会违背真主的意志。）

1 注释：如今，穆斯林只需要查询使用 GPS 技术的应用软件就可以知道朝觐的方向了，这类软件有很多，谷歌的“QiblaFinder”就是其中之一。

“摄星仪”星盘的发明

托勒密的著作及其先进的行星运动模型给近代早期的伊斯兰天文学家们提供了颠覆性的几何学计算方法，但托勒密提供的数据非常有限，而且也过时太久了，这么好的计算方法只能在有限的范围内使用，着实有些可惜。于是人们迫切地需要一种更先进的天文数据收集方法，亟待一场使用托勒密的先进技术进行的全新天文观测变革，以前所未有的精确度记录一系列新的天文观测数据，并最终绘制成星图。

于是，伊斯兰天文学家们掏出了星盘（也称“摄星仪”）——中世纪最重要的天文学实践工具。星盘是一种手持天文仪器，用于测量天体相对其参照物的倾斜位置。星盘的使用由来已久，起码托勒密是知道这种仪器的，对星盘的使用至少可以追溯到公元前 150 年。（第 59 页图展示的是现存最古老的星盘，这块星盘制成的年代稍晚，它的制造者是 10 世纪的伊斯兰匠人奈斯图鲁。）

▼ *目前已知的最古老的伊斯兰星盘，用于天文测量。这件青铜铸器上的铭文显示，制造者名叫穆罕默德•本•阿卜杜拉，又名奈斯图鲁，制造时间为 927—928 年。*

伊斯兰天文学家们在星盘上增加了方位角（由南点开始顺时针方向到地平经圈的角度），将星盘升级改造成了功能极为强大的计算仪器，除了可以用来计算太阳和其他恒星升起的时间，还能用于计算拜功（指“晨祷”）的时间及测定朝觐的方向。星盘的核心主体是两块铜制构件，一块铜制的圆形底盘，另一块是“筋膜板”，上面雕有复杂的纹样，用一根细轴固定在底盘上，使得筋膜板可以绕着轴在底盘上转动。只要选对操作角度，这块如人体筋膜般的复杂仪器操作起来并不困难。根据设定，将星盘平置，正面向上，俯视星盘时就相当于观测者们从北天极的位置（即天球的顶端），俯视星盘上平铺开来的北天区。（南天区则概念性地“隐藏”在星盘的背面，因为在阿拉伯地区和欧洲根本看不见南天区，就没必要在星盘上展现。）星盘表面的刻画，实质上是三维星图在二维平面上的体现，而筋膜板上密密麻麻的刻印则标示出北天区群星中，那些最显眼的恒星的位置。后来，西方发明家又给星盘增加了时钟功能。他们在星盘的最外圈边沿做了 24 个标记，只需将星盘中间的指示杆与太阳在黄道（即太阳在看上去静止不动的恒星背景中的运行轨迹）上的位置对齐，星盘就变身成了一个二十四时制的时钟，而它的指示杆就是时钟的指针。

◀▼ 星盘的正面，筋膜板紧固在底盘上；星盘的反面，装有照准仪，刻有各种测量标尺。

我们还可以在星盘背面看到太阳在黄道上运行的更多细节。反面的中心也用细轴固定了一个能够转动的观测杆——照准仪（也是个“指示杆”）。首先，通过铜环将星盘竖直挂立，转动照准仪使其对准要观测的天体。然后，比照盘上的刻度，使用者就可以将照准仪当前指示的角度记录下来。再配合星表使用，就能够计算出几百颗恒星的位置及其运动。星盘结构简单，但功能强大，因此成了中世纪伊斯兰天文学者和基督教天文学者们的必备工具，也是当时占星术和以占星术为基础的医学不可或缺的工具。

▶ 莫卧儿皇帝贾汉吉尔持球，约 1617 年。贾汉吉尔手中的球状物可能是伟大的工匠穆罕默德•萨利赫•撒特维制造的天球仪。

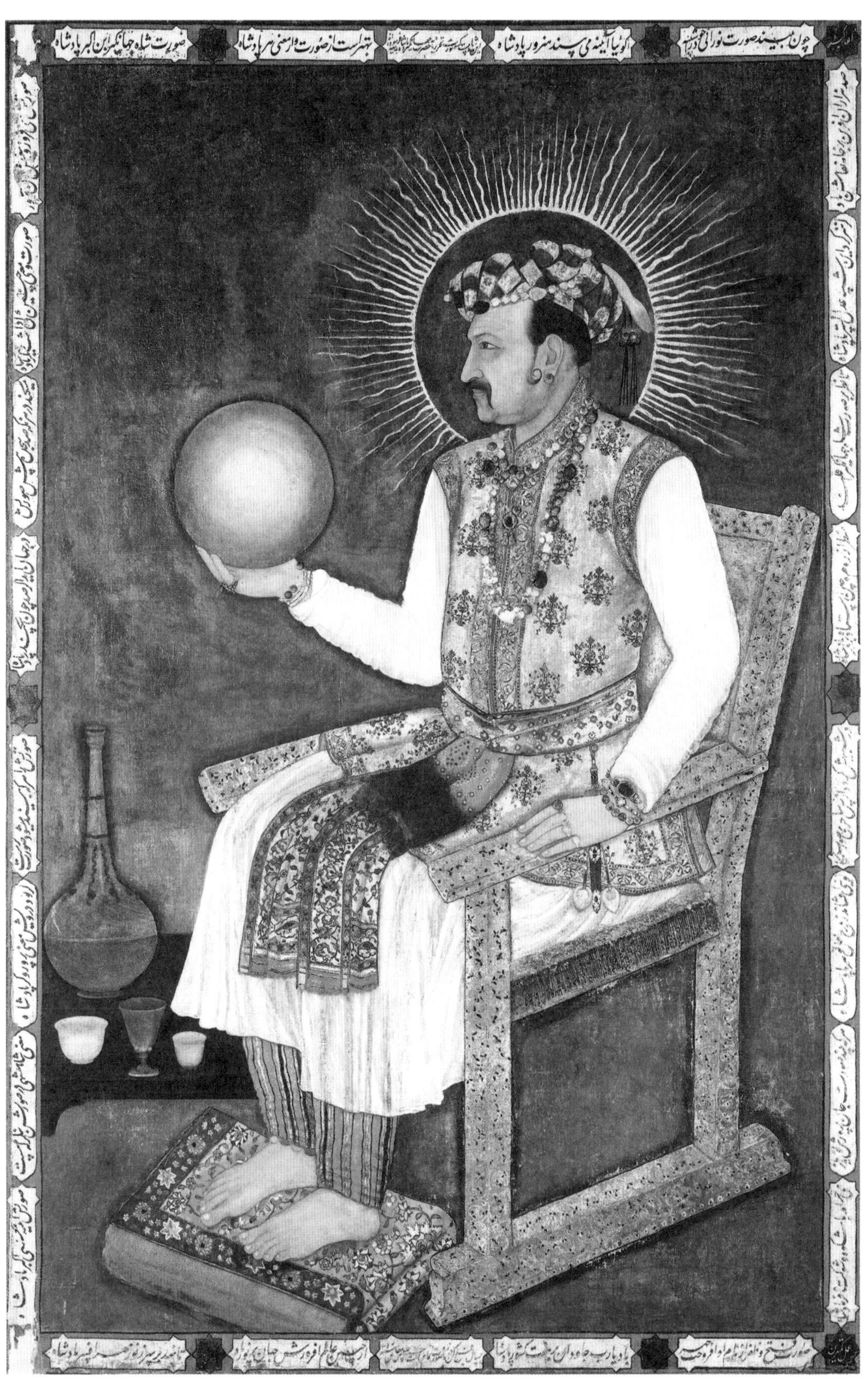
صورت شاه جهانگیر ابن اکبر پادشاه

伊斯兰天文著作影响欧洲

中世纪伊斯兰天文学者们手捧星盘、天球仪、浑仪，脚踏托勒密学派的理论坚实基础，装备精良的新一代研究者们已准备好用自己的观测数据为天文学的发展添砖加瓦。随着天文学的发展，观测仪器的体量也越来越大，为了安置这些巨型设备，人们开始建造天文台。可惜这些天文台通常只是昙花一现。比如：1125 年，法蒂玛王朝统治时期开罗的维齐尔[1]被控与土星建立通信联系，因此被处决了，开罗附近的一个建造中的天文台被毁，台里的天文学者都被撵走了；1577 年，苏丹穆拉德三世下令在伊斯坦布尔修建的天文台（与第谷·布拉赫在北欧兴建的首个天文台差不多同时间建成，详见第 108 页“第谷·布拉赫”），也没能坚持几年。因为当地的宗教人士认为天文台是在窥探天堂，将引来真主的怒火，终于在 1580 年，他们成功说服苏丹下令拆除了这座天文台。

▶ *伊斯兰教信仰中的天使瑞举起天球，图摘自 16 世纪下半叶的一份手稿，绘于伊朗西部。*

◀ *太阳以国王之姿，驾着轮式战车，穿过他的领地。图摘自 1489 年版阿尔布马扎的《占星术引介》，这本书是最早一批将亚里士多德的理念传播到西方世界的文献之一。*

1　译者注：官职名，指旧时某些伊斯兰国家的高官、大臣。

◀ 天龙，摘自卡兹维尼《创造的奥妙》，约 1280 年。

与天文台备受打压、惨遭拆除的境地不同，成就斐然又文辞优美的伊斯兰天文学著作却发展得相当不错。大部分著作经由穆斯林统治下的西班牙传入西欧，给欧洲大陆带来了伊斯兰天文学的研究成果，作为这些伊斯兰著作的参考文献的希腊和印度的学术经典也一并传入欧洲。比如，这些著作中最早的一批之一，是由巴格达智慧宫的首席馆长穆罕默德·本·穆萨·阿尔·花拉子密编制的《积尺》（830 年）。顺便一提，“算法”（algorithm）一词是由花拉子密的名字演化而来的。这本以印度文字写成的著作，在 12 世纪由巴思的阿德拉德译成拉丁文，书中所述的印度科学[1] 由此进入欧洲广为传播。此外，叙利亚天文学家白塔尼所著的《积尺》[2] 对欧洲的影响也极为深远（白塔尼曾以非凡的精确度测定了

▶ 卡兹维尼（1203—1283）在《创造的奥妙》中描绘的月亮。《创造的奥妙》约成书于 1280 年，是阿拉伯宇宙学的重要成果。书中大量运用色彩，兼顾知识性与趣味性，详细探讨了伊斯兰教中两个宇宙并存的观点：一个是“看不见的宇宙”，是真主安拉和天使们的居所，是乐园，是火狱，是七层天，也是“神圣宝座”，不能被人类所见；另一个是“看得见的宇宙”，可以被人类的五感探查到。

1　译者注：这里说的印度科学可能指的是印度的十进制。

2　译者注：即历表巨著《萨比历数书》。

صورت ماه

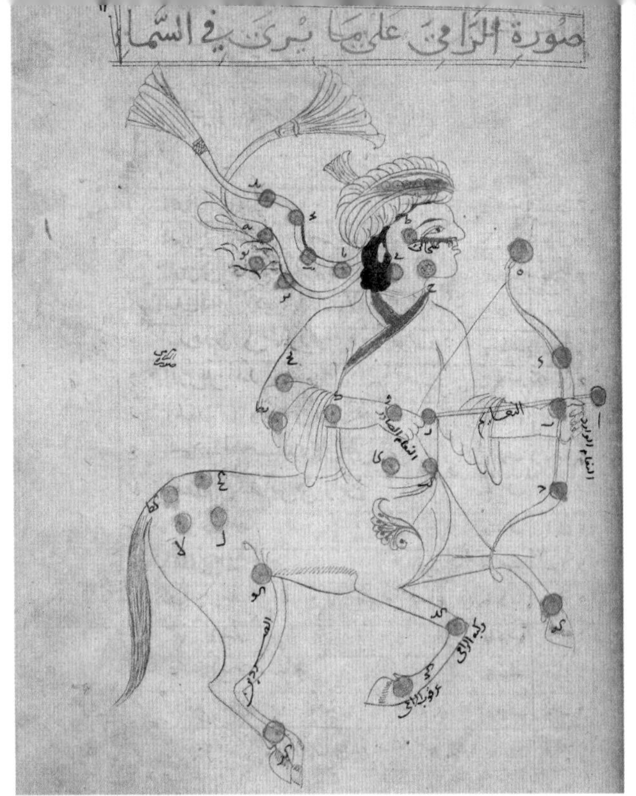

▲ *波斯人阿尔苏菲的天文学文献《恒星之书》中的插图，约964年出版。《恒星之书》全书以阿拉伯语写成，书中综合对比了托勒密《天文学大成》中的综合星表与阿拉伯的传统星座名。*

1太阳年是365天5小时46分24秒，仅比现今测定的1太阳年少了2分22秒）。哥白尼在他开创性的著作《天体运行论》（543年，详见第104页“哥白尼的革命”）中就引用了23次作为例证，第谷•布拉赫、乔瓦尼•巴蒂斯塔•里乔利等天文学家也对白塔尼的著述大为赞赏，反复引用。

伊斯兰世界另一位熠熠生辉的人物是阿布•马谢尔（787—886），西方世界称其为阿尔布马扎。阿尔布马扎生于波斯呼罗珊，是巴格达阿拔斯王朝宫廷中最了不起的占星家。当时，从事占星这一行其实是有风险的。有一回，阿尔布马扎成功预测了一起天文事件，却给自己招来了麻烦——哈里发穆斯塔因下令打了他一顿鞭子。他嘟哝着抱怨道：“我完成了任务，却被痛打了一顿。”阿尔布马扎与当时哲学界的领军人物肯迪还有过一场公开辩论[1]，自此埋头钻研数学、天文学及柏拉图和亚里士多德的哲学，以期更有力地证明占星的存在价值。阿尔

1　译者注：这场辩论的结果是阿尔布马扎输了。

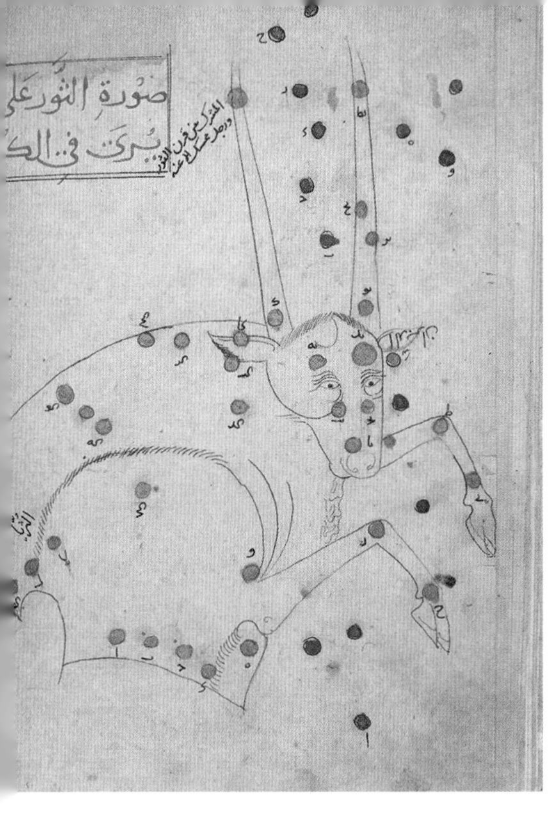

布马扎认为，支配人类世界过去和将来全部事件的就是天上行星的位置，虽然他的著作原稿已佚失，但他的大部分占星手册都是围绕这个观点编写的。阿尔布马扎的理念影响深远，在整个中世纪时期，不管是穆斯林还是基督教派的占星师都仔细研读过他的著作。

白塔尼对托勒密的著作进行过一些订正，但也是点到即止。真正对《天文学大成》进行了彻底修正的是阿尔苏菲（903—986）的著作《恒星之书》（约 964 年）。阿尔苏菲在《恒星之书》中，进一步细化了星等的分类，为了解释春分、秋分点岁差，还重新对天体的经度进行了计算。

他还着手将希腊星座与阿拉伯传统中的星座名对应起来。为了展示得更清楚，阿尔苏菲还给每个星座都配了两幅图示：一幅图采用自天球外向内观测的视角，另一幅采用由内而外的视角。这本美丽动人的书，描绘了一幅幅天界的奇观，给现代天文学历史学家们提供了一个非常难得的探查中世纪星空的窗口。阿尔苏菲在书中介绍了“一小团云”，也就是仙女星系，这是已知最早的对仙女星系的介绍和描绘；他还介绍了大麦哲伦星云——一个离银河系大约 16.3 万光年的伴星系，这也是关于大麦哲伦星云的最早记载。此外，还有人认为在阿尔苏菲的星表中，南天某个“云雾状恒星”就是船帆座的一个明亮星团——船帆座 o；他观测到暗星座狐狸座中的一团“云雾状天体”，如今被命名为苏菲星团，也称“衣架星团”。请列位读者注意，上述这些非凡成就都是在发明望远镜以前完成的。

▼（P68—69）精美绝伦的天宫图，是献给土库曼和蒙古大征服者帖木儿之孙、苏丹伊斯坎德尔的贡品，绘于 1411 年。这幅平面天球图上，描绘了 1384 年 4 月 25 日苏丹伊斯坎德尔出生时天上行星的位置。根据天象，占星师预言苏丹伊斯坎德尔将长命百岁，一生圆满，能立大事。工匠们用镀金技术仔细地将这条预言描在了天宫图上，极尽奢华。

العاشر بيت السلطان والاعمال والامر الميزان
الحادي عشر بيت الرجاء والاصدقاء العقرب
الثاني عشر بيت الاعداء والدواب القوس

欧洲的天文学

中世纪早期阿拉伯科学的蓬勃发展，一定程度上要归功于以托勒密为代表的希腊和印度的科学界，他们的成果和著作，为阿拉伯世界提供了重要的参考文献。直到10世纪，欧里亚克的热尔贝（后被称为“教皇西尔维斯特二世”）等欧洲学者追着传闻，来到西班牙和意大利西西里岛寻求阿拉伯世界的科学成果，这些人类智慧的宝藏和遗产才逐渐走进欧洲。欧洲在天文学领域的觉醒就更晚一些了，12世纪，克雷莫纳的杰拉尔德（1114—1187）翻译了在托莱多发现的阿拉伯语版的《天

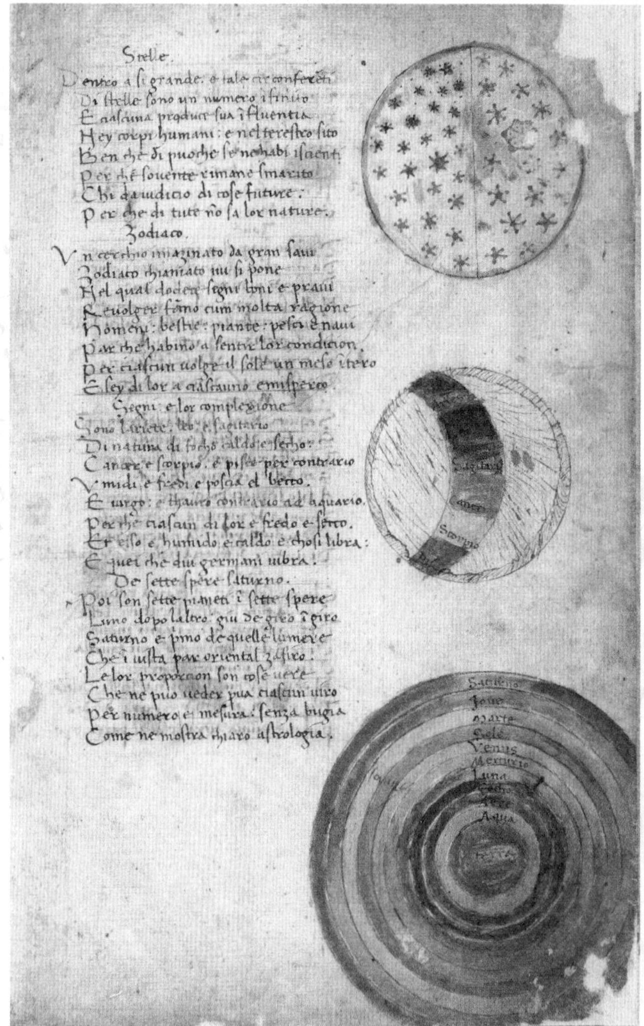

◀ *14世纪中叶关于行星的记载，摘自意大利修士、人文主义者莱奥纳尔多·德·皮耶罗·达蒂的手稿。*

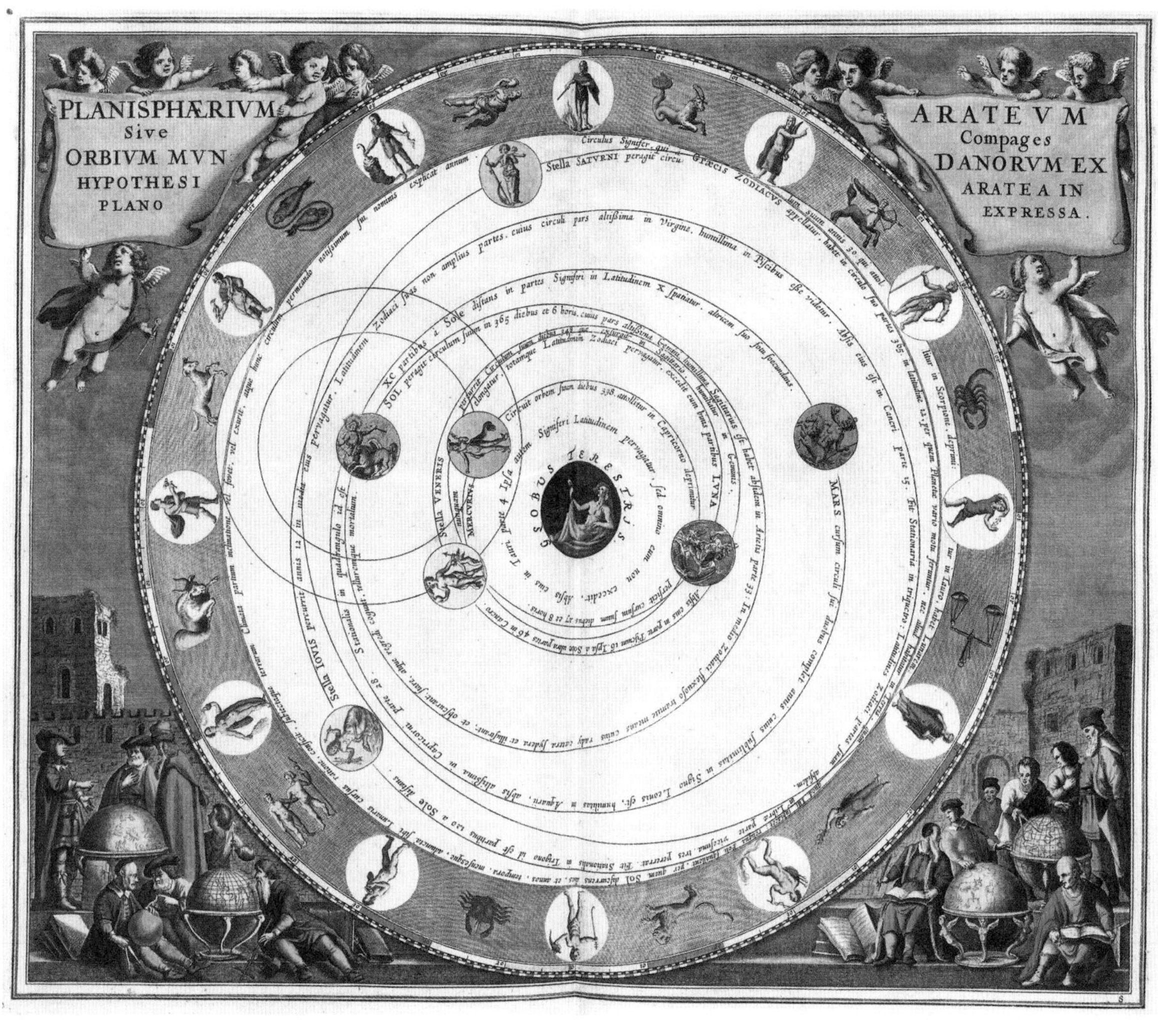

▲ *马尔提亚努斯·卡佩拉的宇宙体系图，策拉留斯绘制（但策拉留斯误认为这个宇宙体系是阿拉托斯提出的）。*

文学大成》，正式标志着欧洲的天文学进入了一个新的发展阶段。

伊斯兰教的兴起一方面促进了伊斯兰天文学的发展，另一方面，科学研究必须在既定的宗教框架之内进行的客观现实，也让伊斯兰天文学家们担惊受怕。而欧洲的思想家们也开始探寻和发展与基督教教义保持一致的宇宙学。5世纪下半叶，罗马帝国分崩离析，地中海各国相对的平静（这个时期史称“罗马和平”）被打破，基督教趁势崛起，填补了宗教信仰的结构性真空阶段。当时，希腊的许多科学成果已经遗失了，而大量的经典文献处于伊斯兰世界的掌控中，于是欧洲人将目光转向了当时欧洲的思想统治权威——《圣经》。公元纪元后第一个千年，欧洲大陆的宇宙观并不是建立在对宇宙理性观测的基础之上，而是建立在对基督教思想教条阐释的基础上。对求知欲爆表的人来说，《圣经》很明显有很多音译的词真实语义存疑，不能满足研究者们的好奇心，也留下了很多未解之谜。即便那时由希腊语译成拉丁文的古籍文献只有寥寥几本，对当时的世俗学生来说也是非常难得的、至关重要的研究资料。其中有两部重要译作，一部是 4 世纪卡尔西德翻译并详细注释的《蒂迈欧篇》，卡尔西德的工作使得柏拉图这部宇宙学神话的三分之二得以流传于世。《蒂迈欧篇》的内容大部分是雅典各大家之间的对话，书中苏格拉底、蒂迈欧、赫摩克拉底和克里提亚斯对物质世界的本质、宇宙存在的目的和性质进行了深入探讨。他们还讨论了宇宙灵魂的创造过程——神将存在、相同、相异这三样东西混合在一起，制造出了宇宙的灵魂。（直到中世纪晚期，卡尔西德对《蒂迈欧篇》的翻译和注解还是很受欢迎。）

另一部对中世纪早期的天文学家们影响巨大，并提供了大量信息的更有名的拉丁文著作，是马尔提亚努斯•卡佩拉（365—440）的《在费罗洛吉和墨丘利的婚礼上》。这是一部知识灌输型寓言书，故事背景是在阿波罗的撮合下，墨丘利和费罗洛吉即将举行婚礼，故事借婚礼场景展开，形成了一部罗马人文科学的百科全书。这部著作对中世纪早期围绕“七艺”建立的学科架构影响很大，七艺包括：三科（语法、修辞、逻辑）、四学（几何、算数、音乐、天文）。卡佩拉在书中对很多天文现象提出了自己的见解，其中之一就是金星和水星紧密环绕太阳运动，然后金星、水星和太阳三者一起环绕地球运动。这一理论流传了很多年，哥白尼还对这一理论表达了他的疑虑。实际上这个观点由来已久，最早是由蓬杜斯人士赫拉克利德斯（公元前 388—公元前 315）提出的。与此同时，5 世纪早期，罗马大主教马克罗比乌斯•安布罗休斯•西奥多西乌斯综合了柏拉图和西塞罗的著作衍生的宇宙学思想和毕达哥拉斯的数学概念，在其著作《“西庇阿之梦”注疏》中，形成了他自己的宇宙学思想，这部著作后来成为柏拉图主义在中世纪西方拉丁世

▶ *马克罗比乌斯《“西庇阿之梦”注疏》的一份 15 世纪手抄本的卷首插图，图上画的是西塞罗和他梦中繁星遍布的宇宙。*

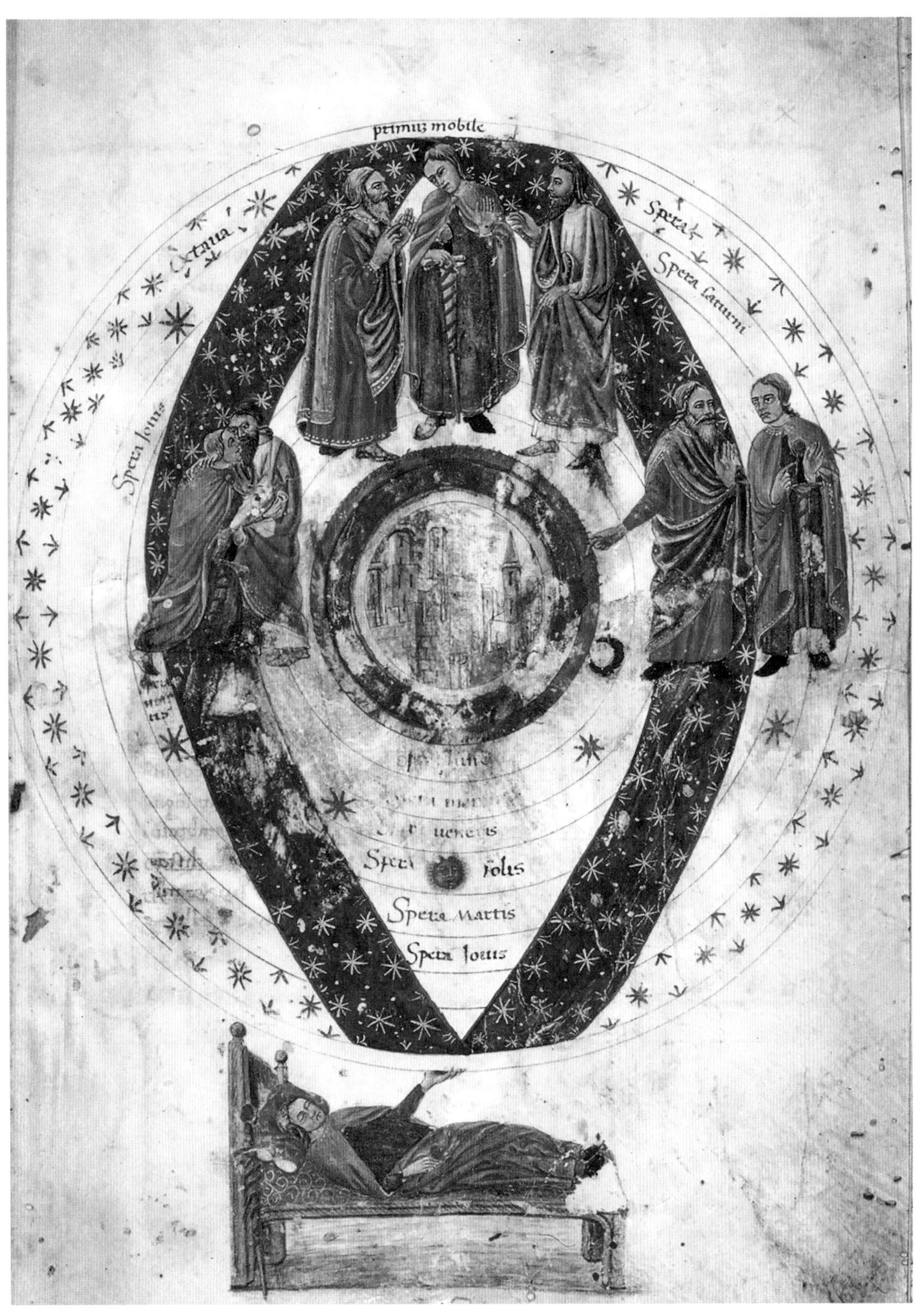
primu3 mobile
Spera
Spera saturni
Spera Iouis
uenens
Spera solis
Spera martis
Spera iouis

界阅读量最大的文献。

马克罗比乌斯将宇宙的结构描述为：宇宙、行星和地球都是球形，地球位于繁星遍布的天球层中心，七颗行星围绕地球做圆周运动，天球层的缓慢旋转带动行星在各自轨道上运行。在地球上，海洋将陆地区隔为四个部分供人类居住。

与伊斯兰天文学者们的经历相同，在基督教世界，天文学家们为虔诚的教徒们解决了一些实际困难，使得教会和天文学研究形成了一种微妙的平衡。6 世纪，图尔的主教格里高利提到，他的天文学知识来自卡佩拉著述，他曾描述过一套在夜间观测星空来确定时间的方法，能帮助修道士们确定夜间祷告的时间。约 725 年，诺森伯兰郡的修道士、英国历史之父、后世被称为“尊者比德”的瑟吉圣比德完成了他的著作《论时间的推算》，对长期以来人们争论不休的如何确定复活节满月日期的问题给出了明确的解决方案。书中不仅描述了各种古代历法和宇宙观，还为推算太阳、月球在黄道带上的运动提供了切实可行的操作方法。

8—9 世纪的加洛林文艺复兴时期，在查理曼大帝的鼓励下，人们重新燃起了向罗马作家学习的热情。直到 10 世纪下半叶，欧里亚克的热尔贝才来到西班牙，开始了他对伊斯兰知识的求索。自此，欧洲开始从研习古典文献转向了发展新的科学知识。到 11 世纪初，以赖谢瑙的赫尔曼为代表的一些学者开始编写拉丁文版的星盘使用说明；还有一些学者，如莫尔文的瓦尔歇，则开始开发星盘的另一个功能——通过研究日食发生的次数来质疑古典天文学者整理的数据表。

▶ *如这幅 1416 年前后绘制的解剖学“人体黄道十二宫”所示，历史上，在相当长一段时间，人们都认为黄道星座主宰着人体各部位的健康。图中，黄道十二宫分别对应人体的一个部位。比如，双鱼座对应的是脚；白羊座对应的是头，因为公羊在基督教中具有神圣属性。图中在四个角的位置写有拉丁文注解，详细说明了黄道十二宫各个占星符号在医疗上的特征。14 世纪黑死病的肆虐，使得医疗占星学迅速普及开来。*

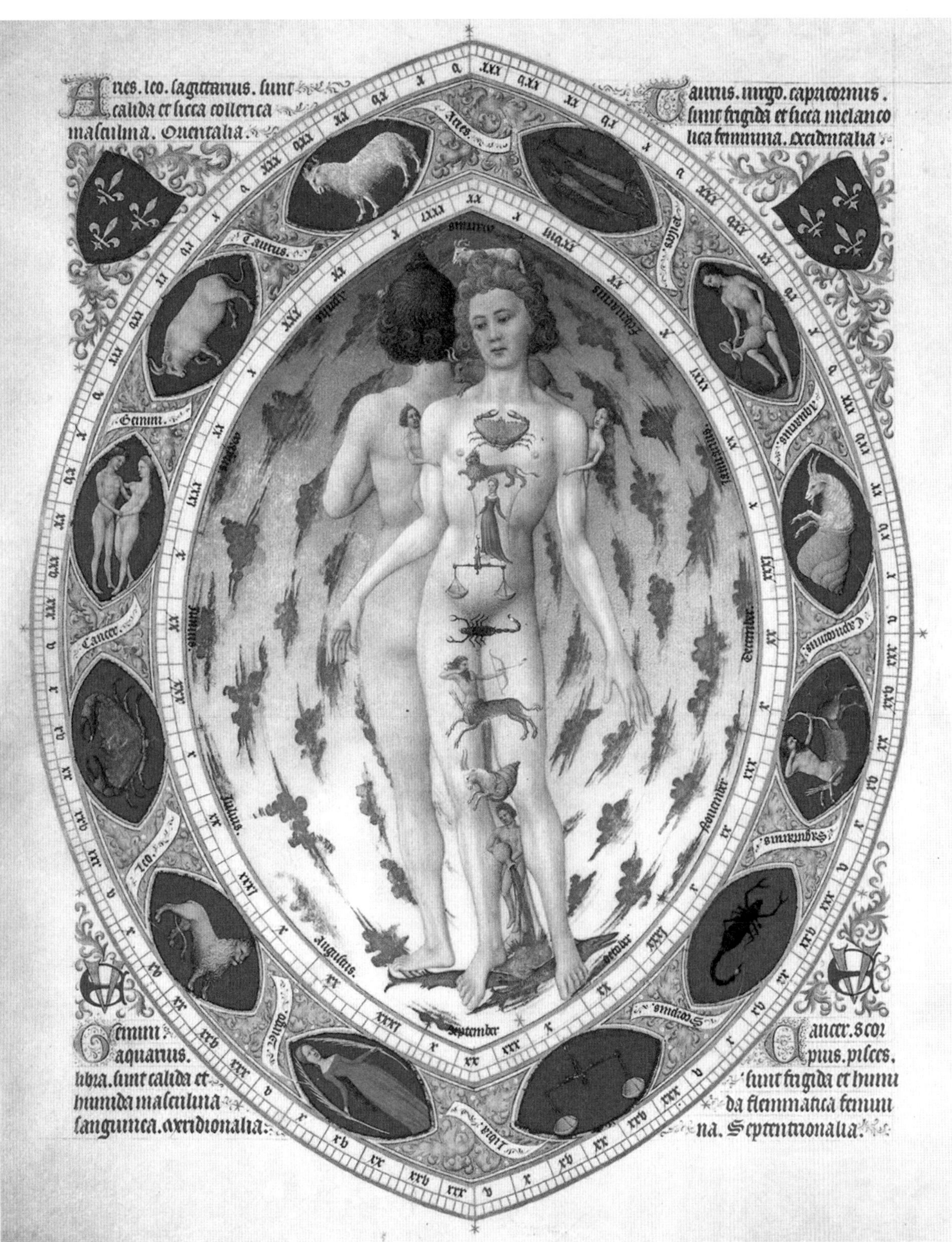
Aries.
Taurus.
Gemini.
Cancer.
Leo.
Libra.
Scorpius.
Sagittarius.
Capricornus.
Aquarius.
Pisces.
September

对星空的新研究

11世纪，西欧发生了翻天覆地的变化，各行各业日新月异。城市的迅猛发展使得学者们研究天空的地点从原来的修道院和大教堂转移到了新型的集中式学习场所——大学。欧洲一些学术机构的历史十分悠久，久到了人们已经记不清它们经历了多少岁月。牛津大学就是一个例子，令人惊奇的是，它甚至早于阿兹特克文明。1096年，牛津城就开始有了教学活动，到了1249年，牛津大学已经发展成为一所成熟的大学，在它的三个学院——大学学院、贝利奥尔学院、默顿学院，分别修建了最原始的学生宿舍。而在1325年，阿兹特克人才在特斯科科湖建起了特诺奇蒂特兰城，正式宣告了阿兹特克文明的形成。

1085年，莱昂国王、卡斯蒂利亚国王阿方索六世攻占托莱多，标志着历史上第一次，基督教国家势力接管了西班牙伊斯兰教统治地区的主要城市。自此，伊斯兰海量文献和古典资料潮涌般汇入了欧洲的学习中心。随着伊斯兰教撤出伊比利亚半岛，克雷莫纳的杰拉尔德等

▼大犬座中的天狼星、“犬星”，是夜空中最亮的恒星。这张图摘自12世纪的一本天文学资料汇编，图中填充的文字是对天狼星的神话起源的描述。

译者终于有机会进入之前一直由伊斯兰世界掌控的图书馆，他们如同快要饿死的人来到了詹姆士一世的盛大筵席，在这里“大快朵颐”。杰拉尔德的动作很快，他迅速翻译了至少 71 篇天文著作，其中就有宰尔嘎里的《托莱多天文表》，运用这份星表能够预测行星在任一时刻的位置。他还翻译了一部极具影响力的著作——阿拉伯语版的托勒密的《天文学大成》（之所以从阿拉伯译本转译，是因为当时没找到原版，《天文学大成》的古希腊语原版直到 15 世纪才被发现）。

▼轮形多环插图，摘自 12 世纪末一本供修道士学习科学用的英文手抄本教材。图中展示的是早期基督教学者如比德、圣依西多禄等人的著作中的宇宙学知识。轮形多环用一个圆环的形状体现了神的单纯性，并能够简明扼要地展示复杂信息，整个中世纪阶段的图解普遍采用这种设计模板。

那时候，巴黎已经成为欧洲的学习中心和人文科学的研究中心，译成拉丁文的宇宙学著述不断涌入，这些以亚里士多德学派（即非基督教）思想为理论基础的著述，其宇宙观的视界大大超过了当时欧洲更受重视的神学宇宙观，使得巴黎学界欣喜若狂。

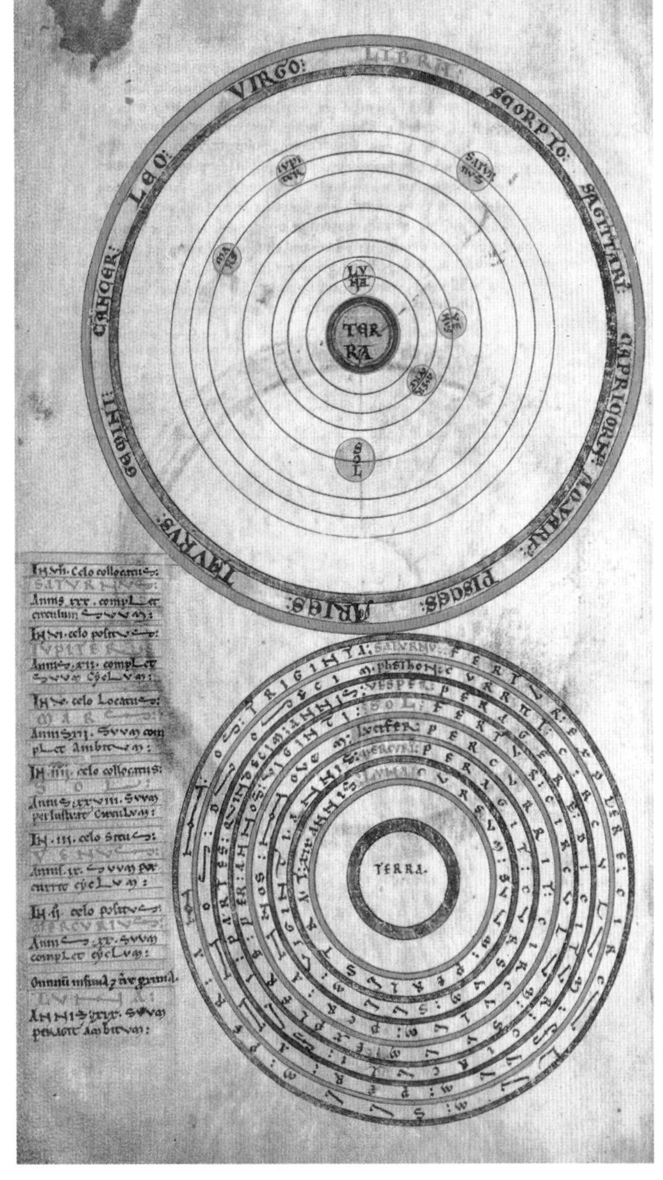

古典文献资料的流入极大地丰富了欧洲的学术资源，人文学科在古典文献的加持下站稳了脚跟。尤其是在学习中心从修道院向大学迁移的过程中，产生了经院哲学这种新的思辨学习形式，基督教至高无上的权威地位终于出现了一丝松动。意大利多米尼加教派修道士、哲学家、法理学家托马斯•阿奎那（1225—1274）是这一运动中的关键人物。阿奎那的“自然”神学思想认为，上帝、物理学和宇宙学的奥秘都可以用同样的理

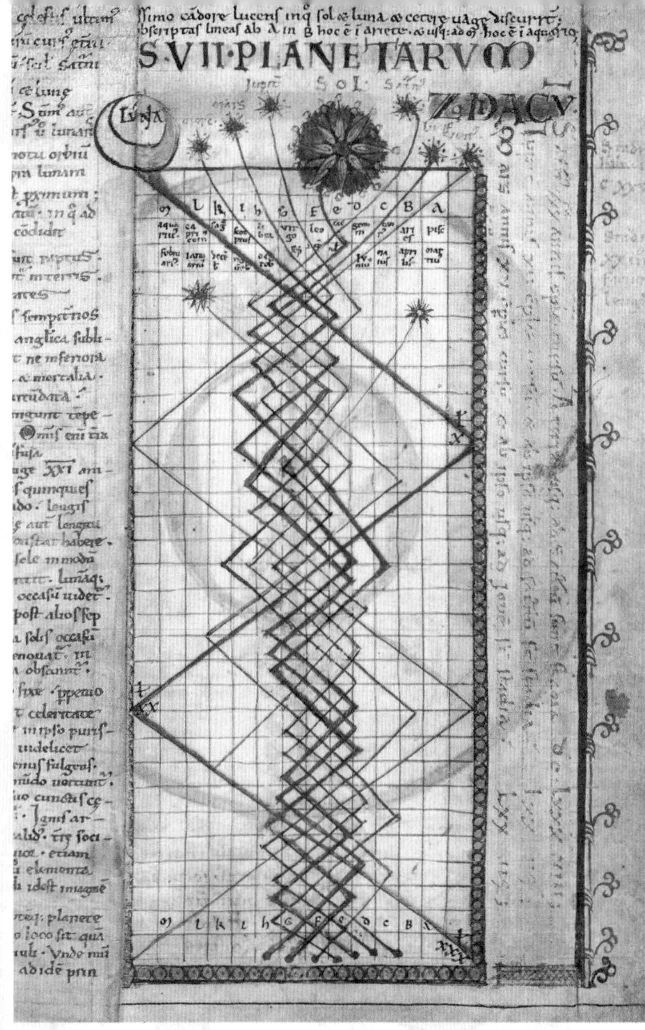

《花之书》，是法国圣奥梅尔教士朗贝尔（1090—1120）编写的一部中世纪百科全书。书中汇编、收录最早的一批资料是192年前后的著作，其中也包含圣依西多禄的作品。书中使用大量插图配合文字，内容涵盖了神话传说中的动物、植物，以及“世界将会如何终结”等主题。这里摘选的几页图文并茂，展示的是12世纪时人们对天文学的理解。

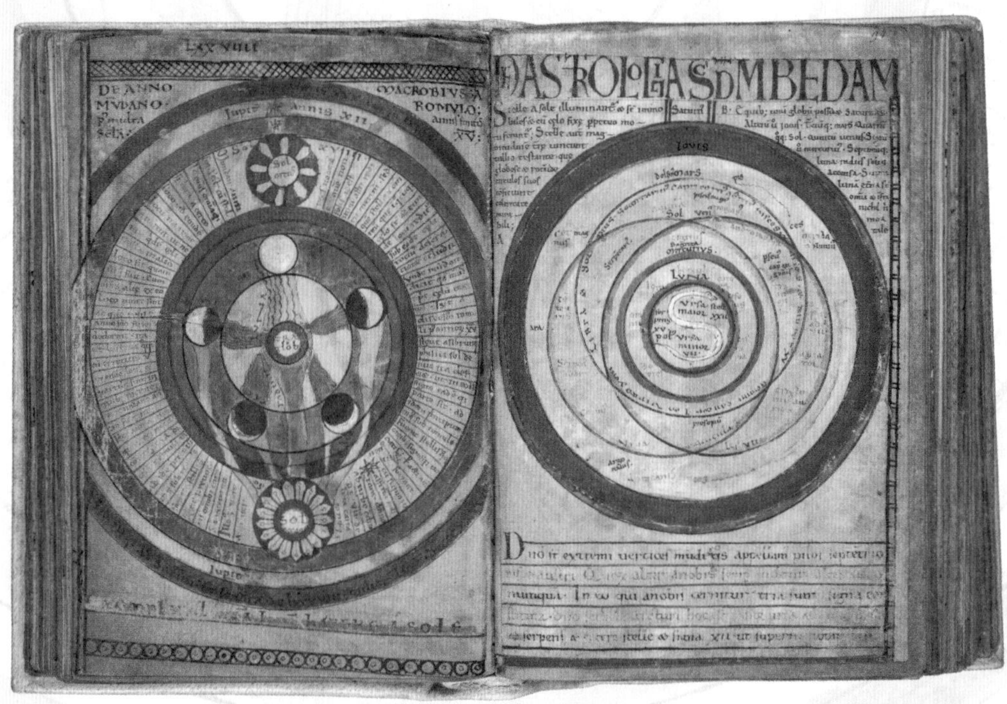

ARIES
SATVRN
PISCES
ASIA
Ispania

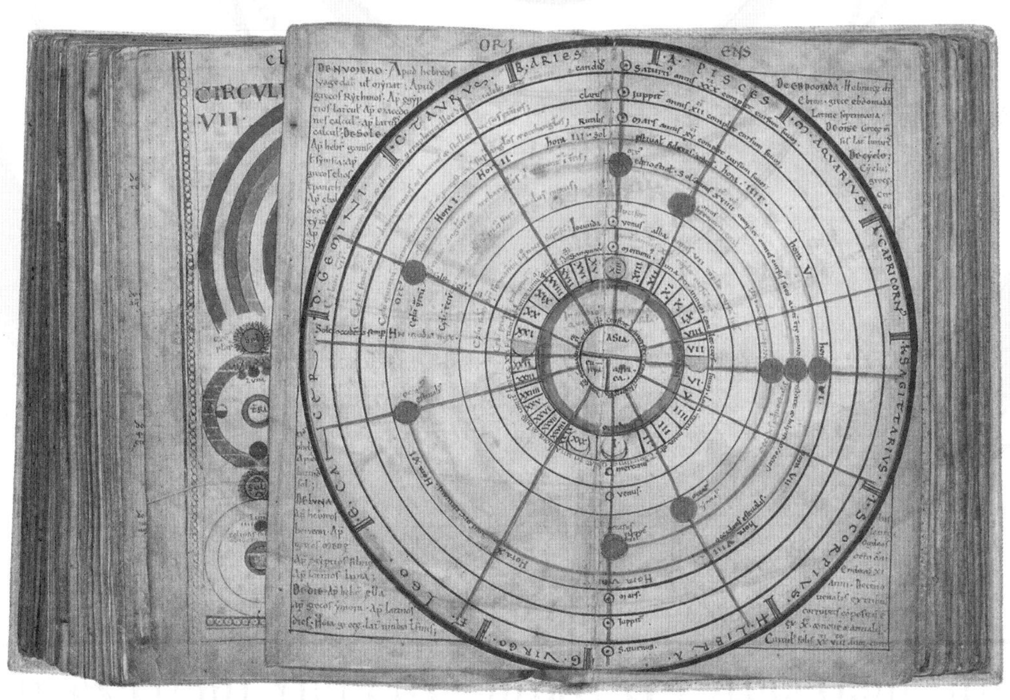
CIRCVLI
VII
ARIES
PISCES
TAVRVS
AQVARIVS
GEMINI
CAPRICORN
SAGITTARIVS
SCORPIVS
LIBRA
VIRGO
LEO
ASIA

性方法进行研究，数据来源既可以是《圣经》，也可以是古典文献。

古典思想与基督教信仰之间的这次和解，提高了以亚里士多德、托勒密为代表的学者在学术界的地位。此前学生们的研究资料除了《圣经》之外寥寥无几，这次运动使得他们能够查阅更多的古典文献来寻求答案。显然，这个时期的科学研究既没开展新的观测，也未采取以实验为依据的研究方法，这种在故纸堆里翻找答案的做法导致了哥白尼时代之前的科学只稍微向前发展了一小步。此外，此时大学的主要功能是教育而非学术研究。越来越多的古典文献被翻译后，涌入欧洲，学术界的书架开始不堪重负，嘎吱作响，简介作为一种新文体出现了。简介让学生们可以通过简练的描述来学习托勒密的地心说宇宙学知识。其中的代表人物有在巴黎任教的牛津大学学者、霍利伍德人士约翰，也被称为“萨科霍波斯科”。

遗憾的是，虽然托勒密的名著《论世界之球体》，配有同心天球的图解，画的仍然不是我们头上这片星空的实际模样，真正意义上的星图并未诞生。[1]

▶ *宾根的希德嘉（1098—1179）是德国本笃会女修道院院长、作家和神秘主义者。她涉猎广泛，在神学、植物学和医药学领域都有著述，但最出名的还是她描述的异象[2]。希德嘉以其中26个异象为基础，写出了《认识上帝之路》。书中，希德嘉将宇宙描述为一个“宇宙蛋”。她这样写道：“上帝将宇宙这个超凡的存在摆弄成一个蛋形……在这里，无形和永恒的事物得以显现。”*

1 译者注：那时候的认知偏差让人们无法看清星空的奥秘，因而没有产生真正意义上的对天穹的测绘。

2 译者注：指一种宗教经历，在神的启示下看到不平常的景象。

苍穹之上的汪洋

在天空制图学诞生以前，即便亚里士多德的天球层理论和基督教的宇宙图景一齐上阵，还是没办法解释关于宇宙运行的一些根本问题。比如：是什么让恒星遍布的天球层（行星运动的天幕背景）在缓慢旋转？天球层缓慢转动的原因和《创世记》中创造天堂的第一日之间有什么关系吗？和《创世记》中提到的“苍穹之上的水”（据说在我们能看见的天空之上存在的水）又有什么关系呢？

最后一个问题催生了一种奇妙的字面解读——苍穹之上，还存在着一个海洋。有证据表明，早在16世纪英国人便笃信这个神话传说。那时候人们认为苍穹之上有一片汪洋，船只航行其中，地面上的人却完全看不见这一切。有人对这个传说的出处进行考证，发现它的诞生时期竟然出人意料地古远。约翰·斯托在《年鉴》，也称《英格兰编年史》（1580年）中，提到了这样一件事：1580年5月，一队人骑马从苏格兰博德明向英格兰的康沃尔郡福伊进发，途遇大雾，铺天盖地的雾气迅速聚集起来。雾中一座城堡慢慢显形，人们抬头向上看时，看到一些看起来像是战船的船队从他们头顶掠过，由一连串的稍小些的船牵引着航行。这炫目的空中航行景象持续了差不多一个小时。顺便提一下，莎士比亚几部戏剧的灵感和意象就来自斯托的《年鉴》。

◀《基督教星图之第一半球》（1660年）。这幅图的作者是来自巴伐利亚的律师、天文爱好者尤利乌斯·席勒，他是历史上第一个在星图中用基督教的象征主义符号代表各个星座，取代了星座的异教神话传说形象的人。

历史再往前倒300年，1214年前后，英国作家、蒂尔伯里的杰维斯在神圣罗马帝国皇帝奥托四世的赞助下，完成了《给皇帝看的消遣之书》，也被称为《奇迹之书》。

▼威廉·M. 蒂姆林的绘本《火星飞船》中的插图，1923年出版。

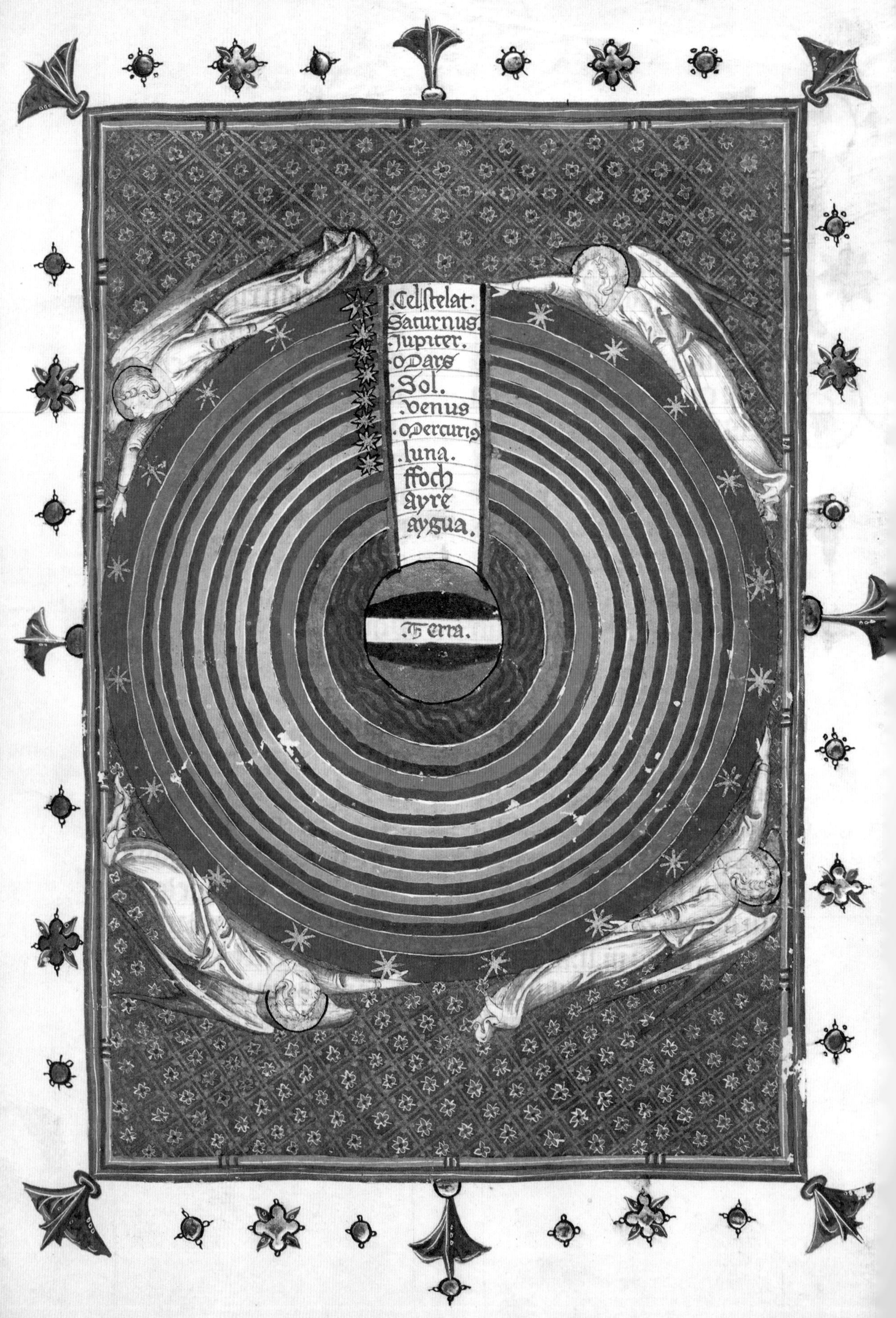
Cel stelat.
Saturnus.
Jupiter.
Mars
Sol.
Venus
Mercuris
luna.
ffoch
ayre
aygua.
Terra.

这本书以取悦皇帝为目的，汇集了当时的奇观和各种神话传说，其中就包括了英格兰的苍穹之上海洋的一则报道：

在一个乌云密布的星期天，几个英格兰小镇的居民从教堂出来时，看见墓碑上挂了个船锚，锚绳紧绷，从天际垂下。人们大吃一惊，正欲上前查看，锚绳突然动了起来，像是有人在尝试起锚，可是船锚被墓碑牢牢地卡住。这时天空传来一阵巨响，仿佛是水手们在齐声呐喊。正胶着中，只见一个人顺着绳索滑了下来，他刚一解开船锚，镇民就设法抓住了他。可是这个人像是溺水一般挣扎了几下后很快就死掉了。差不多又过了一小时，上面的水手没等到他回去，剪断锚绳把船开走了。为了铭记这次奇遇，小镇的居民把船锚重新熔铸，做成了教堂大门的铰链，现在去镇上还能看到这条铰链。

还有更早的案例记载，法国里昂圣阿戈巴尔德大主教（779—840）在他的著作《冰雹和雷声》里提到，法国人相信云中有一个国度“马格尼亚”。阿戈巴尔德列举了一系列合理证据来驳斥各种认为马格尼亚是“天气魔术”的迷信理论，并描述了当时人们相信存在的“马格尼亚”的样子——这个国度飘浮在云中，由一群邪恶的海盗和操纵天气的法兰克巫师（也称作“风暴巫师”）共同掌控航行方向。人们认为这些巫师会施法变出风暴拍击地面的农作物，再由擅长小偷小摸的船员，轻轻松松收集起来带走。

我们甚至能在古罗马官方记录《神迹》中找到类似的概念。那时人们认为，这些不寻常的事情都是因为神的怒火，当时罗马的城市治理当局要求发现这类现象必须立即上报。提图斯•李维（公元前64/公元前59—公元17）在《罗马自建成以来的历史》中引用了《神迹》中的记载：“天空中突然出现了一团东西，像是船……人们声称在罗马城近的拉努维奥的天上看到了一支大型舰队。”这个案例其实更像是海市蜃楼，同时也是关于“不明飞行物”最早的记载。

◀ 图中所绘就是《给皇帝看的消遣之书》作者蒂尔伯里的杰维斯所处时期，人们想象中的宇宙图景。摘自1375—1400年的一份手抄本。图中托勒密的地心说宇宙体系包含四种基本元素、七个行星及恒星天球层，四个天使围绕着整个宇宙。

▼ 左图（P86）：1375年《加泰罗尼亚地图集》中的第二幅，是以金粉装饰的宇宙图解，图中展示了阳历、太阴历，以及当时已知的几颗行星在古希腊同心天球层体系中的排列顺序。

▼ 右图（P87）：这张图展示的是中世纪人们对天球层概念的理解，摘自《自然之书》（1481年）。图中画在底部的是地球，紧贴其上的是火元素层，火也是亚里士多德理论中最轻的基本元素。再向上依次是月球层、各个行星层、太阳层和繁星密布的苍穹，日、月、星辰都分别待在各自的天层中，互不打扰。

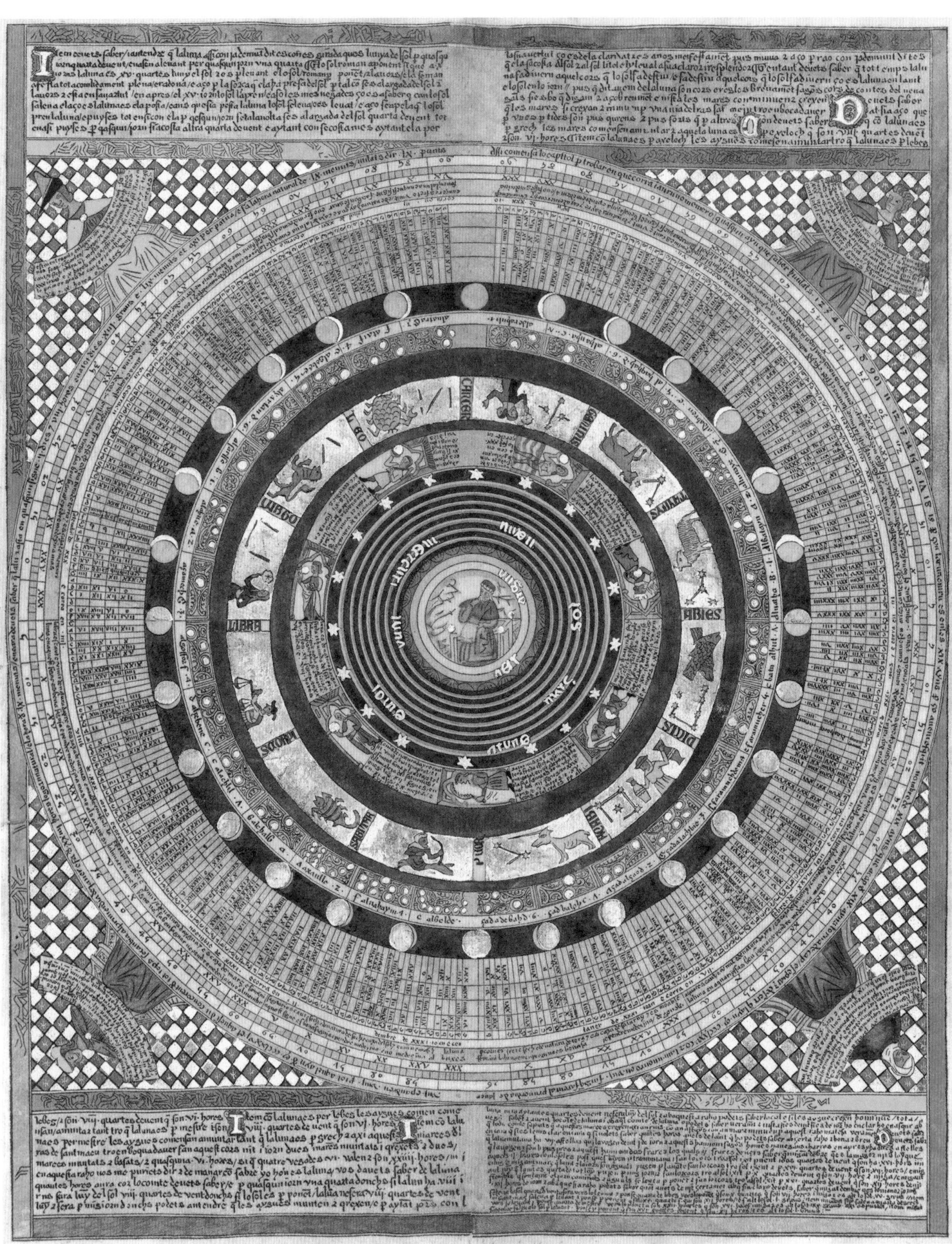

捕捉宇宙：机械钟表技术和印刷机

在托勒密的著作传入欧洲后，学界吸纳和接受了他的研究成果。托勒密在著作中解释的古希腊水晶天球层宇宙结构体系，成了欧洲的主流宇宙理论，但还是没能解答推动各天球层旋转的神秘力量到底是什么。在14、15世纪的艺术作品中，一些对6世纪“伪狄奥尼修斯”[1]基督教神秘主义著作的描述，某种意义上也许给这个问题提供了答案。“伪狄奥尼修斯”称，在天堂里天使们有

▼《创世记与逐出伊甸园》，这幅作品是乔万尼·迪·保罗于1445年为意大利锡耶纳的一座教堂创作的。画中宇宙呈同心圆状，处于画面左上角的上帝推了最外圈天球一把，来让整个宇宙转动。

1　译者注：亚略巴古的狄奥尼修斯是多明我会的神学前辈，该作者假托狄奥尼修斯之名，写了一系列将新柏拉图主义与基督教神学相结合的著作。

▲ 古斯塔夫·多雷为但丁的《神曲》绘制的插图，描绘了一个由同心天球层构成的天堂。

▲ *但丁在他的《神曲》中引入了许多人物形象，来引导读者了解他创作的资料来源。例如，在第四重天——日轮天（“智慧的灵魂”被安置于此）中，但丁和比阿特丽斯遇到了十二位智者，其中就有狄奥尼修斯、比德、大阿尔伯特和托马斯·阿奎那。*

着等级上的区别。如果那个使宇宙最外圈的同心天球层（即恒星天球层）转动的原始动力是上帝施加的，而让更内圈的每一层天球转动的力，是由处于该层的天使施加的，如此这般一层一层传递下去，所有的天球层都转了起来。14 世纪，法国哲学家让·布里丹将稍早些的“冲力理论”（或称动力理论，也是现代惯性概念的先驱理论）加以调整，对“伪狄奥尼修斯”的观点提出了异议。布里丹争辩道，如果天堂是由宇宙中的精华[1]凝结而成，是完美的存在，那么天堂中就不应该有摩擦力。因此他设想了一种可能性，如同钟表匠拨弄钟摆让时钟开始运转一样，上帝在创世之初施加给宇宙的原始推力为天球层的旋转提供了持续不断的动力。他写道：“这种冲力既不会衰减，也不会崩坏，更不会受到牵制。首先，因为天体根本没有做其他运动的可能；其次，在天堂中也不存在任何阻力来压制或击溃这个原始冲力。”

在天文学设备和仪器方面，中世纪的欧洲并没有仅仅停留在理论构想的层面，一些发明已经初具雏形。虽然到 16 世纪晚期，第谷·布拉赫才带着天文台姗姗来迟，但欧洲在 14 世纪就已经出现了另一种形式的创新——钟表机械技术，也就是古希腊人在公元前 1 世纪

1　译者注：指亚里士多德提出的构成宇宙的第五种元素以太。

用来制造安提凯希拉装置（详见第35页图）的技术。虽然这项复杂精妙的技术失传已久。随着一直持续到公元纪元后第一个千年末期的伊斯兰世界对欧洲的知识灌入，制造钟表机械的科学技术再一次得到了发展。几个世纪以来，修道院的修士们都是依靠原始的水钟来确定祈祷的准确时间，直到圣奥尔本斯修道院院长、沃灵福德的理查德（卒于1336年）在他人生最后的时光里，造好了他的机械天文钟。在那个年代，造出这样一座钟简直就是个奇迹。它不仅把报时精确度提升到了小时和分钟，而且在齿轮差速器的作用下，这座天文钟还是一个宇宙的动态展示模型。这座钟上有一个旋转的月球来演示月相和月食的发生（虽然钟上月球的平均运动周期还不到实际值的百万分之一点八）。也有一种观点认为，这座钟也可能是对行星运动的模拟演示。1539年，圣奥尔本斯

▲ *摘自波斯作家加扎里的《精巧机械装置的知识》（1206年）中的一个章节。在这一章，加扎里描述了他发明的一个奇思妙想装置——象钟。加扎里设计的象钟尤其精妙复杂：每过半小时，象钟圆顶上的小鸟就开始鸣叫，随即下方的人偶向龙口中扔一个球，之后骑在象身上的人偶便会用手中驱赶牲口的尖棒抽打大象。*

修道院因亨利八世的宗教改革而解散，这座天文钟也被毁了，虽然理查德的大部分原始设计稿得以留存，但我们依然不能确定它是否真的能够演示行星运动。

▲ 赫赫有名的德·唐迪天文钟（20 世纪中期重新制造的复制版），是托勒密地心说宇宙体系的一次使用了机械技术的具象化实现。

1364 年，意大利帕多瓦天文学家、工程师乔瓦尼·德·唐迪（1318—1389）造出的天文钟得到的赞誉就更多了。此钟机械构造复杂，各式轮子和小齿轮共有 107 个，能够演示行星体系的运行模式，而且具备一定的数学精密度。除了实现钟表基本报时功能的机芯外，这座天文钟上还有一个可活动的展示宗教节日的年历轮、一个展示各行星的表盘，以及一个能够复刻恒星周日运动和太阳在恒星背景上周年运动的二十四时制宗动天表盘。这座天文钟也没能逃过被毁的命运，据说可能在 1630 年罗马帝国军队对意大利曼图亚的洗劫中被毁。好在德·唐迪留下了详细资料，让后人有复制这座天文钟的可能。1388 年，意大利帕维亚的乔瓦尼·曼齐尼对这座钟赞不绝口，称赞整座完全由手工打造的钟，“处处机巧……雕工之精细，是迄今为止匠人技艺的至高水平，我敢说德·唐迪天文钟的制造工艺精妙绝伦、令人惊叹，简直就是天才之作”。

我们现在使用的钟面到 15 世纪才出现。只消与星盘盘面稍加对比，就能发现星盘盘面对现如今钟面的直接影响。钟表是宇宙在圆形钟面上的记录和映射，宇宙的混乱和无序在机械控制下变得井井有条，以星盘上的指示条为原型的表针旋转一周，和在苍穹中绕个整圈一样是 360° 。这样想来，我们戴在腕间的不是手表，而是整个中世纪的宇宙。这简直是太让人激动了！

中世纪的欧洲人不仅仅发明了天文钟，同样的聪明才智和创造力还被用在了航海事业上。自从欧洲驶进了大航海时代（一般认为开始于 15 世纪，直至 18 世纪末期结束）起，船只的探索航程越来越长，远远地将海岸线甩在身后。在长时间的海上航行中，为了能够使船只保持正确航向，纬度的测量变得至关重要（经度的测量问题到18世纪60年代约翰·哈里森发明了航海经线仪后才得以解决）。白天，领航员可以使用星盘测量太阳在正午时分的地平纬度，将所得数据与全年太阳在天赤道上方或下方的位置数据表做交叉参考，得到船只航行的纬度。纬度的夜间测量就比较棘手了，于是人们将星盘稍加修改，把测量的基准从原本的太阳时改为恒星时，造出了一个新的工具——夜间定时仪，有时也称作“夜间星盘”。有了这个凝结了人类聪明才智的设备，领航员不仅可以在夜间分辨时间，还能够通过测量极星的地平纬度确定极星和天极的相对位置关系，判断出船只当时所处的纬度。通常情况下，海员们会在夜间定时仪的边沿刻出一圈缺口，方便在漆黑的夜晚使用。

▲ *当时，报时系统除了水钟、机械钟、蜡烛钟以外，中国宋代（960—1279）还出现了一种焚香计时的钟。所使用的香能以固定的速度焚烧，每隔一定时间香灰就掉落在下面的接盘里，并发出咔嗒的声音。*

1440年，德国金器商人约翰内斯·古腾堡发明了欧洲的活字印刷术[1]，这项技术对人们在天文学的学习上，甚至当时的信息交流和传播行业都产生了巨大的影响。抄写员再也不需要辛辛苦苦地誊抄那些伟大的参考著述了。抄写员虽然字写得漂亮，但誊抄时极有可能会犯错，抄本难免有瑕疵，这些错误又极有可能再继续传递下去。天文学涉及的计算公式和数字又很复杂，传抄过程中不可避免地会引入新的错误。

衡量一个时代认知水平最直接、准确的方式就是看当时使用的教材。印刷机的发明开启了一个全新的文本制造产业，让教材更为普及、准确。人类的科学认知图景因此也更加清楚明白了。在这一领域响当当的人物是维也纳的约翰·缪勒，后世称其为“雷吉奥蒙塔努斯”。在神圣罗马教皇的使节、人文主义学者贝萨里翁的力劝下，雷吉奥蒙塔努斯和他的好友格奥尔格·冯·波伊尔巴赫将托勒密的希腊语原版《天文学大成》缩译成拉丁文出版，让这本书的内容更简明易懂。可惜缩译工作还

◀ *1570年前后德国的“镜钟”，钟面带有多种天文测量工具。这种类型的装置形状酷似天主教放置主牺牲自己的圣物用的器皿，因此也被称为“圣体匣形钟”，既富于宗教气息，又含有科学属性，搭建起神圣秩序和文艺复兴时期科学之间的桥梁。*

---

1 注释：普遍认为古腾堡是西方活字印刷术的发明者。但放眼全世界，活字印刷术的发明者另有其人。相比之下，亚洲活字印刷术的发明要早得多，大约自公元1040年起，中国发明家毕昇就已经在使用把胶泥活字排列固定在铁板上的印刷技术了。

◀ *为了配合他的占星学著作《统治学说》（1569 年），莱昂哈德·图尔奈瑟尔于 1575 年出版了《论星盘》作为《统治学说》的补充。书中有很多个日月升落潮汐仪（一种可转动的轮式纸质装置）。*

没结束，冯·波伊尔巴赫就一病不起，临终前他请求雷吉奥蒙塔努斯继续完成这项工作。后来，《天文学大成概论》于 1496 年付印出版，虽然只有托勒密原著篇幅的一半，却比原著的表述更为清晰明确。古希腊亚历山大学派的思想能够传遍整个欧洲，这本书功不可没。

实际上雷吉奥蒙塔努斯的著作的影响还传到了更遥远的地方。在他编写的 1474 年的年历中，有一份天文数据表，表中含有对尚未发生的天文事件的预测，克里斯托弗·哥伦布在他第四次启航前往新世界时带上了这张表。途中，哥伦布的船队被迫停留在一个岛上（今属牙买加），船队陷入了食物极度短缺的困境。于是哥伦布对土著们说，他们的行为已经触怒了西班牙的神，月亮将因“神之怒而变成红色”。果不其然，1504 年 2 月 29 日，月亮变成了一个沉闷的暗红色球体。据哥伦布之子费迪南德回忆，当时阿拉瓦克土著们被预言中的“血月”吓坏了，“号啕大哭、悲恸不已，满负补给从四面八方奔向船队，乞求船队首领（哥伦布）替他们向上帝说情”。实际上，哥伦布只是用雷吉奥蒙塔努斯的年历算出了月食出现的时间而已。

直到1476年去世，雷吉奥蒙塔努斯一直在印刷行业耕耘，出产了大量的印刷制品。他的观测数据影响深远，包括第谷•布拉赫（详见第108页“第谷•布拉赫”）、约翰内斯•开普勒（详见第114页“约翰内斯•开普勒”）等人在内的一大批学者都在研究中使用过雷吉奥蒙塔努斯的数据。最了不起的是，这些数据帮助波兰青年天文学家尼古拉•哥白尼形成了他的著名论断，一场知识的革命一触即发。

◀ 托勒密影响深远的著作《天文学大成》问世一千多年后，人们仍在讨论书中的内容，将它翻译成各种语言。图中所示是雷吉奥蒙塔努斯所著《天文学大成概论》的卷首插画，浑仪之下，这位文艺复兴时期的作家和已故的亚历山大学派学者（托勒密）坐到了一起。

天文现象：第一部分

◀▲《彗星书》是一本专门研究彗星和流星的书，书中使用大量的迷你水彩画记录了之前几百年间出现的彗星和流星。这本书1587年在佛兰德斯或法兰西王国东北部出版，作者不详、插画家不详。这里展示的五张图是书中的一组插图。

◀ 一幅插图，摘自1550年前后出版的《奥格斯堡奇观集》，图上的说明文字是："1007年，天空出现了一颗奇妙的彗星，德国和威尔士兰都有人看到了它。它熊熊燃烧，周身喷火，最终掉落在地面上。"

▶ 另一幅摘自《奥格斯堡奇观集》的插图，图上说明文字是：“1401 年，一颗巨型彗星拖着长长的孔雀状的尾巴从德国的上空划过。随后不久，德国斯瓦比亚地区就爆发了有史以来最严重的瘟疫。”

▲ 1561 年 4 月 14 日，纽伦堡上空出现了诡谲的天象，漫天都是奇异的现象。当地居民声称，空中出现了一个巨大的黑色三角形物体，数以百计的球状、圆柱状和说不出什么形状的奇怪物体满天乱飞。通常认为这是人类历史上第一幅描绘了出现 UFO 场景的插图。如果确有其事，当天发生的事很可能是一种被称为“幻日”的大气光学现象。

（更多内容可参见第 192 页“天文现象：第二部分”）

中美洲

星光熠熠的南天是中美洲的文化中至关重要的一部分。当时，印加人的统治范围很广，从厄瓜多尔到智利的整个区域都是他们的领土。对印加人来说，“Mayu”（即银河）是一条赐予其生命的神圣的天空之河，银河在地面上的映射便是今秘鲁境内安第斯山脉高海拔区域神圣谷的乌鲁班巴河。印加人还擅长从星座中抽象出画面，即便是在银河各恒星之间漆黑一片的负空间里，印加人依然能够找到他们自己的天体——“暗云”星座，在他们看来那是一群在天河边饮水的动物。

中美洲文化并没有流传下来任何形式的星图，好在

▼ *阿兹特克历法石，上面雕刻的历法系统是哥伦布到达美洲之前墨西哥中部人民和阿兹特克人的通用历法，一般认为这块历法石刻制于1502—1521年。*

▲ 金星作为晨星升起，图摘自西班牙统治前的南美洲的占卦著作《博尔吉亚抄本》的19世纪复制版。

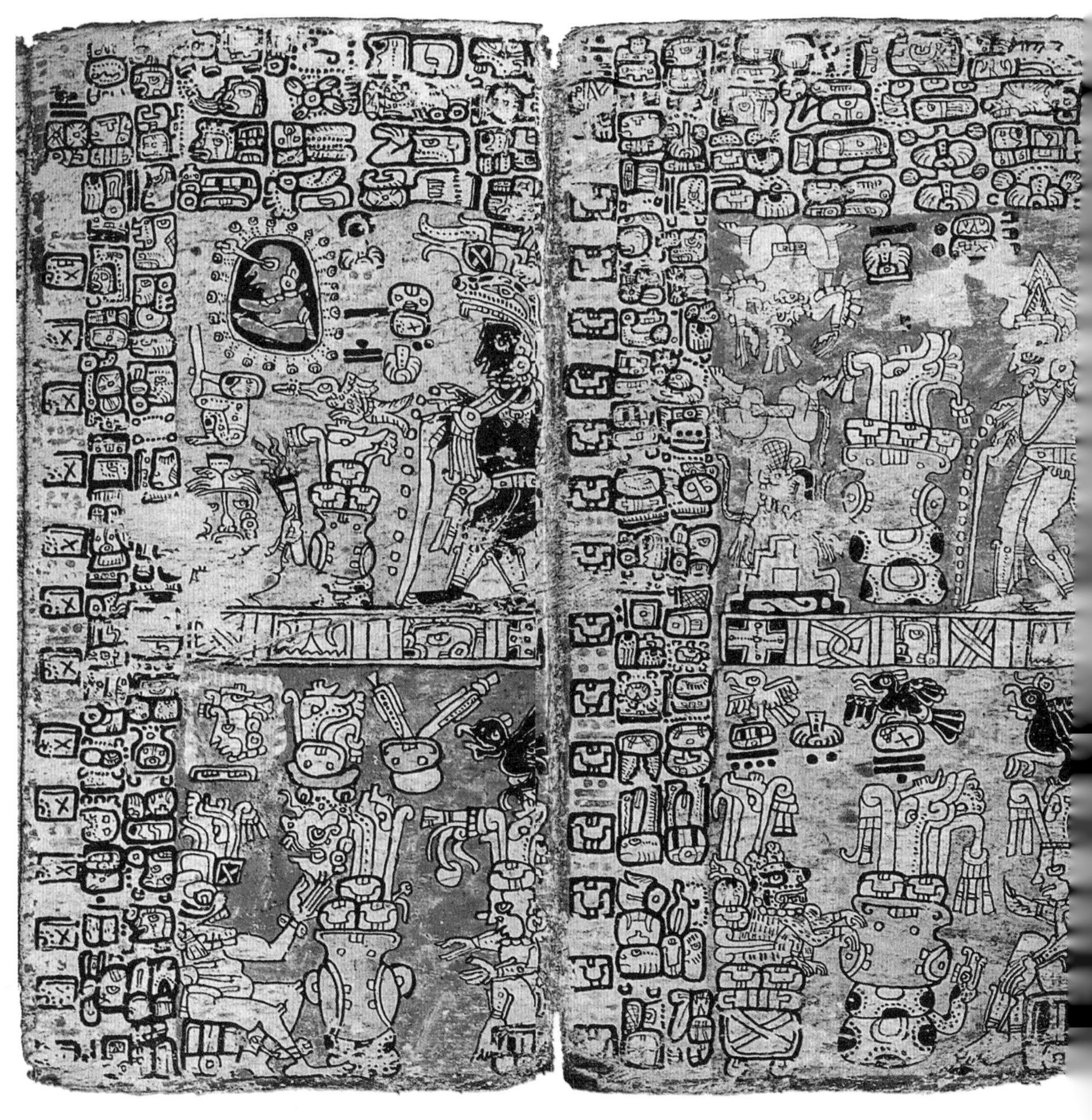

那时的玛雅人和后来的阿兹特克人都掌握了先进的数学技术，使得他们能够发展出报时系统和更高阶的历法系统。他们的天文学与其文化中广泛认同的多神信仰，即多个神和恶魔的树状神谱之间的联系非常紧密。阿兹特克人的两种历法用来计算一年中的天数，一种是阿兹特克太阳历（xiuhpōhualli，意为“年的计数”）以神圣的太阳为历法周期基础，共有 365 天，主要应用于农业。另一种是阿兹特克神圣历（tōnalpōhualli，意为“日子的计数”）共有 260 天，是一种仪式的周期。两种历法每 52

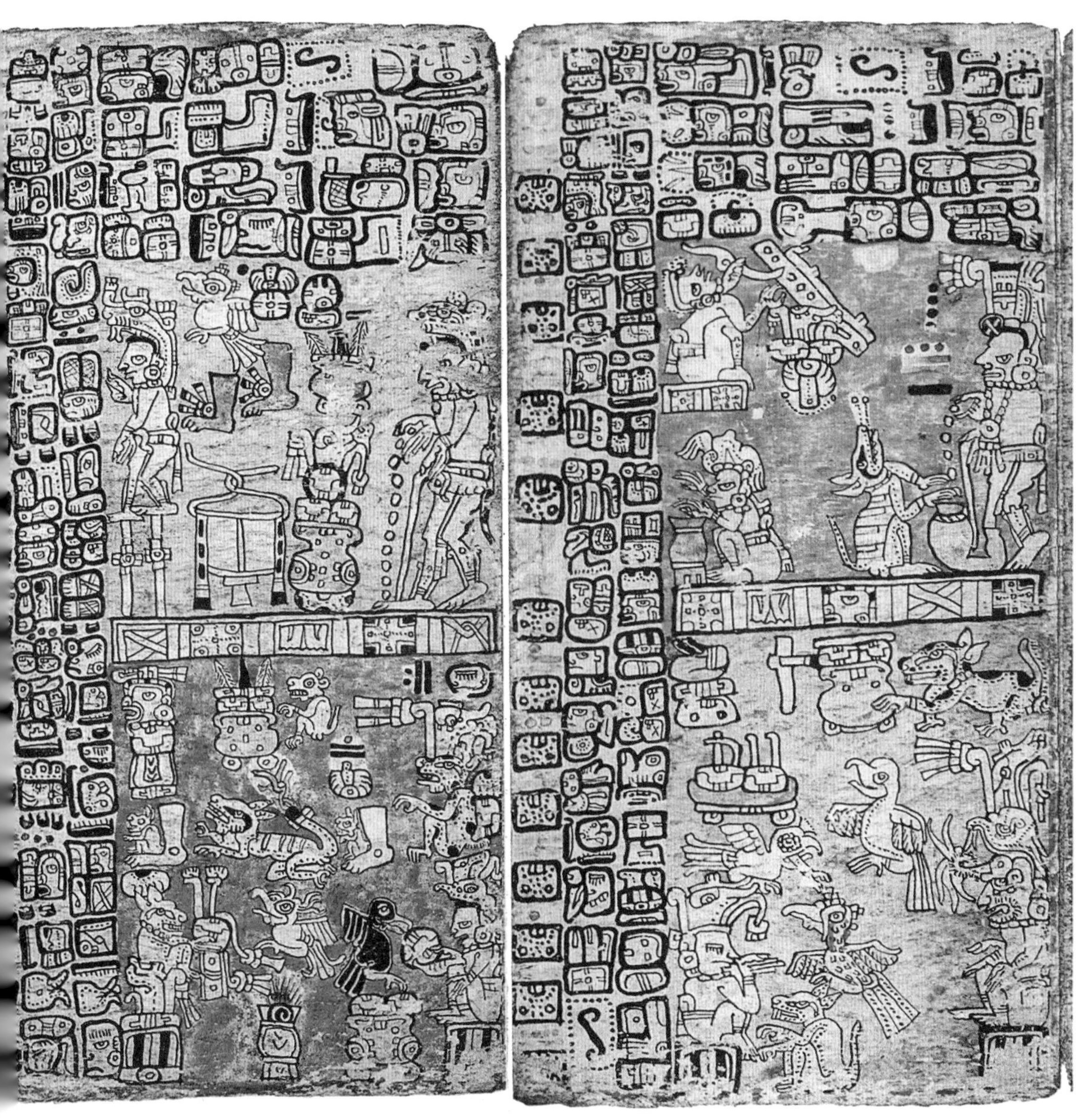

年重合一次，这个 52 年的“世纪”也称为“历法循环”。

玛雅人认为，宇宙诞生于公元前 3114 年，这也是他们在历法推衍中得出的最长的时间——至于为什么宇宙偏偏是在这一年诞生，仍是未解之谜。玛雅人相信，太阳是神祇为人类牺牲了自己才诞生出来的。现在的太阳实际上是第五个太阳，之前的四个太阳都因为全球大灾难而陨落了。此外，金星在玛雅人的观念里有着特殊的意义，他们认为晨星是羽蛇神奎兹尔科亚特尔的化身，金星作为晨星出现是雨季即将到来的重要预示。

▲《马德里抄本》中的一个章节，被普遍认为其中一个人物形象（位于左上部）是一位玛雅天文学家。《马德里抄本》是现存的三份 900—1521 年间前西班牙殖民时代的玛雅古抄本之一。

科学的天空

14世纪，随着文艺复兴运动的兴起，欧洲的知识结构开始发生转变。在希腊古典哲学和知识的人文主义再发现，以及对古代学术黄金时代的怀旧之风大盛的双重影响下，欧洲学术界开始醉心于艺术、建筑、政治、科学和文学传统的重新发现。恰逢西方世界发明了印刷技术，在印刷术的助力下，由文艺复兴引发的变革之浪自意大利奔涌而出，迅速席卷了整个欧洲大陆。

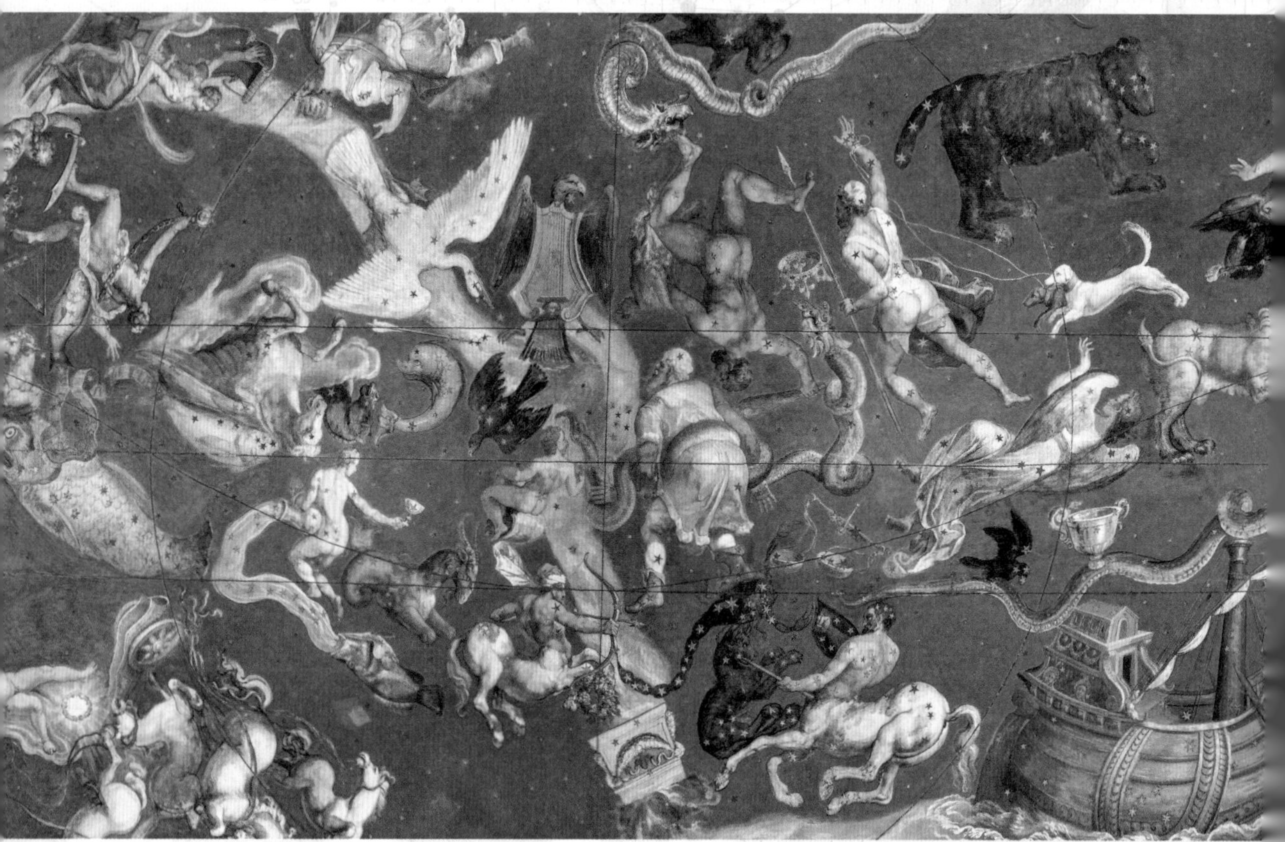

THE SCIENTIFIC SKY

“但是，它的确在转动。”

一般认为，这句话是在罗马天主教会胁迫伽利略·伽利雷放弃地球围绕太阳运动的观点时，他做出的回应。

天文学领域的巨变则要晚很多，直到15世纪末期才发生。自2世纪托勒密提出了他的地心宇宙学说（即宇宙中心是地球）时起，地心宇宙模型就一直是公认的宇宙模型。其实早在公元前4世纪，萨摩斯人阿利斯塔克（公元前310—公元前230）就曾经主张宇宙的中心是太阳，但这一理论因为不符合亚里士多德物理学定律而被摒弃了。虽然托勒密的地心宇宙体系牢牢占据着主导地位，但人们对托勒密模型正确性的质疑之声越来越大。在这些批判的声音中，波兰克拉科夫大学老师们的表现可以说是一枝独秀。当时，克拉科夫大学有两个系都在努力推动天文学向前发展，极负盛名：一个是创建于1405年的数学和天文学系；另一个是创建于1453年的占星学系，因为占星术与医学之间有千丝万缕的联系，占星学系也被称作“实用天文学”系。有了这两个系，克拉科夫大学可以说是当时欧洲最杰出的天文学术机构。克拉科夫大学天文学系的老师们对托勒密地心说中的“偏心匀速圆”（《天文学大成》中用来解释行星运动的数学概念）提出了异议。他们认为，这个观点和托勒密认为的行星是围绕太阳做匀速圆周运动（物体以不变的速度做圆形轨迹运动）自相矛盾。因为这所学校提供优质的综合性教学，1491年，18岁的尼古拉·哥白尼选择在这里就读。

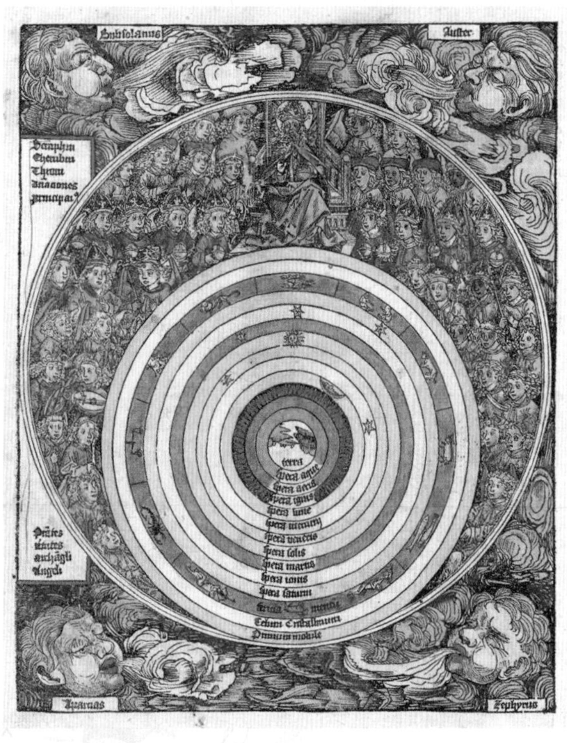

▲ *基督教信仰和亚里士多德学派观点的融合，图中展示的宇宙由多个同心天球层构成，上帝高坐在最外层天球，天使们按照等级簇拥在上帝的周围。图摘自1493年出版的《纽伦堡编年史》。*

◀ *卡普拉罗拉的星座湿壁画，位于罗马法尔内塞宫，1575年绘制，作者不详。*

哥白尼的革命

▲ *尼古拉·哥白尼*

尼古拉·哥白尼（1473—1543）将他对托勒密地心宇宙模型的反对在《天体运行论》中表达得清清楚楚，这本书直到他去世的那一天才正式出版。根据较早的手稿，起码自1510年起，哥白尼就有了这个想法。《天体运行论》引发了一场对那个年代的宇宙认知图景彻底的审视和重新构想。是什么让哥白尼产生了如此颠覆认知的想法呢？饱受诟病的“偏心匀速圆”理论（哥白尼的助手、16世纪的天文学家乔治·约阿希姆·雷蒂库斯认为这一理论是“自然所憎恶之事”）可能是一个诱因。另一个原因是托勒密宇宙模型里关于月球运动的描述，从数学的角度根本无法成立。在托勒密的天文理论中，月球及其他行星沿着两种环形轨道运行，一个是本轮（小圈），一个是均轮（即以地球为中心的大圈环形轨道）。每颗行星都有自己的本轮和均轮。根据托勒密的《天文学大成》给出的数据，月球的本轮相对于均轮来说大得出奇，这会导致地球和月球之间距离的波动幅度非常大[1]。只需简单地进行观测，就能非常明显地看出这与人们的实际观测结果并不相符。哥白尼用现代数学推演《天文学大成》中的地心宇宙体系，发现了这个体系不合理，而且《天文学大成》并没有从整体上解释行星的运动规律，而是分别对每个行星进行了解释，这显然不符合柏拉图认为宇宙是一个优雅而和谐的系统的自然主义哲学观点。在哥白尼看来，托勒密在把宇宙合理地解释成一个完全的和谐体这方面，显然是不成功的，于是他入了迷似的想解决这个问题。哥白尼写道：“他们的做法就像是一位画家，从不同地方临摹来了手、脚、头颅和人体其他部位，尽管每个部位都画得很不错，但由于不是在临摹同一个人，

1　译者注：这意味着人们观测到的月球应该是一段时间变大，一段时间变小。

这些部位彼此完全不协调，硬要把它们拼在一起，就成了个怪物，而不是一个人。”1510—1540年间，哥白尼用了整整30年收集、整理和分析数据，终于提炼并完善了他的观点。在他的模型中，太阳才是宇宙的中心，而地球则变为了行星，月球是地球的卫星，其他六颗行星依序排开。哥白尼允许雷蒂库斯发表了第一份关于他研究的报告，但当时并没有引起激烈的反应。1543年在纽伦堡，他同意将《天体运行论》付印出版。

太阳静居在万物的中心，从这个位置，它可以一瞬间照亮整个宇宙。在这个最美丽的神殿里，谁还能把这盏明灯放到别的什么地方去？或是还有比这更好的位置吗？有人称太阳为宇宙之明灯，也有人说太阳是宇宙的心灵，还有人称其为宇宙的主宰，它当之无愧……这样说来，太阳就好像是端坐于御座之上，统治着绕它旋转的行星家族（摘自《天体运行论》的著名段落）。

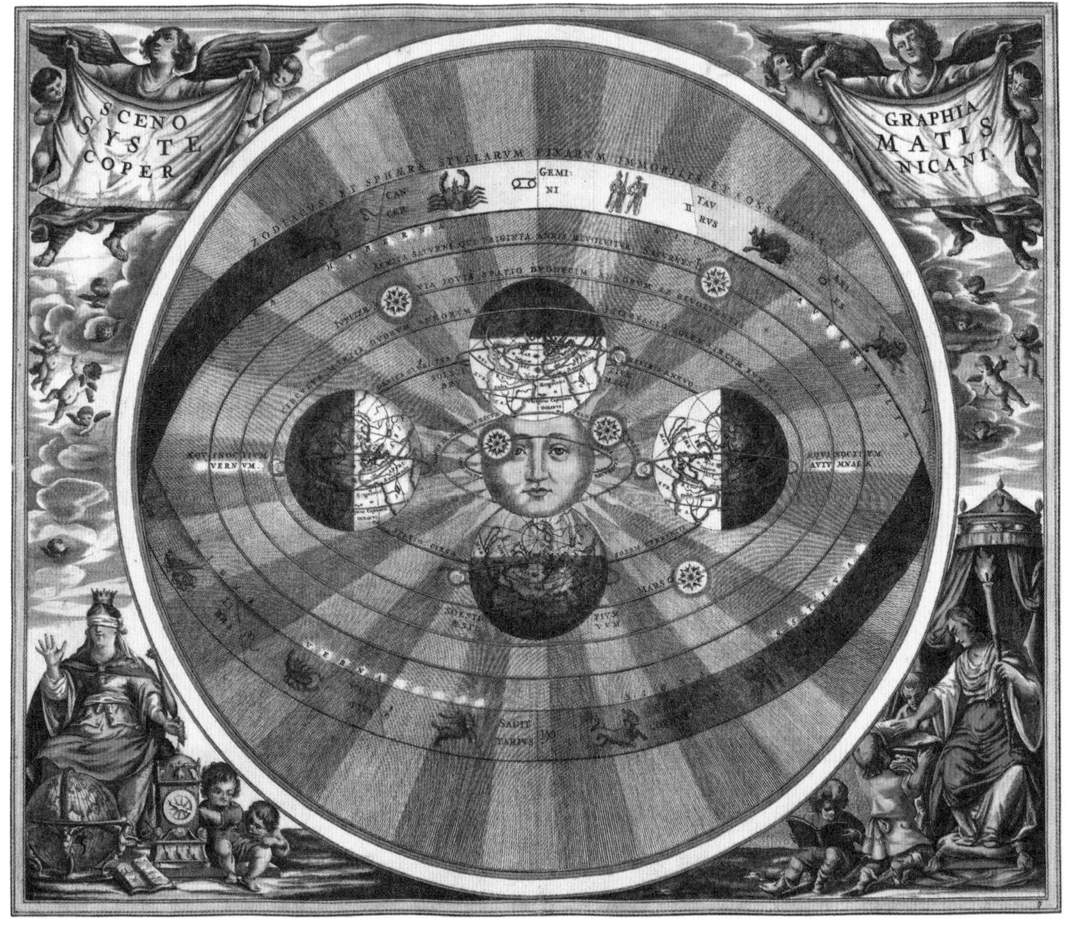

▼ *哥白尼的日心说宇宙理论图，插图作者是策拉留斯，1660年。*

在哥白尼的模型中，地球是一颗围绕太阳运行的行星，对地球的看法的转换，一下子就用简单的方式解开了长久以来悬而未决的宇宙谜题——行星为什么会逆行。逆行是指从我们的角度，行星看上去会暂时向后退行的一种天文现象。行星逆行的原因在之前是个谜，但有了哥白尼的日心说，一切就说得通了。地球作为一颗行星，和火星一样都是围绕着太阳运行，由于火星的绕日轨道半径大于地球的绕日轨道半径，在大部分时间里地球和火星看上去都是在朝同一方向运动。当地球和火星位于太阳的同侧时，会出现一段短暂的时间，地球能从火星轨道的内侧赶上并超过火星，于是在这段时间里我们看火星就好像它在向后逆行。哥白尼简洁而优美的日心说模型，正是人们寻觅已久的宇宙运动模型。

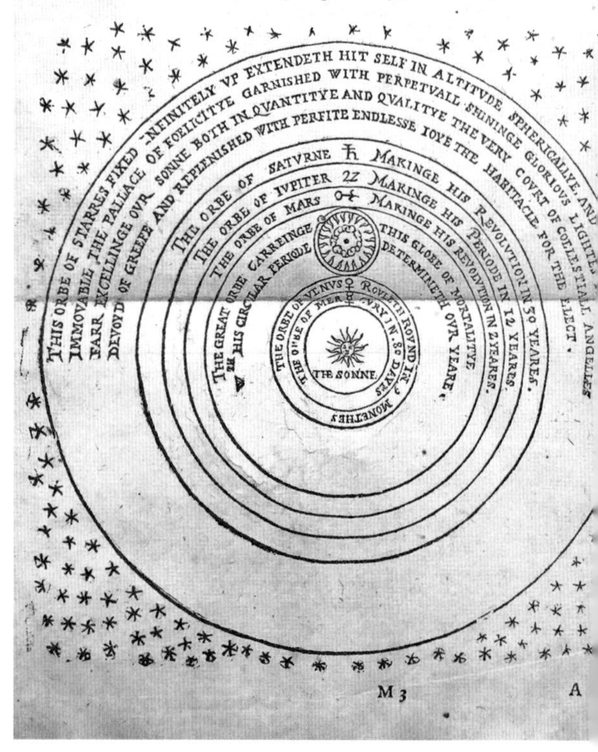

▲ *一幅著名的宇宙图解，摘自英国数学家托马斯·迪格斯的《天体轨道的完美描述》（1576年）。迪格斯是英国支持哥白尼宇宙系统的第一人，他在哥白尼理论的基础上又向前迈进了一步，摒弃了存在恒星天球壳的概念，认为宇宙是无边无际的，宇宙中存在无数的恒星。在英国，这张图解帮助他对日心说进行了修改，使得无限宇宙的概念也成了日心说理论的一部分。*

当然，新的宇宙模型也带来了一些新的疑问，其中最深奥的问题就是宇宙到底有多大。如果地球确实在围绕太阳运动（哥白尼错误地将地球绕日轨道半径计算为700万千米），那么当我们观测恒星时，应该会有视差效应。也就是说，我们的观测点随着地球的运行而不断产生位置上的变化，那么在观测任何恒星时，观测者应该觉察到恒星发生了一段位移。显然，在实际观测中我们并没有看到这种位移，这意味着宇宙可能比之前人们设想的要大得多，恒星离我们极为遥远，相比之下地球绕着太阳旋转的那点距离根本不算什么。哥白尼还质疑了亚里士多德物理学的一个基本支柱——天体、构成土壤和水的各种元素，以及所有扔出去的物体，都会落回自然位置，这个自然位置便是宇宙的中心。但是，如果地球从来都不是宇宙的中心呢？当时盛行的亚里士多德物理学理论中对重量和运动的阐释就无法成立，一切都必须重新考虑了。地球为什么是个球形？是什么让它旋转的？如果地球是在绕着太阳飞速旋转的，那地球表面上的人为什么感受不到这个令人眩晕的转速呢……都是我们要重新思考的问题。

1540年出版的《御用天文学》是16世纪最杰出的印刷艺术品，由彼得鲁斯·阿皮亚努斯为他的资助人、神圣罗马帝国哈布斯堡王朝皇帝查理五世和他的弟弟斐迪南一世设计。《御用天文学》是一部装订成书的星盘，书中带有多个日月升落潮汐仪，也被称作“阿皮安轮”，能够计算行星连珠和月食发生的时间，还能通过计算确定行星的位置。

第谷·布拉赫

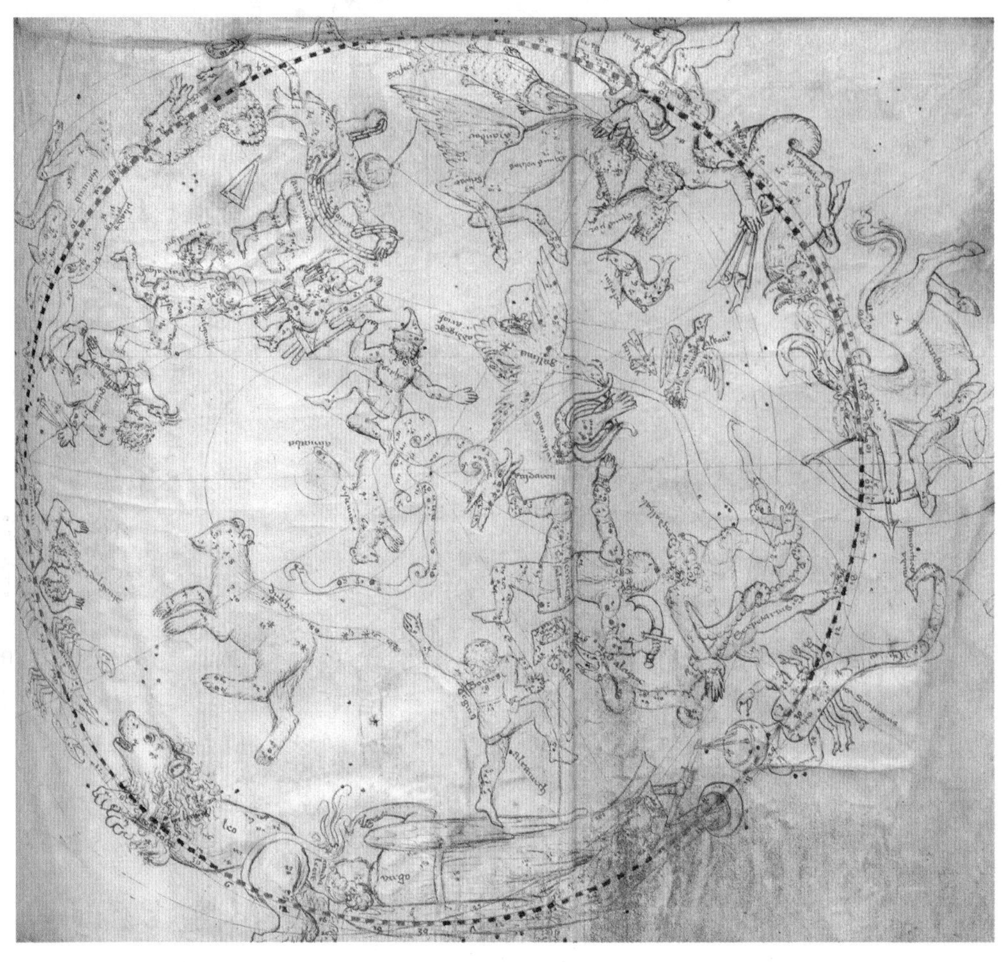

▲《维也纳手稿》是已知欧洲最古老的星图，图中所绘为北天区域，并按照托勒密的星表给恒星标注了编号，之后所有的星图都沿用了这一模式。这张图摘自《恒星的布局》（1440 年），作者不详。

《天体运行论》提出了很多问题，却只对其中的少数进行了解答。后人是去解决这些问题也好，还是用自然法则去反驳“激进”的日心宇宙结构也罢，科学革命就这样开始了。哥白尼的著作还把天文学从一个以几何为基础的学科变成了一个以物理为基础的学科。15 世纪晚期，印制地图出现了，再次掀起托勒密的地心宇宙系统热（这也是文艺复兴浪潮中人们对测量痴迷的一种体现）。此时人们为了呈现更真实的效果，在地图中加入了地理坐标。1515 年，德国画坛巨匠阿尔布雷希特·丢勒（1471—1528），采用了已知欧洲最古老的手绘星图——《维也纳手稿》（见第 108 页图）——的风格，制作出了第一份印刷版星图（见第 109 页图）。

此时的天文学，已经转变为一门实证高于古典权威的科学。人们意识到只有使用更先进的技术和设备，以更高的精确度来研究天空，才能真正揭示宇宙的秘密。而促成研究方法转变的，便是绰号“金鼻子”[1]的丹麦贵族第谷•布拉赫（1546—1601）。第谷从 16 岁便对天文产生了浓厚的兴趣。当时，他第一次在夜空中观测到木星赶上了土星[2]，但他发现不论是以地心说为基础的《阿方索星表》（1483 年），还是基于哥白尼日心模型的最新的星表，都没能准确预测这个 20 年一遇的天文现象。

▲ *第谷•布拉赫*

之后，一次绚烂的恒星爆炸，让第谷在天文发现之路上走得更远。1572 年，第谷发现仙后座区域似乎出现了一颗新的星体，这实在令人震惊，因为根据亚里士

◀ *欧洲第一张印刷版北天星图，1515 年由伟大的艺术家阿尔布雷希特•丢勒在德国纽伦堡出版。*

1　注释：1566 年 12 月 29 日，第谷•布拉赫和他的同僚丹麦人曼德鲁普•帕尔斯贝里因为在一个数学公式上的见解不同，进行了一场暗夜决斗，不幸被帕尔斯贝里用剑砍掉了鼻梁。往后余生，第谷只能用胶水粘上一个假鼻子。他的黄金鼻子声名远播。出于好奇，2010 年人们曾对他的遗体进行了一次化学分析。结果表明，他的假鼻子实际上是铜制的。（他也可能只在某些特殊场合才会戴上金鼻子。）

2　译者注：即木星和土星合相。

A caput Caßiopeæ
B pectus Schedir.
C Cingulum
D flexura ad Ilia
E Genu
F Pes
G suprema Cathedræ
H media Chatedræ
I Noua stella.
I
H
G
D
F
E
C
B
A

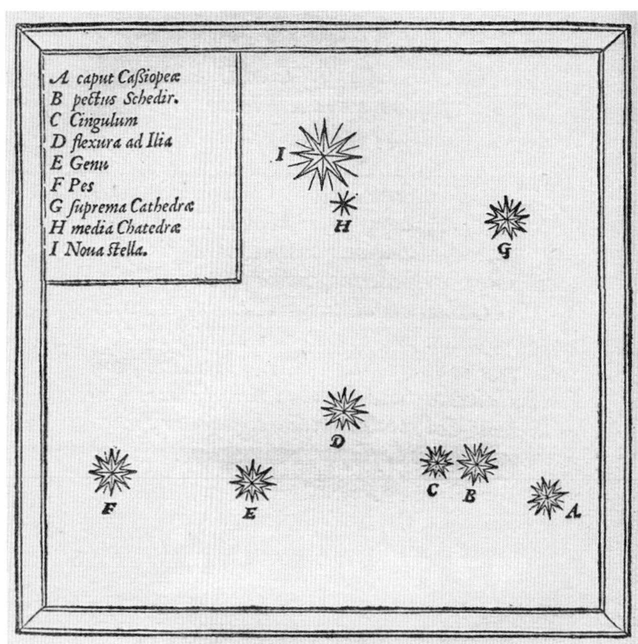

◀ 仙后座，摘自第谷·布拉赫的《新星》(1573年)。图中，1572年发现的超新星以“I”标记。

▼ 第谷的星堡天文台

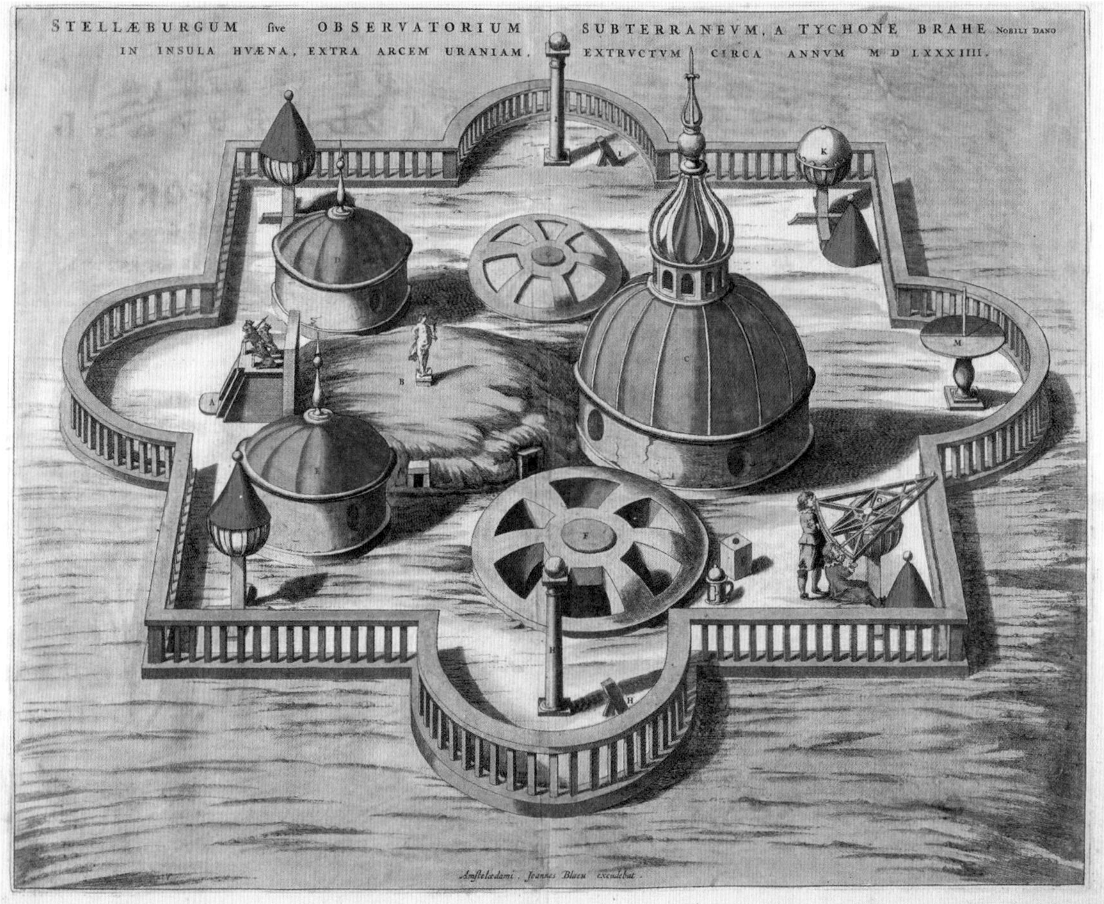

STELLÆBURGUM sive OBSERVATORIUM SUBTERRANEUM, A TYCHONE BRAHE NOBILI DANO
IN INSULA HVÆNA, EXTRA ARCEM URANIAM, EXTRVCTUM CIRCA ANNUM M D LXXXIIII.

多德定律，宇宙是完美的、永恒不变的，根本不可能出现新星。实际上，第谷看到的炽热光芒来自一颗超新星（处于演化末期剧烈爆炸的恒星）。这颗超新星现在被命名为 SN1572，也叫第谷超新星。这说明，实际上，天空这个大舞台显然是变化的。1577 年，一颗耀眼的彗星破空而出，进一步证实了这个认知。那时，由于彗星出现时间很短，速度又非常快，人们并没有把这个现象归到天文领域，而认为这是地球上的一种大气现象，属于气象学的研究范畴。见证了 1577 年的彗星之后，第谷有了足够的证据证明这个现象发生的位置比之前人们认为的要远得多，彗星是从行星之中飞过来的，这就属于天文学的领域了。那么问题来了：如果宇宙真的是由透明的固态天球层组成的，那么彗星是怎么穿过层层天球来到地球的呢？第谷意识到，答案非常简单，却意义非凡——天球层根本不存在。

▼ *星堡中的浑仪*

后来，在丹麦国王腓特烈二世的支持下，第谷在汶岛上修建了一座天文台，并将其命名为“观天堡”，这也是基督教统治时期欧洲大陆的第一座天文台。后来因为观天堡太小无法满足第谷的观测需求，他又在附近修建了第二座天文台“星堡”。为了工作方便，他的一大群助手直接住在星堡中，第谷还给他们配备了最新的设备，其中就包括他自己发明的用来测量两颗恒星之间夹角的六分仪。所有的努力都没有白费，多年观测积累了大量资料，第谷终于编制出一份数据翔实、精确度甚高的北天星表来替代当时仍在使用的托勒密星表。这份星表一共收录了 777 颗恒星，在编制过程中，为保证数据的精确度，每一颗恒星的位置都经过反复多次测量。（第谷甚至将星表中的所有恒星都刻到了一个巨型天球仪上，只可惜这个神奇的仪器也没能保存下来。）

多年谨慎的恒星测绘工作让第谷形成了一套自己的宇宙学模型——第谷宇宙体系。第谷虽然欣赏日心说简洁的思想逻辑，但作为一名忠诚的新教徒，他仍坚信《旧约》中地球是宇宙中心的说法。他的论据也很简单，还是那个曾经证明地球是静止的古老案例——向天空射出一支箭，它会落回到射箭人的脚上。如果地球是在以

▼ *依照第谷理论绘制的宇宙结构透视图，摘自策拉留斯的星图集《和谐大宇宙》（1660年）。这是迄今为止画工最精细、制作最精良的星图集。这张图说明的是第谷宇宙体系，图中太阳、月亮和恒星（即图中的黄道十二宫宽条上的各星座）都在围绕地球旋转，而其他五颗行星则在绕着太阳旋转。*

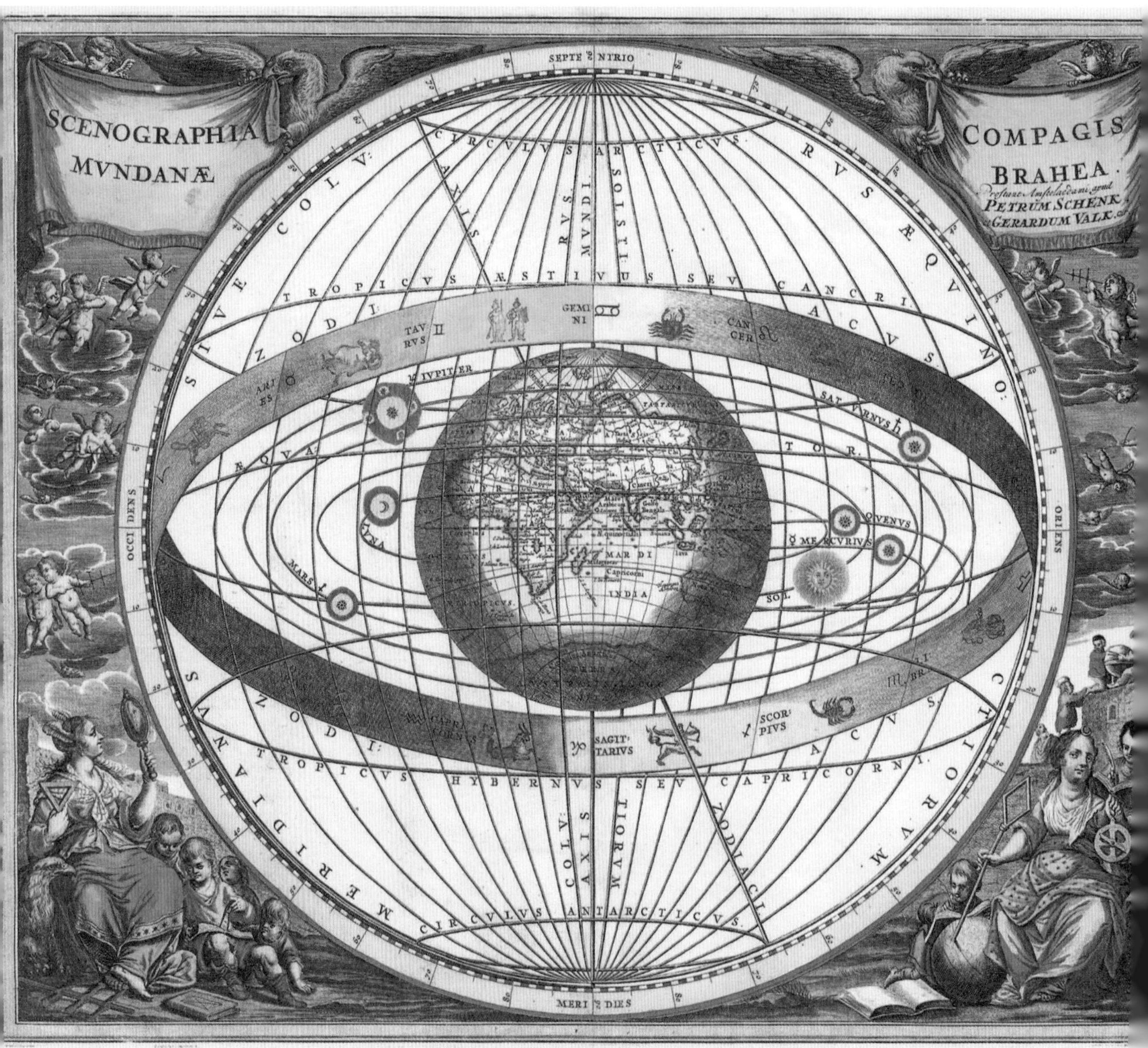

一定的速度运行，这个现象又怎么解释呢？第谷的宇宙系统中在很大程度上保留了哥白尼的日心体系，同时又与哥白尼的宇宙体系有着显著的区别。在第谷宇宙体系中，静止不动的地球是宇宙的中心，太阳、月球都在围绕地球做轨道运行，而土星、火星、木星、金星和水星都是太阳的卫星。此外，第谷还将日心说宇宙压缩到了一个更能被人们接受的大小。他认为就在距离地球最远的行星轨道之外，存在一层薄薄的天球层，所有的恒星都在层内的空间中。按照他的估算，宇宙半径只有地球半径的 1.4 万倍左右。第谷的宇宙不但远远小于哥白尼的宇宙，甚至都没有托勒密的宇宙大，托勒密的宇宙半径还是地球半径的 2 万倍呢。

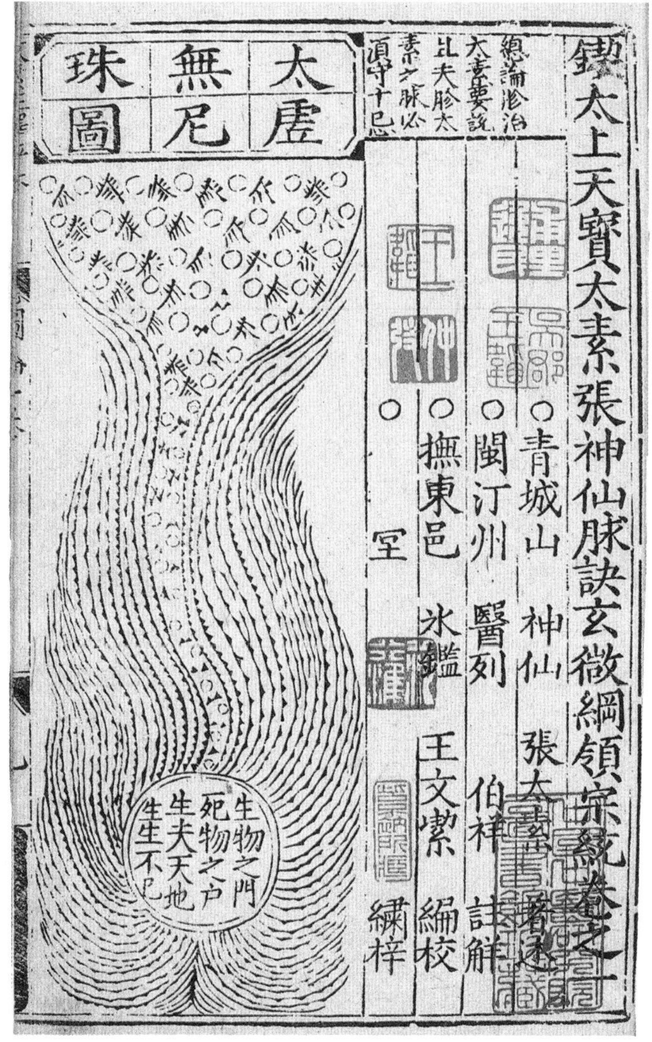
鍥太上天寶太素張神仙脉訣玄微綱領宗統卷之一
○青城山 神仙 張太素 著述
○閩汀州 醫列 伯祥 註解
○撫東邑 冰鑑 王文潔 編校
○ 罕 繍梓
太虛無尼珠圖

◀ 与第谷同时代的中国宇宙学。这张版画的年代可追溯至 1599 年，画中展示的是“万物自虚无中孕生”。在中国宇宙学中，宇宙及其间万物是由无穷无尽、无休无止的造物和阴阳相生相克的变化形成的。

约翰内斯·开普勒

因为哥白尼的日心说重新描画了宇宙的几何形状，到了 17 世纪，对于宇宙到底是什么模样，人们众说纷纭，天文学也陷入了一个迷失方向的摇摆时期。确实，自古希腊天文学界首次提出天球层概念以来，宇宙的几何形状是什么样子，一直是天文学家们调动一切聪明才智想要回答的首要问题。简而言之，那时天文学家们的工作就是开发一种宇宙几何系统来预测行星的运动。至于是什么力量让行星产生了运动，始终是第二位的问题，这主要是因为在当时的人们看来，答案过于简单——是上帝（前文提过，当时人们认为是上帝给天球层施加了原动力，再由掌管各层天球的天使们传递下去，让天球层一层层旋转起来）。天球层作为一个解释行星运动的基本概念，就连哥白尼本人也不愿意摒弃，虽然他在书中只提及了少数几次，但是他给自己那部非凡的作品起的书名叫《天

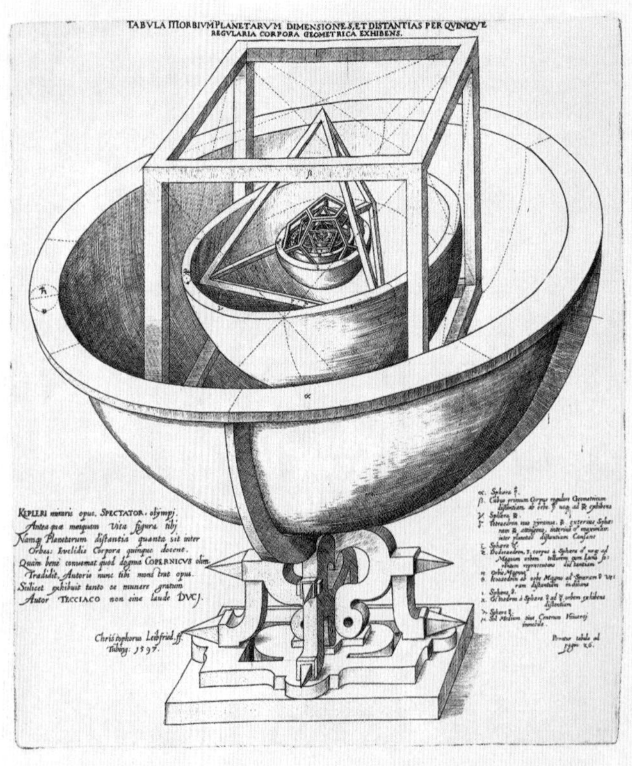

◀ 在开普勒复杂的（以现在的观点来看，是非常疯狂的）宇宙模型中，每颗行星都运行在一个层（用来解释行星的运行轨道）里，各层之间以一个经典立体几何形状加以区隔，层间的立体几何形状各不相同。举例来说，我们可以看到图中土星的最外层和木星的运行层之间隔着一个巨型立方体框架。

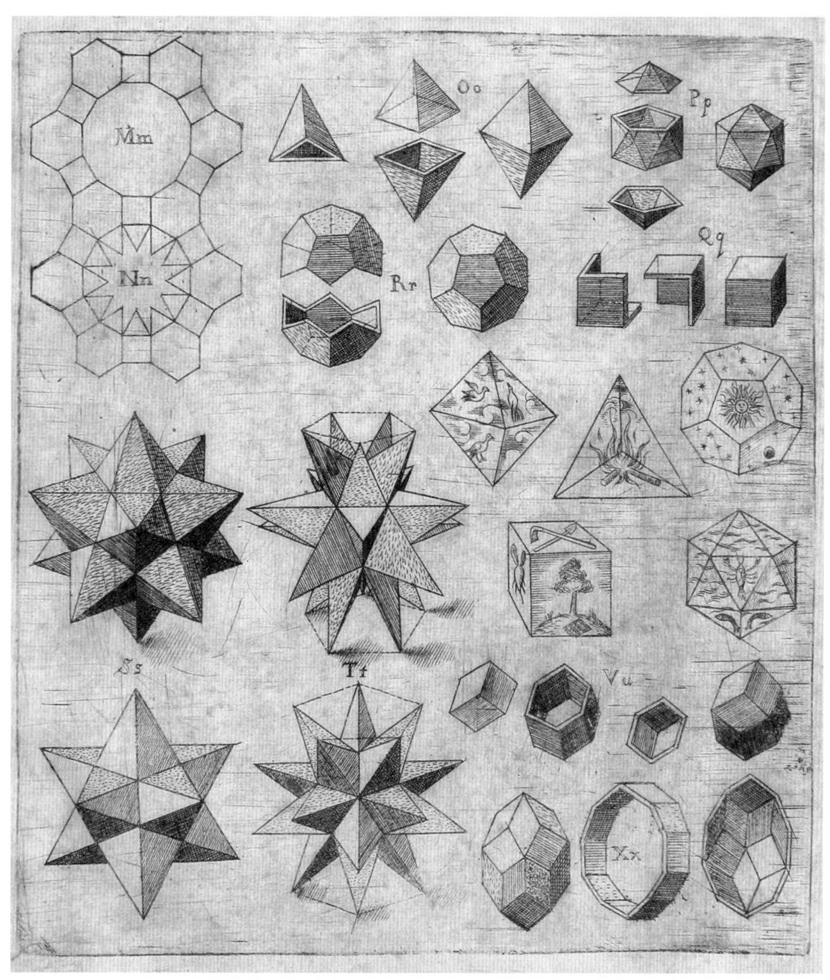

球层的革命》[1]。如此看来，即便第谷更倾向于地心理论，实际上也是宇宙认知的退步。但他的两个发现（一是揭示了天穹的本质其实是变化的，二是发现彗星在接近地球的路上畅通无阻，并不像原本人们认为的那样有固态天球层存在），让人类向宇宙的真相又迈进了一大步。

▲ *柏拉图多面体，即古希腊思想中的五种正多面体，亚里士多德认为五种基本元素（火、土、水、空气和不朽的以太）的形状就是这五种正多面体。图摘自开普勒1619年出版的《世界的和谐》。*

德国数学家约翰内斯·开普勒（1571—1630）是一位出类拔萃的天才，他开创性地进行了行星动力学研究。在解决行星的运动问题时，开普勒对行星的排布形成了自己的见解。最早开普勒是一名路德教会牧师，以至于在后来的研究中，他一方面笃信上帝创造的宇宙一定是简洁、完美的，另一方面对哥白尼的日心宇宙结构假说也

---

1 译者注：《天体运行论》原版书名的意思是“天球层的革命”。

十分钦佩。他开始思考，上帝为什么刚好创造了六颗行星？为什么行星和太阳之间的距离各不相同？他在《宇宙的奥秘》（1596 年）中给出的答案令人炫目。他认为，宇宙的构建基础可能是三维立体几何形状——“柏拉图多面体”。“柏拉图多面体”是指柏拉图在《蒂迈欧篇》中提出的五种多面体，也是五大经典基本元素的形状，包括四面体、立方体、八面体、十二面体及二十面体。开普勒认为，这五种多面体以一定的次序嵌套在各行星运动轨道的球层之间，区隔开六颗行星的运动轨道球层刚好需要五个多面体，各层之间的距离也是由其间的多面体决定的。（令人惊讶的是，开普勒算出的各行星间距离的比例关系，竟然和哥白尼算出的结果差不多。）这也解释了行星运动路径距离上的不同。

▲ *开普勒《鲁道夫星表》上的卷首插画（这幅画将开普勒、托勒密和哥白尼画在了一起），《鲁道夫星表》可以让读者以恒星为参照，通过相对位置来识别行星。*

此时此刻，请参看我们附上的开普勒《宇宙的奥秘》的配图（见第 114 页图），或许大家就会明白，他的宇宙结构概念是多么古怪，却又如此巧妙。

第谷 • 布拉赫发现了开普勒在数学方面的杰出才能，1600 年，他在布拉格建了一座新天文台，邀请开普勒来协助他研究行星。开普勒立即着手研究火星之谜，在当时人们所知的六颗行星之中，火星轨道和正圆的偏离最大，最难用平圆轨道理论解释。一年后第谷去世了，开普勒成了他的继任者。第谷倾毕生之力收集的海量观测数据在开普勒的研究中帮了大忙。开普勒认为太阳是一个旋转着的天体，同时还向行星施加了一个类似于磁力的神秘之力，就是这个神秘的力量使得行星围绕着太阳旋转。但开普勒还是无法找到和第谷观测数据相符的圆形轨道模型。起先，他低估了行星运动轨道是椭圆的可能性，因为他觉得，如果用一个简单的椭圆轨道模型就可以解释行星的运动，那前人肯定早就证明这一点了。通过分析第谷翔实的观测数据，开普勒发现火星的运行轨道与平圆轨道模型整整差了 8 个角分（这个巨大的差异足以证明平圆轨道模型是错的），他还发现椭圆轨道模型能够和观测数据完美契合。于是，在天文学领域具有开天辟地意义的行星运动三定律中的第一定律诞生了，即：所有行星都围绕太阳在椭圆轨道上运动，太阳位于这些椭圆轨道的焦点上。

开普勒的第二定律实际上是在第一定律之前被提出的，它对行星在椭圆轨道上围绕太阳运行的速度进行了描述。根据第二定律，连接行星和太阳的直线在相等的时间内扫过的面积相等。因此，行星在椭圆轨道上接近太阳时会加速，远离太阳时会减速。理论上，开普勒可以将行星椭圆轨道分成若干份，计算行星在每一部分的位置，然后在表格中查询。但是由于行星的运行速度一直在变，他还是不能算出每一时刻行星的位置。第一定律和第二定律都被收录在1609年开普勒出版的《新天文学》中，这部书也是那个年代天文学领域的扛鼎之作。在1619年出版的《世界的和谐》[1]里，开普勒发表了他的行星运动第三定律——行星公转轨道周期的平方和轨道半长轴的立方成正比（即行星到太阳的距离和行星轨道周期的长度直接相关）。

1627年，开普勒出版了一份数据更加翔实、精确的星表，这是他作为一名天文学家对自己理论的最终确证。为了纪念他的赞助人、神圣罗马帝国皇帝鲁道夫二世，开普勒将星表命名为《鲁道夫星表》。《鲁道夫星表》记录了1005颗恒星的位置，根据这份星表来预测天体运行路径的精确度，比以往要高得多。1630年，开普勒逝世。第二年《鲁道夫星表》就顺利通过了第一次实践的重大检验，法国天文学家皮埃尔·伽桑狄根据开普勒的预测成功观测到了水星凌日。他也是历史上第一位观测到水星凌日的人。

开普勒的墓志铭是这样写的："我曾测量天穹的高度，而今丈量大地的深度。精神归于天国，身影没于尘土。"虽然还有许多基本问题没有解决（尤其是太阳施加给行星的究竟是什么力），开普勒的研究成果和他开创的天体动力学确确实实给天文学带来了一场深层次的变革。天文学研究就这样完成了从几何学领域向物理学领域的转变。

---

1 注释：如果知道1615—1621年在开普勒身上发生了什么事情，你会发现《世界的和谐》的出版有多了不起。当时，他的母亲凯瑟琳娜被指控为女巫，开普勒要花费大量精力来抗辩人们对母亲的指控。他还在审判时亲自为母亲辩护，并出于安全的考虑带她去了奥地利北部城市林茨。然而1620年，凯瑟琳娜还是被捕了，尽管她在监狱里受尽了折磨和恐吓，她仍然拒绝认罪。终于在1621年，凯瑟琳娜获释，但出狱后六个月就去世了。

▲开普勒和第谷进行观测时，约翰·巴耶正忙着编制他的《测天图》（1603年）。《测天图》是第一本对天球进行测绘的星图集，巴耶开始从两个维度给恒星命名，一个维度是所属星座的名字，另一个维度是该星座中的亮度顺序，以希腊字母表示，比如：半人马座 α。图中所示为仙女座。

◀室女座，天空中第二大星座。

▲巴耶的天鹰座

▲天龙座的巨龙，天龙座是托勒密列出的 48 星座之一。

伽利略·伽利雷

关于宇宙的结构是什么样的这个问题，不同时期、不同文化的看法不一，相关的神话传说也五花八门。不管这些思想是多么天马行空，都还是囿于人类视线所及的范围，即便是当世最聪明的人也不例外。到了17世纪，人类已经用肉眼观察天空几千年了，肉眼可见的天体早就被一个不落地认全了。望远镜的出现让情况完全改变了。1608年，德国裔荷兰眼镜制造商汉斯·利伯希为一个“能让人们看远处的东西仿佛近在眼前”的设备申请了专利，这是历史上已知最古老的望远镜。随后，一份关于暹罗王国大使来访的荷兰外交报告中提到了这个“荷兰透视玻璃”（乔瓦尼·德米夏尼三年后才造出“望远镜”这个词），消息不胫而走，在欧洲广泛传开。从1609年英国人托马斯·哈里奥特将六倍望远镜投入使用，到意大利博学者伽利略·伽利雷（1564—1642），欧洲科学界迅速地把这项发明使用起来，并进行了改造再升级。

1609年，已经在帕多瓦任教18年的数学教师伽利略改进了利伯希的设计，在威尼斯制造并展示了他的新式八倍望远镜。伽利略的望远镜让人们大为惊奇，他还被邀请担任托斯卡纳大公科西莫二世·德·美第奇的御用数学家和哲学家，这可是一个相当受尊敬的职位。不久，伽利略又在佛罗伦萨造出了一台20倍望远镜。就这样，伽利略开始了他坎坷的天文发现之旅，从未被观测到的浩如烟海的恒星和海量天文现象第一次出现在了人类的眼前。在使用望远镜观测天空之前，伽利略并不认为哥白尼日心说宇宙模型有足够的证据支持，1597年开普勒送了他一本《宇宙的奥秘》，也没能完全将他说服，不过那个时候日心说也的确只有寥寥几个支持者。当伽利略通过望远镜审视天穹时，目镜中呈现的景象几乎立刻打消了他的疑虑。

1610年3月，伽利略将他的第一批天文发现草草整理成册，出版了《星空使者》。这本书配有70多幅插图，内容深刻，影响力极大。在观测过程中，伽利略发现，

▶ *伽利略在1609年8月写给威尼斯总督莱奥纳尔多·多纳托的一封信中，宣布他造好了一台望远镜，并告知了总督这项发明在军事行动中可能发挥的作用。这封书信意义非凡，图中是伽利略打的草稿，草稿下半部分画的是他观测到的木星周围卫星的情况。*

Ser.mo Principe.

Galileo Galilei Humiliss.o Servo della Ser.tà V.a invigilando assiduam.te, et con ogni spirito per potere non solam.te satisfare al carico che tiene della lettura di Matematiche nello Studio di Padova,

Scrivere d'avere determinato di presentare al Ser.mo Principe l'Occhiale et che per essere di giovamento inestimabile per ogni negozio et impresa marittima o terrestre stimo di tenere questo nuovo artifizio nel maggior segreto et solam.te a disposizione di S. Ser.tà. L'Occhiale cavato dalle più recondite speculazioni di prospettiva ha il vantaggio di scoprire Legni et Vele dell'inimico per due hore et più di tempo prima che egli scuopra noi et distinguendo il numero et la qualità de i Vasselli giudicare le sue forze pallestirsi alla caccia al combattimento o alla fuga, o pure anco nella campagna aperta vedere et particolarm.te distinguere ogni suo moto et preparamento.

Adì 7. di Gennaio Giove si vedde così ** ♃ * occ:

Adì 8 così or: ♃ *** 10. ♃ * * * 11. ♃ * * *

era dunque diretto et non retrogrado

Adì 12. si vedde in tale costituzione or: * * ♃ * occ:

Il 13 si veddono vicinissime à Giove 4 stelle * ♃ * * * o meglio così * ♃ * * *

Adì 14 è nugolo

Il 15 ♃ * * * * occ: la pross.a à ♃ era la min.e la 4.a era distante dalla 3.a il doppio in circa

Lo spazio delle 3 occidentali non era maggiore del diametro di ♃ et erano in linea retta.

♃ long. 71.38 Lat. 1.13

他能看到的新星数量是前人裸眼观测成果总数的十倍以上。于是，他在书中对猎户座、金牛座和昴星团重新进行了更细致的描绘，并增补了一些更小的恒星（自“上帝创世”以来，人们第一次观测到这些恒星的存在）。以前，人们以为金牛座只有6颗恒星，伽利略将这个数字扩充到了29颗，还给原本有9颗恒星的猎户座又增补了71颗。他还对托勒密星表中的星云进行了观测，发现它们实际上是由很多颗小恒星组成的。由此他推断星云，甚至银河也是“无数颗恒星的云状聚集体”，只是因为这些恒星离我们太遥远又太小了，肉眼并不能看出它们其实是一颗一颗的恒星（亚里士多德也曾做过同样的推测）。

不难想象，当伽利略发现他对宇宙的探索比前人更深、更远，特别是新的发现源源不断出现时，他是多么兴奋和激动。1610年1月，他将望远镜转向了木星，看到木星的旁边还有三颗星体（第四颗卫星是后来才发现的）。这三颗星排成一线，伴随木星一起运动，时而被木星遮挡而消失不见，他意识到这几颗星一定是木星的卫星。于是他便以宙斯的四位情人之名，记录下了木星的四颗伽利略卫星——伊娥、欧罗巴、该尼墨德斯和卡利斯忒[1]。伽利略将它们统称为“美第奇家族之星”，作为给他的赞助人科西莫二世的献礼（现在我们知道实际上有79颗卫星围绕着木星运动）。托勒密地心宇宙体系和第谷宇宙模型没能成功揭示宇宙的真正样子，关键是之前人们没把地球看作一颗行星，而且是拥有一颗天然卫星的行星。伽利略对月球的观测也让他欣喜若狂，仔细观察了地球的这颗卫星的表面后，他看到了巨大的山脉（他

▲ *伽利略绘制的猎户腰带（图中顶部三颗明亮的星）及其周围群星的速写。其中很多颗恒星都是他首次发现的。*

1 译者注：木星之名取自宙斯的罗马名朱庇特，以宙斯的情人来命名木星的卫星有双关之意，其中，伊娥是木卫一，欧罗巴是木卫二，该尼墨德斯是木卫三，卡利斯忒是木卫四。

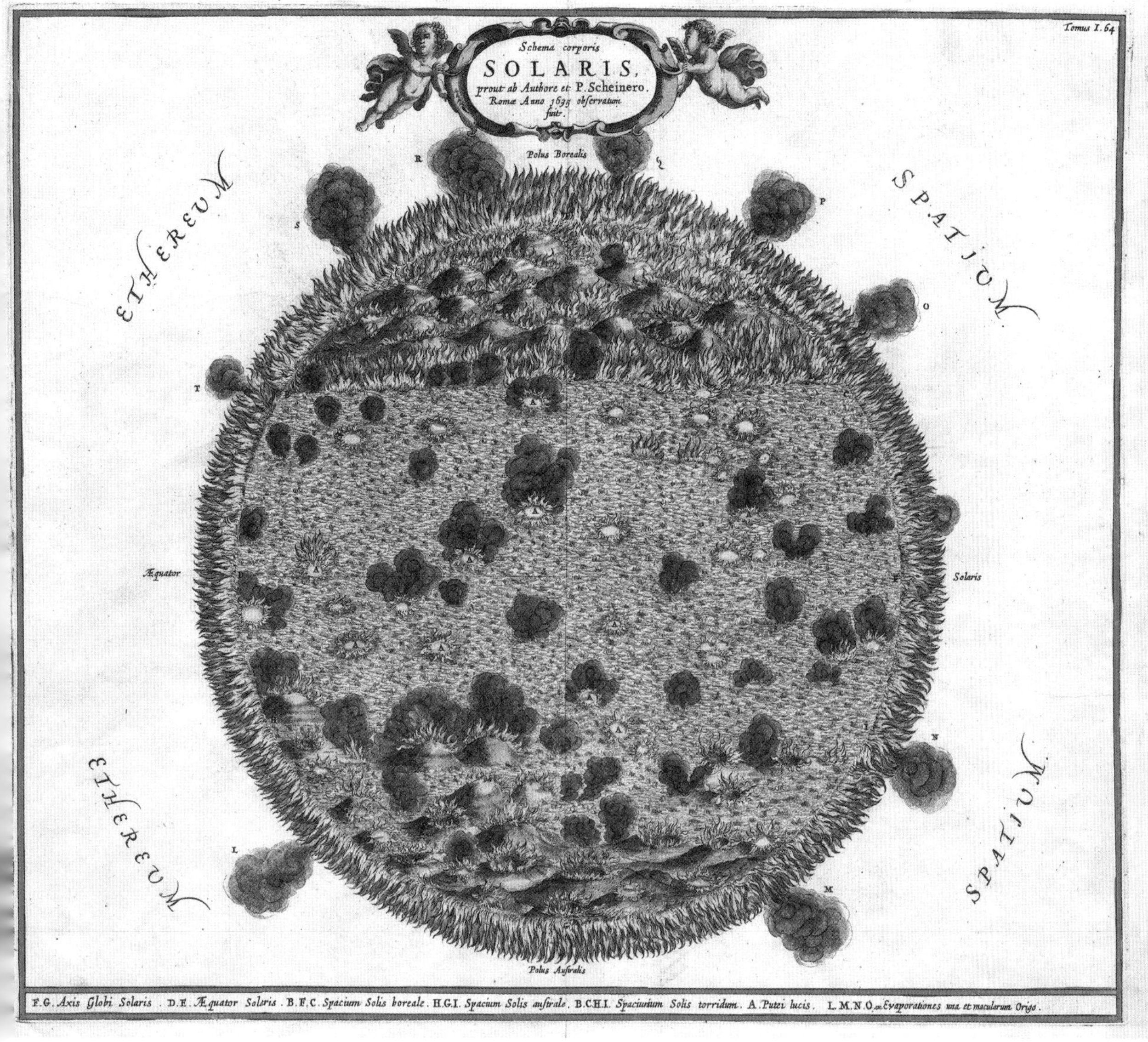

还用自己的方法对山脉的高度进行了估算）和让月球表面变得坑坑洼洼的一众环形山。之前，人们一直以为月球是一个完美而光滑的球体。

将第一批发现付印出版后，伽利略对天穹的探索并没有停歇。他在《关于太阳黑子的三封信》中表明，太阳黑子不是独立于太阳的一颗颗卫星，而是太阳本身的一部分。更重要的是，他认为与月球类似，金星也有一系列的相位变化，并展示了这个变化的过程。这进一步证伪了托勒密地心宇宙体系，因为如果金星始终处于地球和太阳之间，那么地球上的观测者永远也不可能看到金星的“满月”，但金星“满月”是确确实实存在的。

当时，日心说是不被教会认可的。宗教之所以抵制

▲ *阿塔纳修斯•基歇尔于 1665 年绘制的太阳图。图中，太阳的两极处是山脉，太阳海漩涡翻卷，自赤道处铺开。德国耶稣会会士克里斯托夫•沙伊纳（1537—1650）对太阳黑子进行了观测，他认为太阳黑子是太阳的卫星。基歇尔就是根据沙伊纳的观测成果画了这幅奇异而精彩的太阳图。在 1612 年刊印的小册子《关于太阳黑子的三封信》中，伽利略和沙伊纳对太阳黑子究竟是什么进行了一场论战。信中伽利略驳斥了沙伊纳的论点，并说明了太阳黑子是太阳自身的一部分。*

日心说，是因为《圣经》中多处表述都与此不符，如《旧约·诗篇》写道："耶和华将地立在根基上，使地永不动摇。"《旧约·传道书》写道："日头出来，日头落下，急归所出之地。"伽利略的著作和公开言论都与《圣经》相左，如果被教会认定为煽动者，不但他自己会陷入危险的境地，还可能会牵连到他的赞助人科西莫二世。于是他只能竭尽全力地弱化自己观点中潜藏的颠覆性寓意，小心翼翼地展示他那些以观察和实验为依据的发现。尽管他的观测数据得到了众多耶稣会学者的支持，但后来伽利略还是被指控为异端，不得不经年累月地为自己辩护。1633 年，罗马天主教宗教裁判所进行了一场审判，"强烈怀疑他是异端分子"，因为他"在日心说被宣告违背《圣经》之后，仍然可能支持并为这一观点辩护"，宗教裁判所还要求他"发誓放弃、诅咒并憎恶"那些宣扬地动说的妖言邪说。至此，"伽利略事件"以他获罪、被判入狱而告终。后来，伽利略被改判为软禁。此后，他一直生活在教会的监视中，直至去世。

▲《宗教法庭上的伽利略》，约瑟夫尼古拉·罗贝尔弗勒里绘制。

▶ 上图：诺亚方舟星座，1627 年，律师尤利乌斯·席勒（出版了星图集《基督教星图》。这本星图集的独特之处在于，用《圣经》和早期基督教的人物，而非神话中的人物来展示星座。

▶ 左下图：伽利略观测土星时，土星变来变去、不规则的形状使他大为困惑，他把这种现象称为"土星之耳"。直到 1655 年荷兰天文学家克里斯蒂安·惠更斯发现土星"被一种薄而扁平的环包围着，这环不与土星接触，而是与黄道斜交"。同年，惠更斯还发现了土星的卫星——土卫六。此处展示的是惠更斯 1659 年所著的《土星系统》中的一页。

▶ 右下图：伽利略的月球观测结果，1610 年。

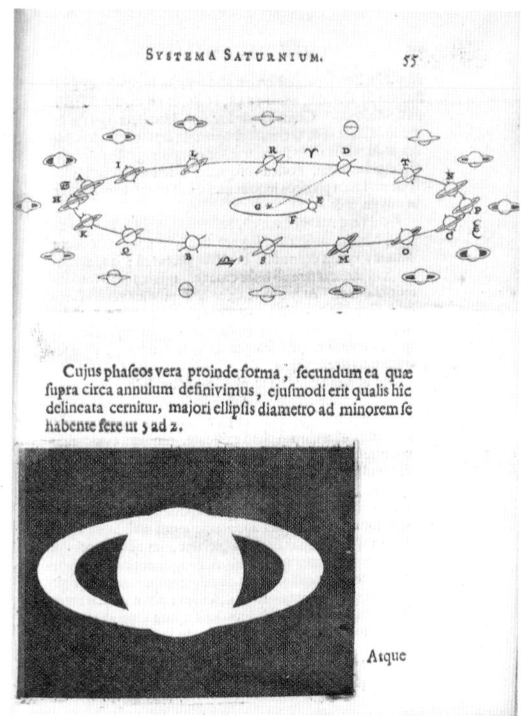
SYSTEMA SATURNIUM. 55

Cujus phaseos vera proinde forma, secundum ea quæ supra circa annulum definivimus, ejusmodi erit qualis hic delineata cernitur, majori ellipsis diametro ad minorem se habente fere ut 5 ad 2.

Atque

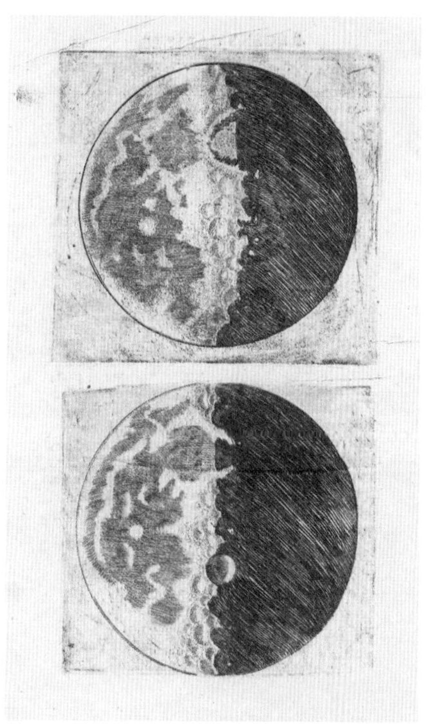

笛卡尔的宇宙

正当伽利略与亚里士多德的知识遗产及基督教传统的宇宙认知教条做斗争的时候，同一时代，年轻的法国哲学家、数学家勒内·笛卡尔（1596—1650）决定摆脱古希腊的影响，用自己的一套系统化方法，去寻求绝对真理知识体系的牢靠基石。这种对确定性知识的追求意味着要从零开始，怀疑一切，直至只剩一个无可否认的事实。而笛卡尔认为自己的存在是无须怀疑的事情，“我思，故我在”，即“我们不能在怀疑的时候还怀疑自己的存在”。作为一名虔诚的天主教徒，笛卡尔证明了上帝的存在也是真理，因为上帝是一个至上完满的概念，不可能来

▼ *1769 年的一件藏品，包括天文仪器、世界地图、哥白尼的宇宙体系、第谷的宇宙体系及笛卡尔的宇宙体系（在最上排中间那幅图的右下角）。*

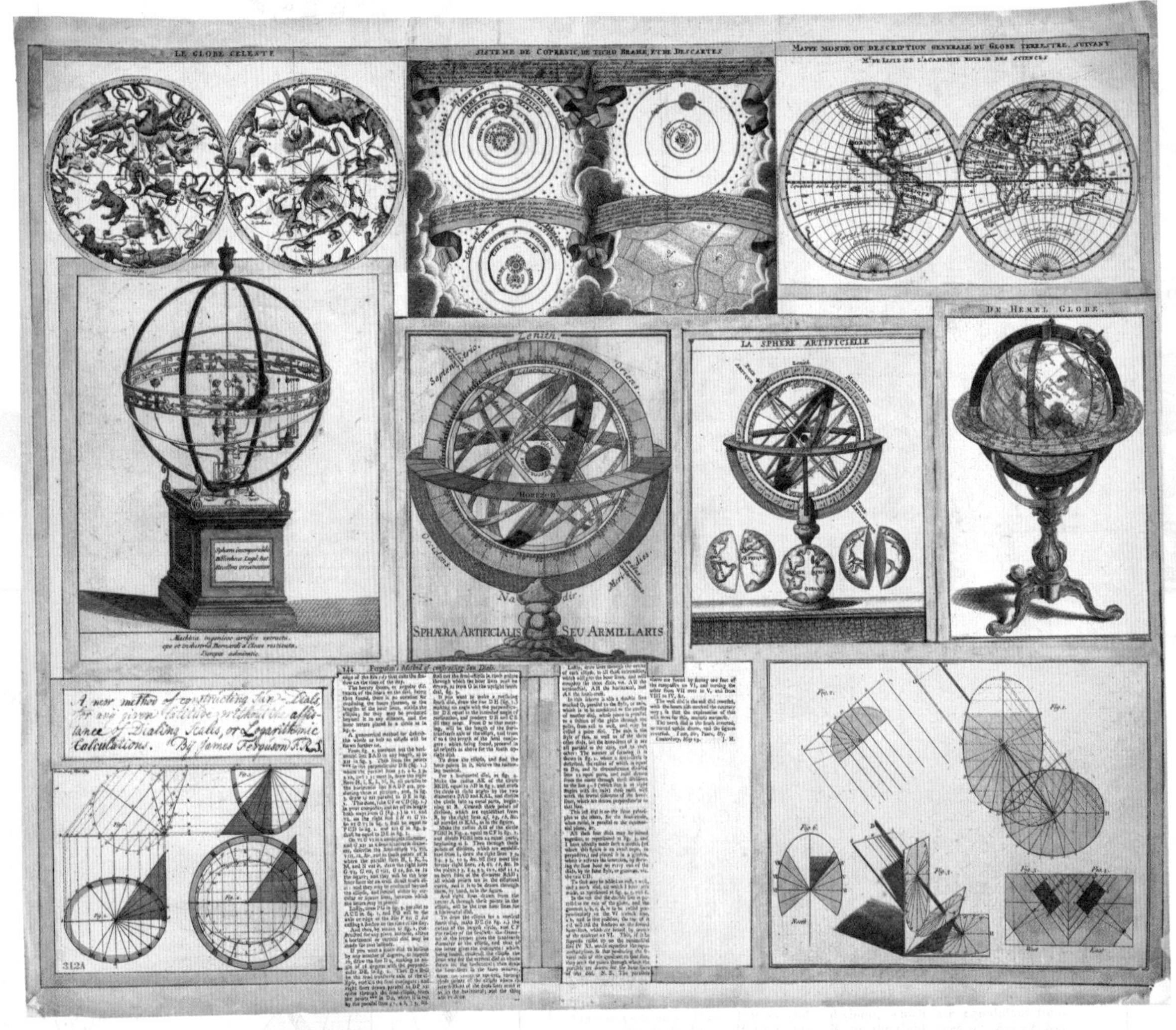

自笛卡尔本人的思想[1]。他在1641年出版的《第一哲学沉思集》中写道："上帝的概念是在我的思想里所有的概念中，最真实、最清晰、最与众不同的。"

那么宇宙呢？当时还没有真空的概念，相反，笛卡尔认为宇宙是一个充满物质的空间，诞生于一团混沌中。各种元素挤在一起，充满了整个宇宙。宇宙中的粒子在一个巨大的旋涡中做圆周运动，并遵从笛卡尔提出的一系列运动定律。一个粒子产生位移时，它旁边的粒子就会过来填补空位。于是笛卡尔得出了一个令人难以置信的结论，即尽管物质可以在空间中移动，但空间和物质在本质上是相同的。

▲勒内·笛卡尔

以上就是行星的绕行轨道如此之长，还离我们这么远的原因。行星比它周围粒子重，行星周围重量轻的粒子没办法改变行星的运动轨迹，就像漂流在河中的船只在河道的突然弯曲处会撞上河岸一样。在亚里士多德一派的各种宇宙学说和宇宙模型中，天体是相互独立的存在，分别按照各自的属性做运动。而在笛卡尔的宇宙中，行星是由运动来定义的，整个宇宙像是一个巨大无比、不断运动着的旋涡沙坑。不论是过去还是现在，笛卡尔的宇宙观都是一个非凡的概念（为了让读者更好地理解笛卡尔的思想，我们在第128页、第129页中附上了笛卡尔最初展演他的想法时使用的图片）。值得注意的是，在笛卡尔的涡旋理论中，宇宙中充满了大大小小的涡旋，恒星是各个涡旋的中心。这些恒星系统，共同挤在宇宙中撞来撞去。这一观点对未来的宇宙学产生了巨大影响。

---

1 译者注：笛卡尔认为，自己是个凡人，是个有限不完满的实体，只能生出有限不完满的想法，如果在有限不完满的实体的思想中存在一个至上完满的概念，那么这个概念肯定不是这个人自己的想法和念头，而是真实的存在。

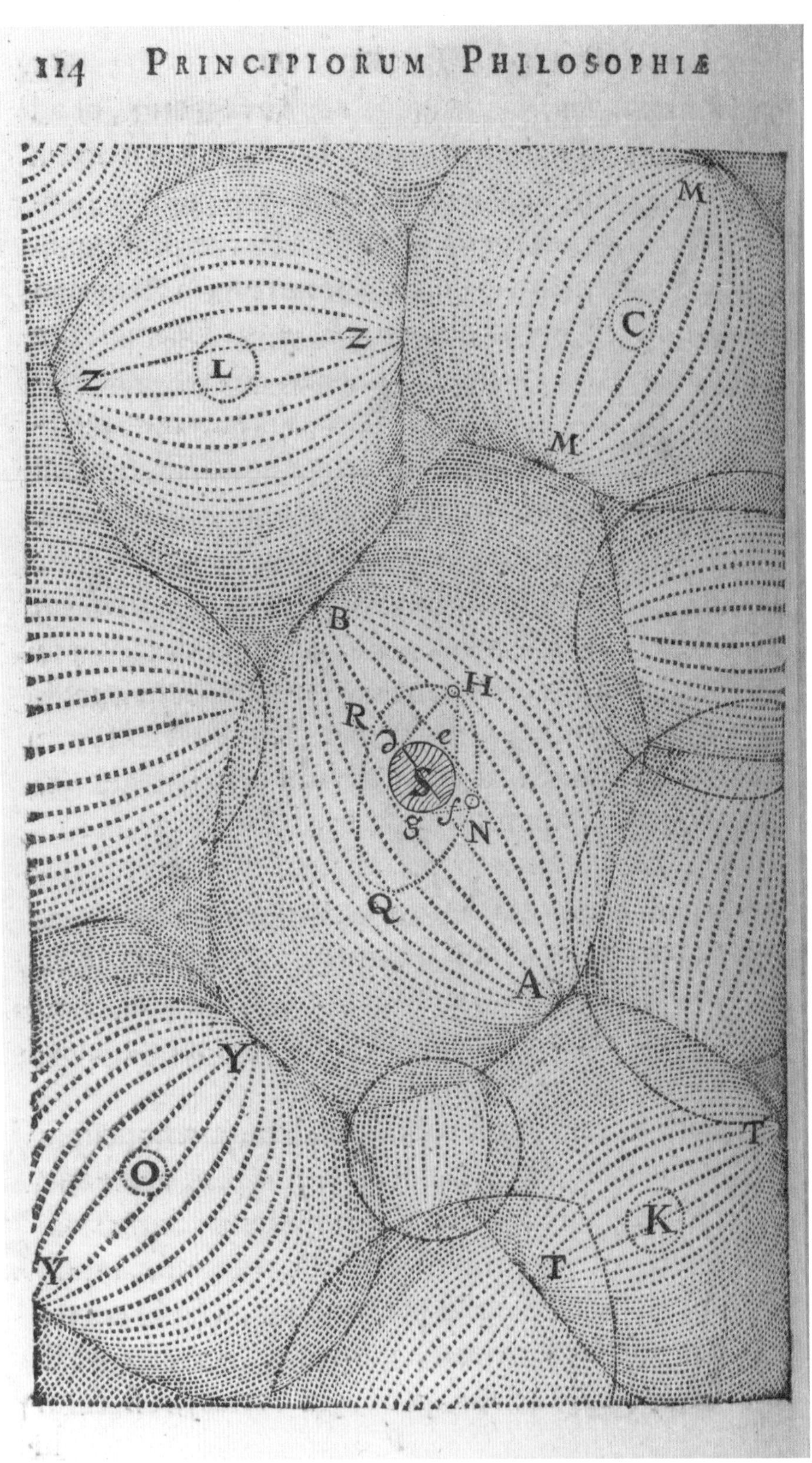

▲ 笛卡尔的宇宙由各种涡旋组成。其中太阳由较轻的元素构成，处于宇宙的中心，行星则由较重的粒子构成，在涡旋中被甩到稍外围的位置，并在太阳周围围成一圈。

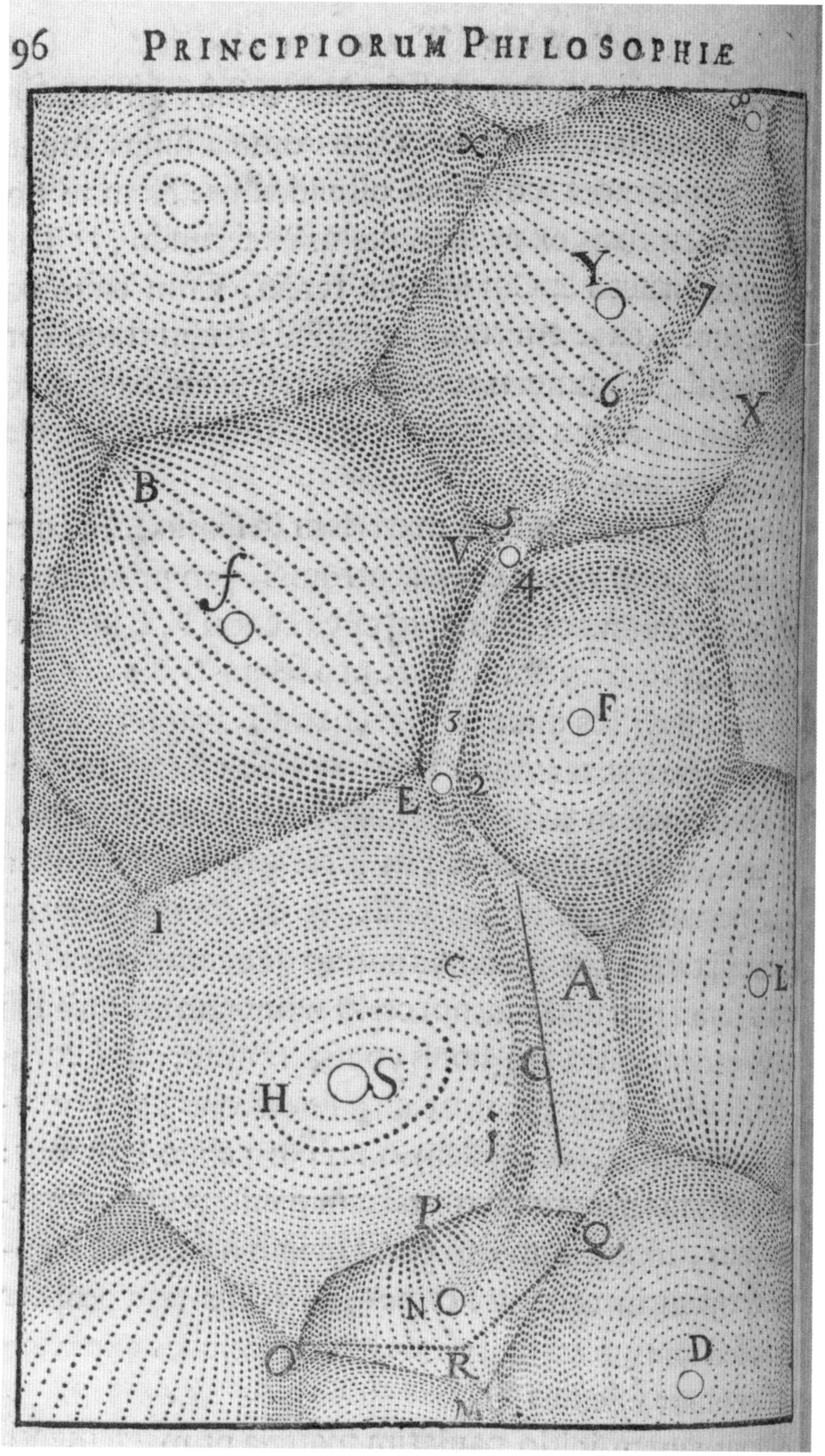

▲ 这张图说明了笛卡尔理论中，正在消亡的恒星（图中的 N 恒星）周围的涡旋如何坍缩。最终这颗恒星将被吸入相邻的涡旋，如果留在那里，它将成为一颗行星；如果穿过涡旋进入另一个涡旋，它就成了一颗彗星。笛卡尔认为，彗星运行路径是线性的，但 1758 年哈雷彗星的回归证明他是错的。

约翰内斯·赫维留测绘月球

1679 年 9 月 26 日，一场大火从马车夫用的一根蜡烛蔓延开，熊熊烈火将马厩烧得七零八落后，又吞噬了边上的星堡天文台。我们的主角约翰内斯·赫维留（1611—1687）四十年的心血——勤勤恳恳对遥远星焰的观测记录就这样消失在了火海中。星堡天文台位于但泽（格但斯克，现属于波兰），由赫维留亲自修建，是当时欧洲最好的天文台，彼时格林尼治天文台和巴黎天文台才刚刚开始规划。火灾中，赫维留的大部分观测数据及他亲手制作的天文仪器毁于一旦，人们只在天文台烧塌前抢出了寥寥几本书。面对这足以压垮人的厄运，68 岁高龄、白发苍苍的赫维留，眼里只有一个选择：即刻重建。

▼ 约翰·多佩玛分两个半球展示的月球图，于 1707 年首次发表。这张图根据赫维留和意大利天文学家乔瓦尼·巴蒂斯塔·里乔利 1647 年的观测记录绘制。用地表特征给月面区域命名的方法就是从里乔利开始的，我们现在使用的很多月球上的地名都是他起的（比如 1969 年阿波罗 11 号的登陆点“静海”，就是里乔利命名的）。

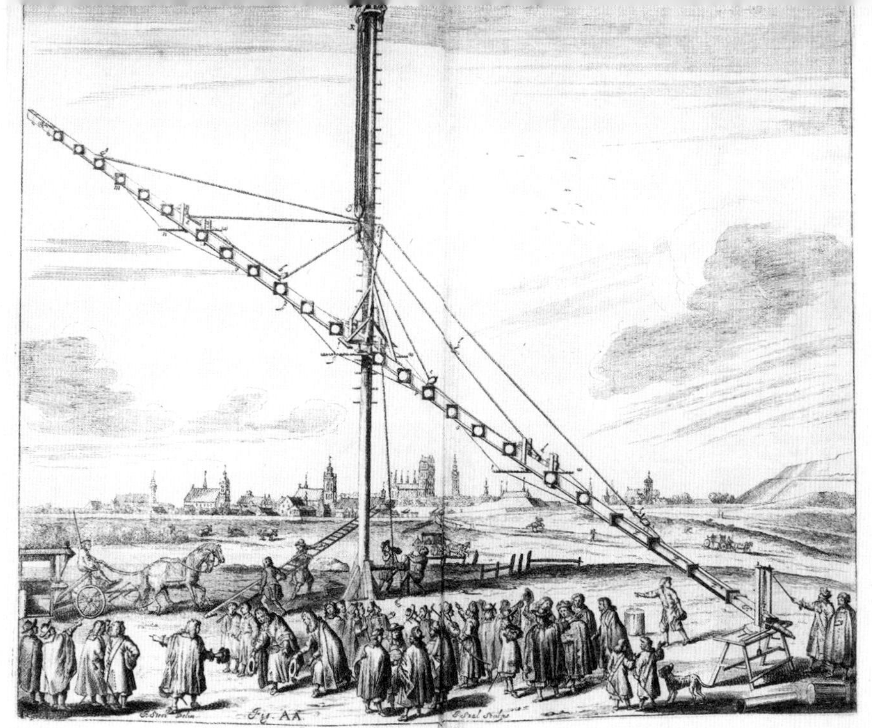

▲ *赫维留向公众展示他的150英尺（约46米）超长望远镜。图摘自赫维留1641年出版的《天文仪器》。*

赫维留出生在一个啤酒酿造世家，在1639年6月1日观测了一次日食之后，他决定舍弃家族生意，全身心投入到天文学研究中。赫维留不但是月志学的创始人，还发现了许多星座。1641年，赫维留在他自己三处相连的房产的屋顶，一砖一瓦地建起了一座天文台，配备了精妙的天文仪器。值得一提的是，天文台中有一台在开普勒1611年设计基础上改造的望远镜。开普勒改进了伽利略的设计，用凸面镜代替凹面镜做目镜，在增大了望远镜的视野范围的同时还能拥有更高的放大倍数，只是这样一来，必须要有一个相当长的镜筒。赫维留造的这台超长望远镜的镜筒足有150英尺（约46米），可能是“无镜筒”航天望远镜发明之前最长的望远镜了。

1647年，这位改行成为天文学家的酿酒师完成了他的第一本月球图集——《月面图》，对月球表面所有能观察到的细节都进行了测绘。其中的铜版画插图更是由赫维留亲自操刀，并用天文台中的印刷机印制。他甚至将一张展示满月的图表做成了日月升落潮汐仪（一种可旋转的圆盘，带有一根测量线，以便将潮汐仪上的月球转到与实际方向一致的位置）。《月面图》的出版，让赫维留一夕间在欧洲盛名远播。英国旅行家彼得•芒迪在日记里对赫维留的作品赞不绝口，他写道：“为了展示月亮每天的盈亏变化，他足足用了30多幅月面图、印刷图画

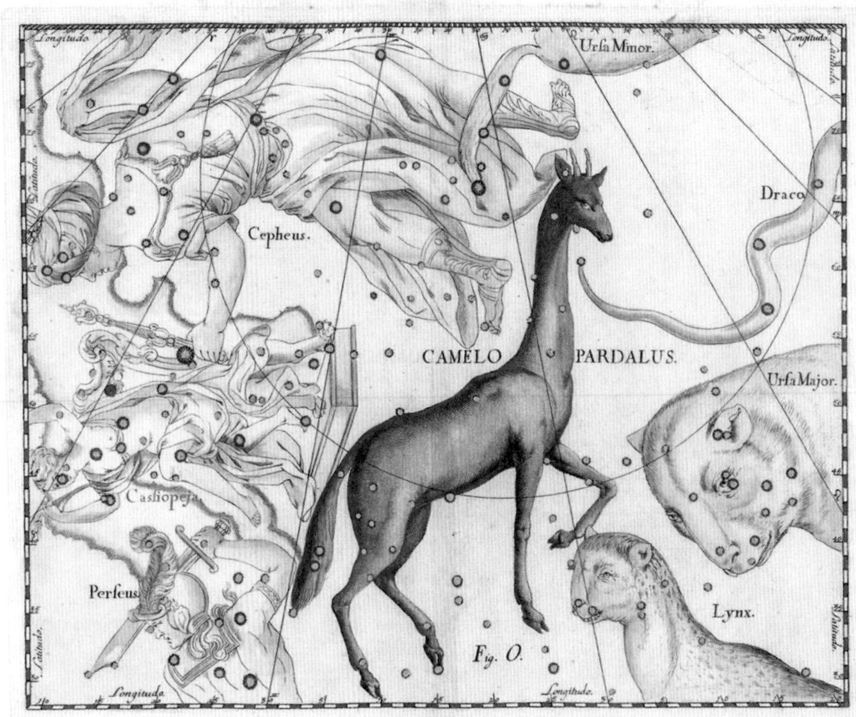

◀赫维留绘制的鹿豹座星图，1687年。

◀赫维留绘制的天鹅座星图

◀长蛇座

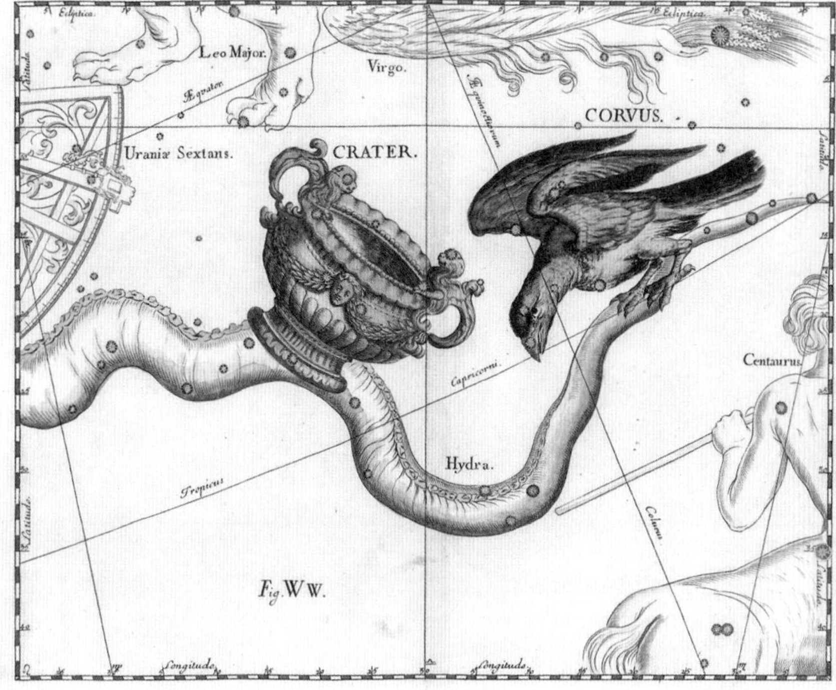
Ecliptica
Leo Major
Virgo
Æquator
CORVUS
Uraniæ Sextans
CRATER
Capricorni
Centaurus
Hydra
Tropicus
Fig. WW
Longitudo

◀天猫座

Longitudo
Camelopardalus
Urſa Major
LYNX
Auriga
Leo Minor
Gemini
Cancer
Fig. Y

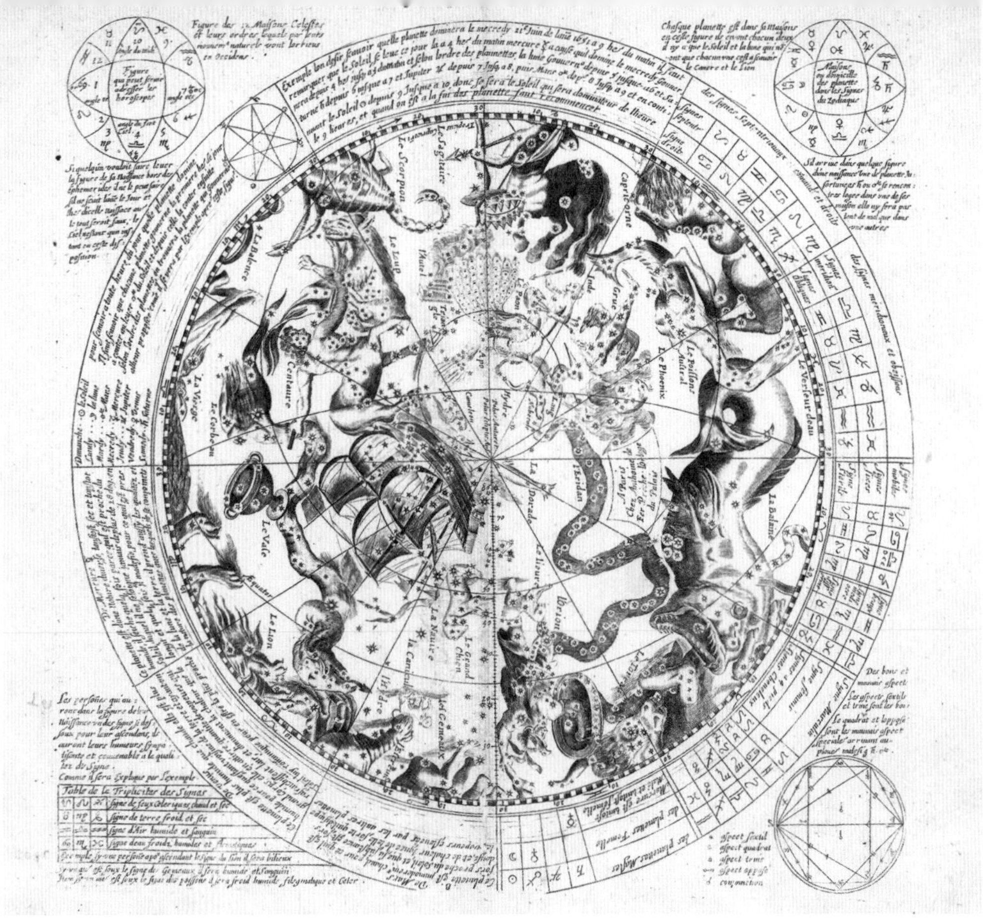

和铜版画。拨开迷雾，告诉我们月球上不但有陆地、海洋、山脉、峡谷，还有岛屿、湖泊……与绘制世界地图一样，在那个月亮上的小小世界里，他给每个地方都起了名字。”

1649 年，赫维留继承了家族啤酒酿造厂，同时还担任着城镇议员，但还是把令他着迷的观天事业坚持了下来。1652—1677 年，赫维留发现了 4 颗彗星（后来以这些发现为基础，他提出了彗星绕太阳运行的轨道是抛物线的理论）、10 个新的星座（其中 7 个星座一直沿用到了现在）。他最满意的“发现”，是他的第二任妻子伊丽莎白同样对天文学非常痴迷。这对夫妇形影不离，一起观测并细心记录星座的位置。他们的工作成果展示了宇宙不断变化的本质，并且加固了那时候仍不被相信的日心说宇宙概念的薄弱根基。1679 年那场火灾发生时，赫维留已经拥有很高的声望了。为了重建天文台，他向法国国王路易十四申请了财政援助，并且马上就获得了批准。这位天文学

▲ 一幅绘制于 1651 年的南半球天图，安托万 • 德 • 费绘制。有意思的是，这幅图被设计成以镜像模式印刷的形式，或许是为了能秘密地研究其中的占星术。

▼ 约翰内斯 • 赫维留和伊丽莎白 • 赫维留一起观测。

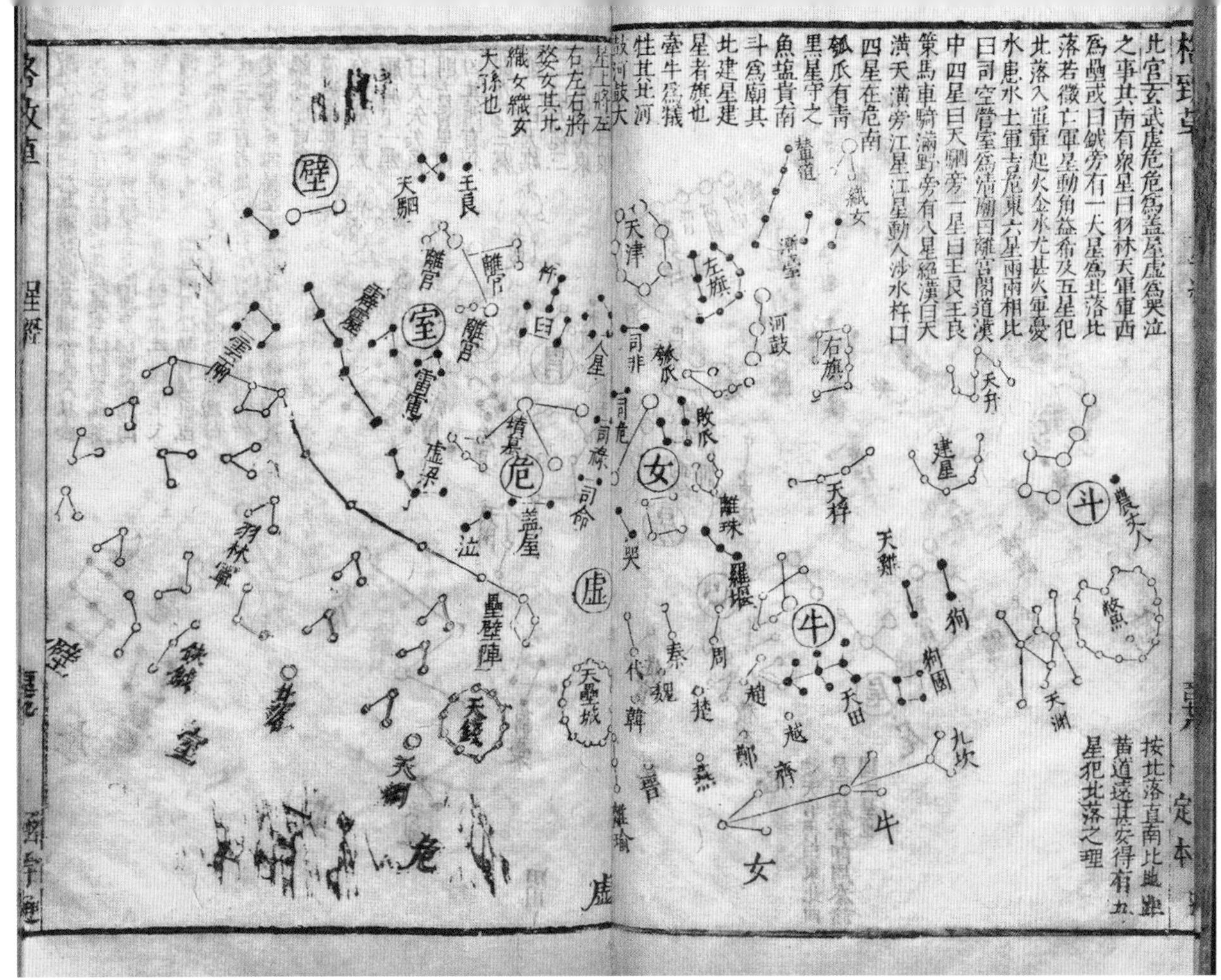

家在给路易十四的一封信中提到："我已经在夜空中找到了将近 700 颗以前没有发现的星星，并以陛下您的名字给其中一部分命了名。"路易十四批准得这么快，这封信功不可没。

赫维留在书信中将伊丽莎白称为"夜间观测的忠实助手"。1687 年赫维留去世后，伊丽莎白便独自一人继续天文观测事业，并将他们夫妇的研究成果发表在《天文学绪论》(1690 年)中，这份星表收录了 1564 颗恒星。考虑到当时的历史环境，伊丽莎白的成就更令人瞩目了，之前根本不曾有过女性参与科学研究的先例。因此，伊丽莎白也被誉为历史上第一位女性天文学家。对约翰内斯·赫维留来说，他的月面图在随后的 100 多年中一直是月志学界的标杆，他为他发现的许多星星命的名一直沿用至今，这些都是他绝世才华留在这世间的确证。

▲ *请对比同时代的星图：1648 年刻印出版的一幅中国的星座和星群图。摘自熊明遇《格致草》，该书探讨了天体的运动、月球及其他星体，显示了作者对西方天文原理的熟知。*

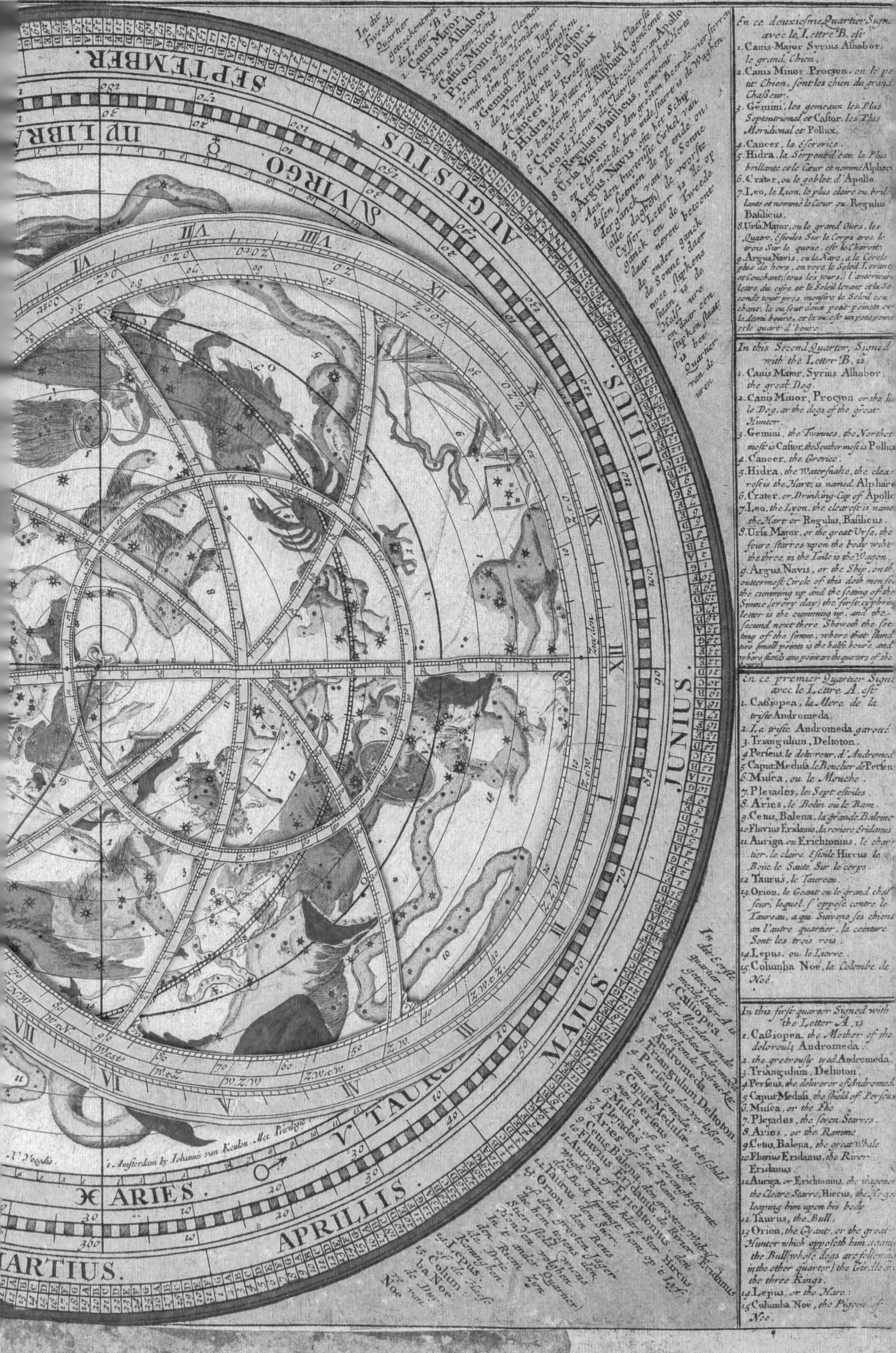
SEPTEMBER.
AUGUSTUS.
JULIUS.
JUNIUS.
MAJUS.
APRILLIS.
MARTIUS.
LIBRA
VIRGO
TAURUS
ARIES
Zuyden
West
t'Amsterdam by Johannis van Keulen. Met Privilegie
En ce deuxiesme Quartier Signé avec le Lettre B. est
1. Canis Major Syrius Alhabor, le grand Chien,
2. Canis Minor Procyon, ou le petit Chien, sont les chien du grand Chasseur.
3. Gemini, les gemeaux les Plus Septentrional et Castor, les Plus Meridional et Pollix.
4. Cancer, la Escrevice.
5. Hidra, la Serpent d'eau la Plus brillante et le Cœur et nommé Alphard
6. Crater, ou le goblet d'Apollo.
7. Leo, le Lion, le plus claire ou brillante et nommé le Cœur ou Regulus Basilicus.
8. Ursa Major, ou le grand Ours, les Quatre estoiles Sur le Corps avec les trois Sur le queue, est le Charriot.
9. Argus Navis, ou la Nave, a le Cercle plus de hors, on vove le Soleil Levant et Couchant (tous les jours.) l'interieur lettre du cifre et le Soleil levant et la Seconde tout pres monstre le Soleil couchant. la ou sont doux petit points est le demi heure, et la ou est un petit point est le quart d'heure.
In this Second Quarter, Signed with the Letter B. is
1. Canis Major, Syrius Alhabor, the great Dog.
2. Canis Minor, Procyon or the litle Dog, or the dogs of the great Hunter.
3. Gemini, the Twinnes, the Northermost is Castor, the Southermost is Pollux
4. Cancer, the Grevice.
5. Hidra, the Watersnake, the clearest is the Hart; is named Alphard
6. Crater, or Drinking-Cup of Apollo
7. Leo, the Lyon, the clearest is named the Hart or Regulus, Basilicus.
8. Ursa Major, or the great Urse, the foure starres upon the body with the three in the Taile is the Wagon.
9. Argus Navis, or the Ship, on the outtermost Circle of this doth men see the cumming up and the setting of the Sonne (every day) the first cyphring letter is the cumming up, and the second next there Sheweth the setting of the sonne; where that stand two small points is the halfe houre, and where stands one point are the quarters of the houre.
En ce premier Quartier Signé avec le Lettre A. est
1. Cassiopea, la Mere de la triste Andromeda.
2. La triste Andromeda garoué.
3. Triangulum, Deltoton.
4. Perseus, le delivreur d'Andromeda
5. Caput Medusa le Bouclier de Perseus
6. Musca, ou le Mouche.
7. Pleyades, les Sept estoiles.
8. Aries, le Belin ou le Ram.
9. Cetus, Balena, la grande Baleine
10. Fluvius Eridanus, la reviere Eridanus
11. Auriga ou Erichtonius, le chartier, le claire Estoile Hircus le Bouc le Sauté Sur le corps.
12. Taurus, le Taureau.
13. Orion, le Geant ou le grand chasseur, lequel s'oppose contre le Taureau, a qui Suivens ses chiens en l'autre quartier, la ceinture Sont les trois rois.
14. Lepus, ou le Lievre.
15. Columba Noe, la Colombe de Noé.
In this first quarter Signed with the Letter A. is
1. Cassiopea, the Mother of the dolorouls Andromeda.
2. the greevously tead Andromeda.
3. Triangulum, Deltoton,
4. Perseus, the deliverer of Andromeda
5. Caput Medusa, the shield of Perseus
6. Musca, or the Flie
7. Pleyades, the seven Starres.
8. Aries, or the Ramme
9. Cetus, Balena, the great Whale
10. Fluvius Eridanus, the River Eridanus.
11. Auriga, or Erichtonius, the wagoner the Cleare Starre, Hircus, the Kegge leaping him upon his body
12. Taurus, the Bull,
13. Orion, the Gyant, or the great Hunter which opposeth him against the Bull (whose dogs are following in the other quarter) the Girdle are the three Kings.
14. Lepus, or the Hare.
15. Columba Noe, the Pigeon of Noe.

◀ 阿姆斯特丹的克拉斯·扬茨·福特的巨幅天图。天图上还印制了一个日月升落潮汐仪来实现天文计算功能，该图于1680年出版。

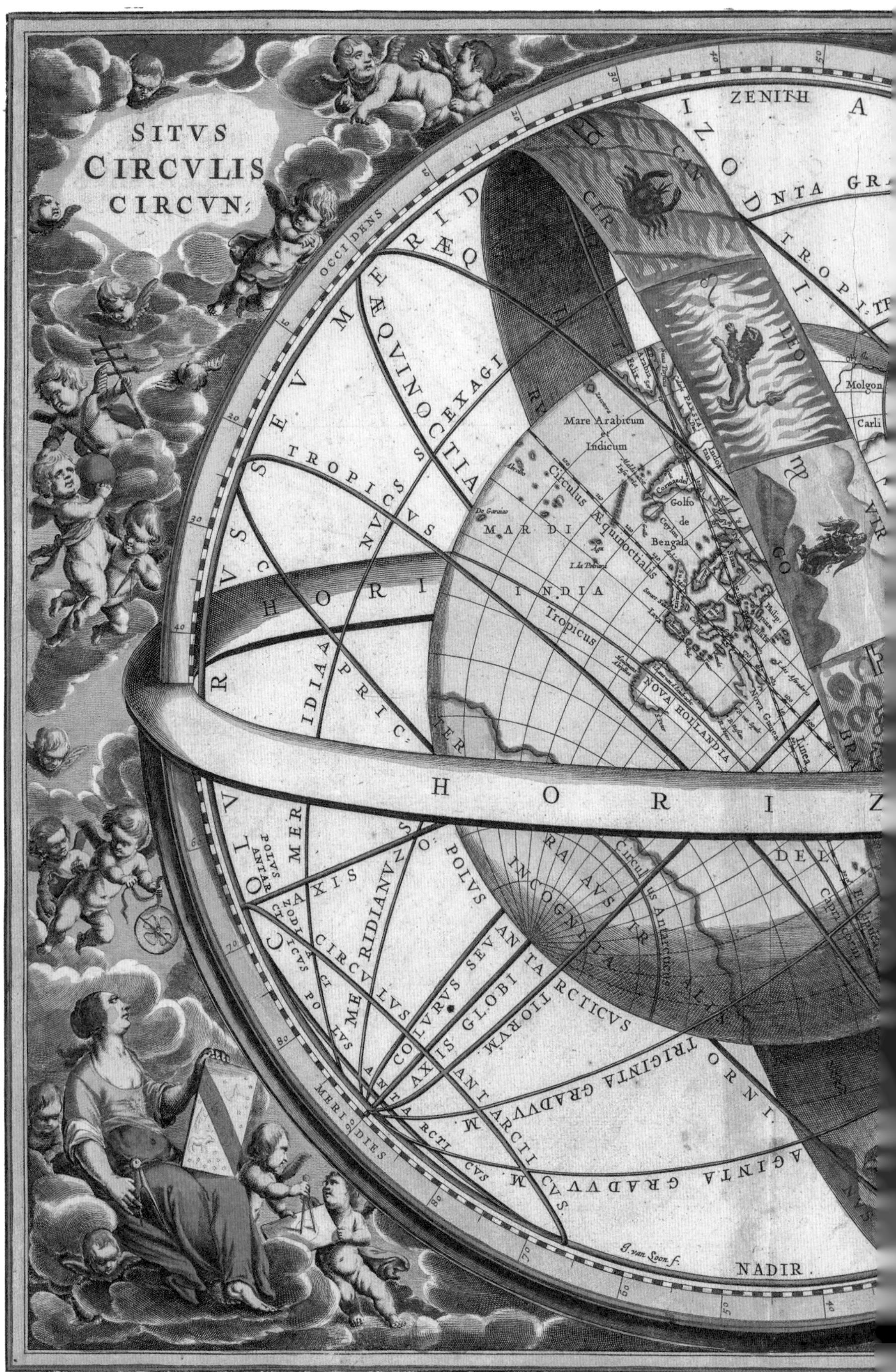
SITVS
CIRCVLIS
CIRCVN
ZENITH
NADIR
H O R I Z
Mare Arabicum et Indicum
Circulus Æquinoctialis
Tropicus
INDIA
NOVA HOLLANDIA
Golfo de Bengala
G. van Loon f.

◀《带有黄道十二宫的宇宙图》，一幅地心说宇宙体系的天图，摘自策拉留斯所著的《和谐大宇宙》。1660 年由扬·扬松纽斯出版的《和谐大宇宙》是公认的世界上最美的星图集之一。

牛顿物理学

笛卡尔的涡旋宇宙在巴黎和剑桥的青年知识分子中掀起了巨浪，这个打破传统的理论令人十分兴奋。不过，虽然笛卡尔的宇宙系统表面上解释了为什么行星在那个时候会在观测到的那个位置上，但对天文学家们预测行星的运动毫无帮助。因为笛卡尔的宇宙本质上是一团混乱，其中天体的运行毫无规律可言。

17 世纪中叶，到底是什么力量在推动行星运动对天文学家们来说依然是个谜。开普勒相信不管这个力是什么，它都是从宇宙的“灵魂”——太阳中发出来的。这和笛卡尔那个狂热的、充满物质的宇宙相类似，在笛卡尔的宇宙中，天体都被一个巨大的以太阳为中心的涡旋卷入和带动，在椭圆轨道上围绕太阳运动。学界也流传着另外一些理论，如英国物理学家威廉•吉尔伯特在《论磁》(1600 年）中提出，地球是个有吸引力的巨型磁铁，这就能够解释物体为什么总是会落回到地面，以及磁罗盘为什么会呈现这样的运转状态。吉尔伯特的磁力理论也影响过开普勒。

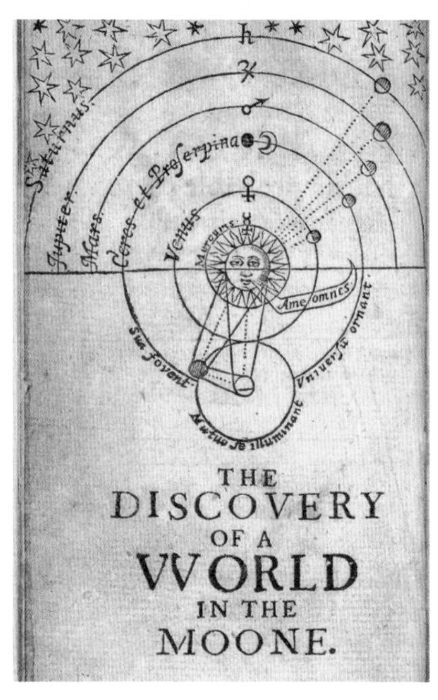

▲《探索月球上的世界》(1638 年)，自然哲学家、英国皇家学会创建者约翰•威尔金斯著。书中对威廉•吉尔伯特首先提出的登月旅行的可能性进行了讨论，威尔金斯认为，如果能够挣脱地球磁力，理论上去月球旅行是可以实现的。

自 1660 年英国皇家学会成立以来，行星、彗星的运动轨迹，以及地球的磁引力一直是热议的话题。1674 年，皇家学会实验室监理人、研究成果丰硕的天才罗伯特•胡克（1635—1703）发表了他至关重要的“三个假设”，胡克的三个假设已经十分接近我们现在所知的万有引力的概念了。第一个假设是，天体（包括地球）都有一种引力，依靠这种力，它们不仅吸引自己的各个组成部分，也吸引其他天体。第二个假设是，正在做简单直线运动的天体，在没有受到其他有效作用力使其偏斜，并使其沿着正圆轨道、椭圆轨道或其他更为复杂的曲线轨道运动之前，将保持直线运动不变。第三个假设是，引力大小由“物体离引力中心的距离”决定，离引力中心越近，引力越大。实际上，胡克已经通过第二个假设率先对天体轨道运动动力学的真相进行了描述。然而，第三个假设还有待完善，他需要一个精确的公式来计算引力大小

▶ 贝尔纳•勒博维耶•德•丰特奈尔 1686 年出版《关于宇宙多样性的对话》的内页图。丰特奈尔在书中用一位哲学家和一位女士间的优雅对话，解释了哥白尼日心宇宙体系和笛卡尔的机械论哲学框架下的物理学。

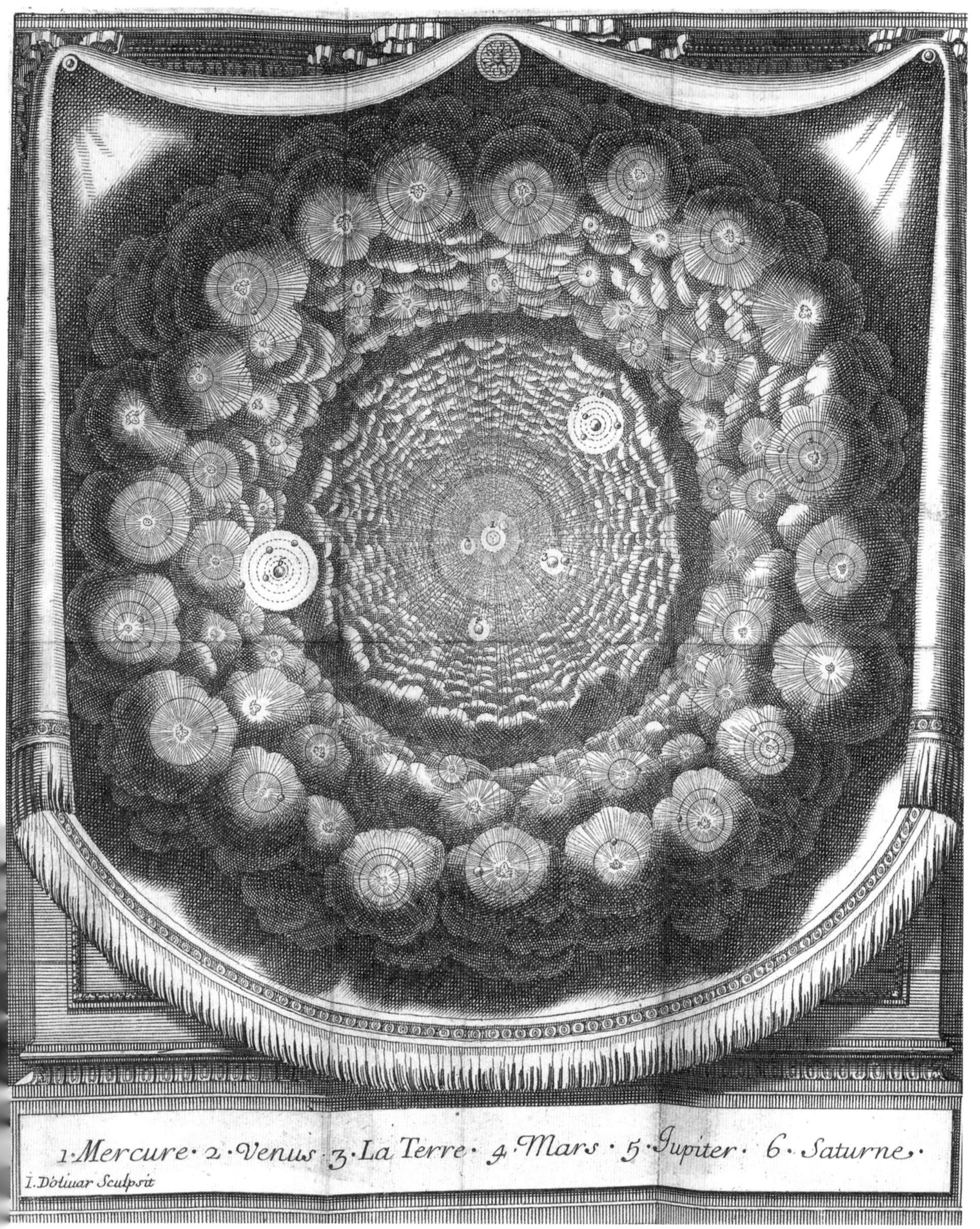
1 · Mercure · 2 · Venus 3 · La Terre · 4 · Mars · 5 · Jupiter · 6 · Saturne ·
I. Dóliuar Sculpsit

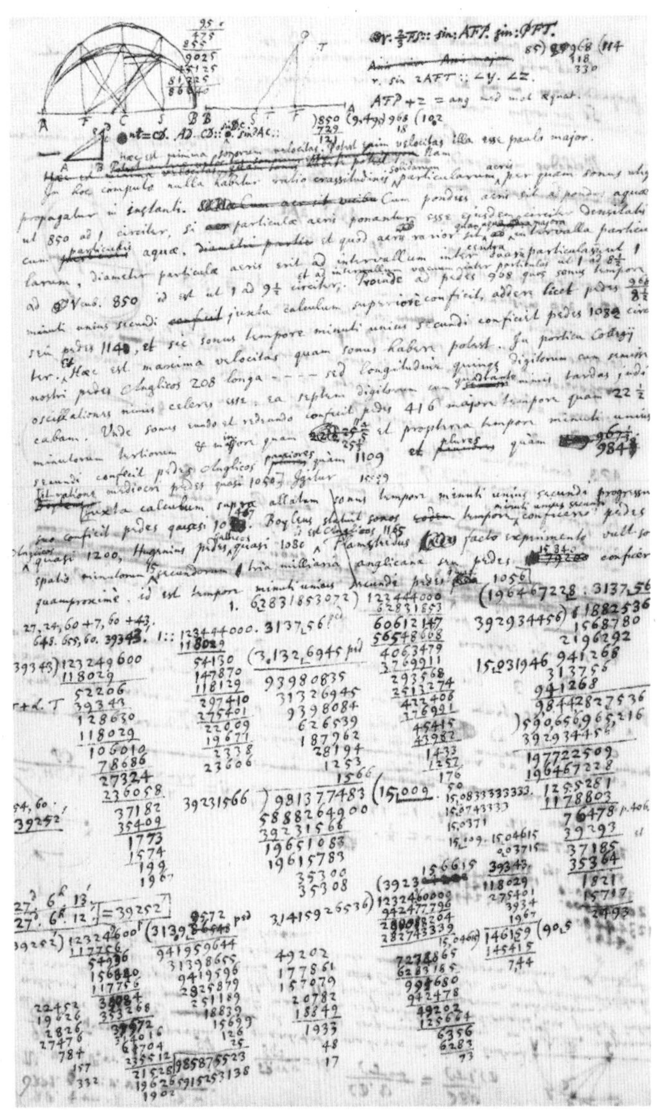

◀ 艾萨克·牛顿在《原理》中的一页注释

和距离之间的关系。

为此，胡克提出了“平方反比”定律（即行星受到太阳的引力大小，与行星和太阳之间的距离的平方成反比），并把自己的推测写信告诉了剑桥的艾萨克·牛顿（1642—1727）。那个时候，牛顿认为笛卡尔的宇宙才是真实的宇宙，正被涡旋宇宙理论带来的一系列问题弄得一头雾水，胡克的来信正好给了他灵感。1679 年年底到 1680 年年初的那个冬天，牛顿给胡克回了封信，开始着手解决这个问题。

1684 年 1 月，埃德蒙·哈雷（1656—1742）与克里斯托弗·雷恩爵士（1632—1723）、胡克交谈过后，动身前往剑桥去拜访牛顿。据数学家亚伯拉罕•棣美弗回忆，当时哈雷问牛顿："假设太阳的引力大小与行星和太阳之间距离的平方互为倒数，行星的运行轨道应该是什么样的曲线呢？"牛顿答道应该是个椭圆。哈雷再问牛顿为什么？牛顿说："嗯，因为我算过了。"

牛顿把自己提出的假设和写有计算过程的草稿寄给了哈雷。起先草稿只有 9 页，后面越写越长，到 1687 年《自然哲学的数学原理》出版时，已经是一部三卷本的巨著了。这部书也是科学史上最重要的著作之一，一般简称为《原理》[1]。牛顿是这样说的："应用《原理》这个新的工具来解释数不清的天体在宇宙间的运动的数学模式是一项挑战，如果我是对的，那么这项挑战'超出'了人类思想所能理解的范围。"《原理》出版后，笛卡尔构建的充满物质的、拥挤的有形宇宙已经一去不复返了，取而代之的是一个空旷的宇宙空间。在这个宇宙空间内，天体都在做周期性运动，在自己的运动轨道上时不时地穿过某处空间。而宇宙中所有的天体，都毫无差别地受着引力的影响。牛顿研究了由胡克最先提出的模型，得出结论：引力的平方反比定律对所有物体都适用，无论大小，不管是一颗石子还是一颗行星，引力只会随着距离的增加而减弱。他举了这样一个例子：有两个与月球等距的、大小相同的物体，即便其中一个深埋在地下，这两个物体向月球施加的拉力也是相等的。几年后，这个概念对牛顿的追随者来说还是过于陌生、难以接受，甚至有人认为上帝是这一切发生的原因。牛顿解决了这个问题，最终成功证明了地球对月球施加的让月球从直线运动中脱离而进入绕地运动轨道的拉力，与地球让抛高的石块下落到地表的拉力，是同一种引力。

牛顿又将引力理论应用到其他地方，新成果和新发现接踵而来，《原理》的文稿数量也迎来了惊人的增长。成功解释了一个又一个问题，比如，潮汐是怎么产生的？很简单，是月球和太阳的引力共同作用的结果；再比如，自喜帕恰斯时代起，一直困扰学界的春分点、秋分点岁差（详见第 43 页"天球论"内容）问题，因为地球由于自转

---

1 注释：因为资金严重短缺，这部巨著的出版进度一度几乎停滞。英国皇家学会在此之前刚刚出版了弗朗西斯•维路格比的冷门绘本《鱼的历史》，因销量惨淡而损失了一大笔钱，不愿意再出资。于是哈雷只好提出自费出版《原理》，皇家学会同意了，但告诉哈雷因为现金流出了问题，他的 50 英镑薪水同样也无法支付。后来，皇家学会便把卖不出去的《鱼的历史》充作薪水发给了哈雷。

◀艾萨克·牛顿爵士

在两极略平，而赤道区域微微隆起，使得自转过程中地球会发生摇摆，归根结底还是因为引力。（但牛顿最初给出的岁差方程不够准确，1749 年达朗伯对其进行了修正。）而有了新的引力定律，牛顿还可以通过研究卫星的运动来计算行星的质量。通过计算，人们意识到木星和土星其实很大，和它们一比地球简直就是个小矮人。因为它们距离太阳相对较远，太阳系内部才保持了稳定（那时候人们认为上帝也会偶尔干预一下，以保持太阳系的稳定）。对于其他恒星，牛顿就没怎么关注了[1]。可能因为没

1　注释：牛顿的确是历史上第一个注意到当一个人揉眼时，可以看到“星爆”的人。现在我们把这种现象叫作光幻视（是一种眼睛里的细胞由于受到压力刺激而使人产生了看到光斑的感觉的现象）。“阿波罗 11 号”登月任务的三个宇航员全部都经历过光幻视，由于担心被认为身体不适，谁都没有向其他人提起过。（还有一种直接相关的现象叫作“囚徒的电影”，那些长时间处于黑暗里的囚徒常报告有这样的经历。）

◀ *约翰·费伯的磨刻凹版画，画中人物是天文学家埃德蒙·哈雷。*

有证据表明恒星在运动（参照它们的相对位置），所以根本没有理由去质疑古希腊的断言——恒星是“固定不动”的。实际上，牛顿在《原理》中也使用了拉丁文“fixa”（意为固定不动的星体）来描述恒星。

笛卡尔的宇宙体系之所以相对容易理解，是因为他用哲学的语言在物理学的框架里描述了一个无限的、充满了碰撞的宇宙。牛顿的《原理》之所以难懂是因为牛顿用复杂的数学来解释一切，而且引力这种无形的东西，理解起来就更困难，偏偏牛顿只能通过引力产生的效应来证明它的存在。过了一段时间，《原理》才逐渐被人们接受，进入了主流知识的行列。不过，对《原理》的一切质疑，都在1758年那颗彗星破空而来时烟消云散。早在1705年，埃德蒙·哈雷便根据牛顿定律，预测了它的回归，这也是人类历史上第一次人们希望见到预示着不祥的彗星。

Ordine di tutte le sfere, con le loro dichiaratione
IDEA DELL
VNIUERSO
CANCER
GEMINI
All'Ill.mo Signore
Il Sig.r Abbate Sebastiano Venier
Patritio Veneto.
MONDO
NVOVO

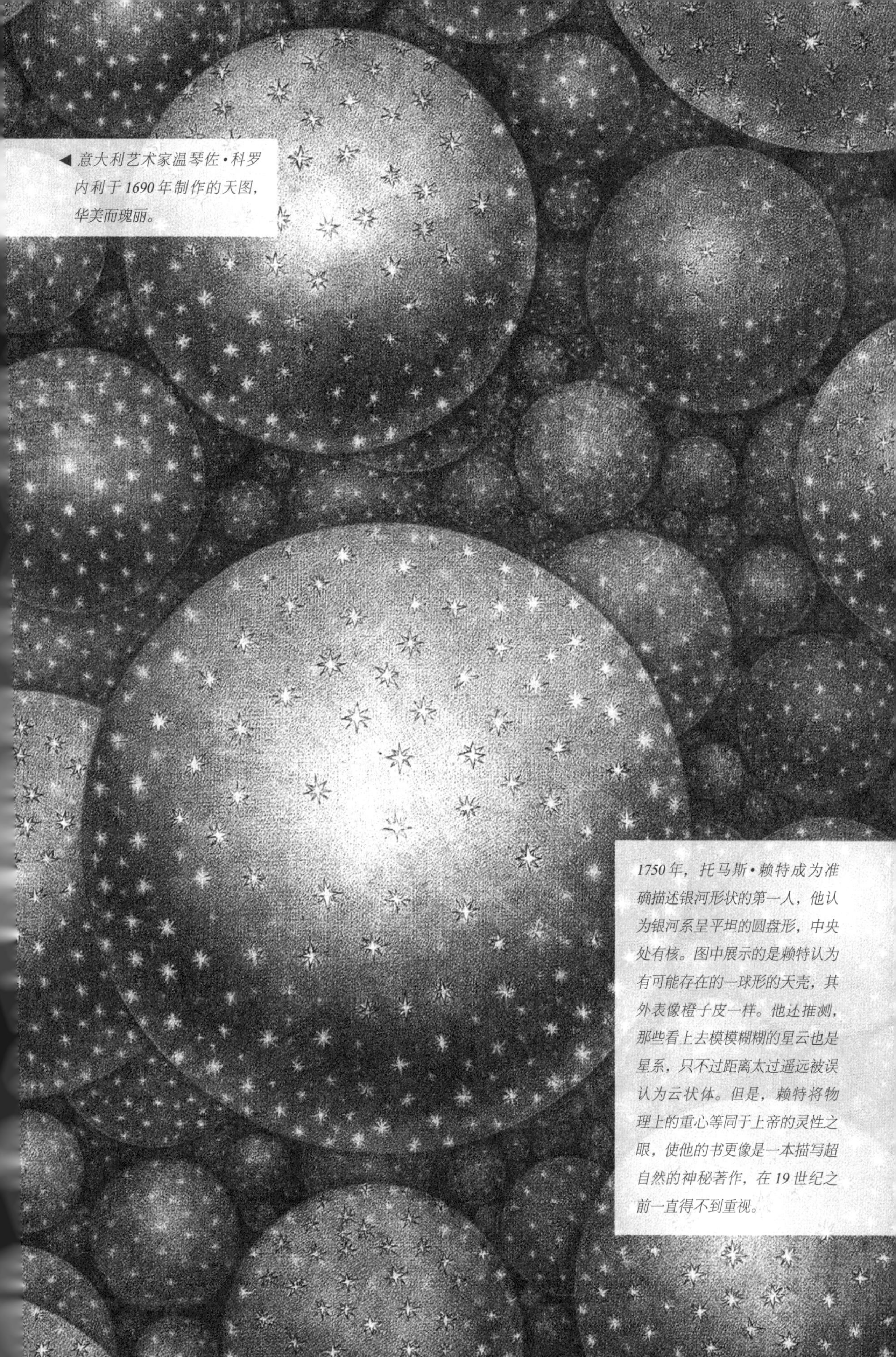

◀ 意大利艺术家温琴佐·科罗内利于1690年制作的天图，华美而瑰丽。

1750年，托马斯·赖特成为准确描述银河形状的第一人，他认为银河系呈平坦的圆盘形，中央处有核。图中展示的是赖特认为有可能存在的一球形的天壳，其外表像橙子皮一样。他还推测，那些看上去模模糊糊的星云也是星系，只不过距离太过遥远被误认为云状体。但是，赖特将物理上的重心等同于上帝的灵性之眼，使他的书更像是一本描写超自然的神秘著作，在19世纪之前一直得不到重视。

哈雷彗星

在埃德蒙·哈雷的反复劝说下，牛顿终于同意将《自然哲学的数学原理》付印出版。牛顿在书中提出，彗星的运动同样也遵循平方反比定律，彗星和行星都是太阳引力的“囚徒”（除非它们有足够快的速度逃逸）。由于彗星比行星的运动速度快得多，它们的运动轨迹应该是个拉长了的椭圆形。这与之前所有的看法都相左，胡克也从根本上认为彗星不受引力影响。1680 年 11 月，人们观测到有一颗彗星向着太阳运行，同年 12 月又出现了一颗远离太阳的彗星，格林尼治天文台的皇家天文学家约翰·弗拉姆斯蒂德提出了一个史无前例的假设——这两颗彗星根本就是同一颗（实际上，的确是同一颗）。然而弗拉姆斯蒂德给出的解释大错特错，他认为彗星先是被拉进了笛卡尔所说的巨大的太阳涡旋，之后像同极相斥的磁铁那样被太阳推出向涡旋外侧运动。但牛顿认为，

▼ *马托伊斯·佐伊特为 1742 年 3—4 月出现的喷着烈焰的彗星绘制的天体模型图*

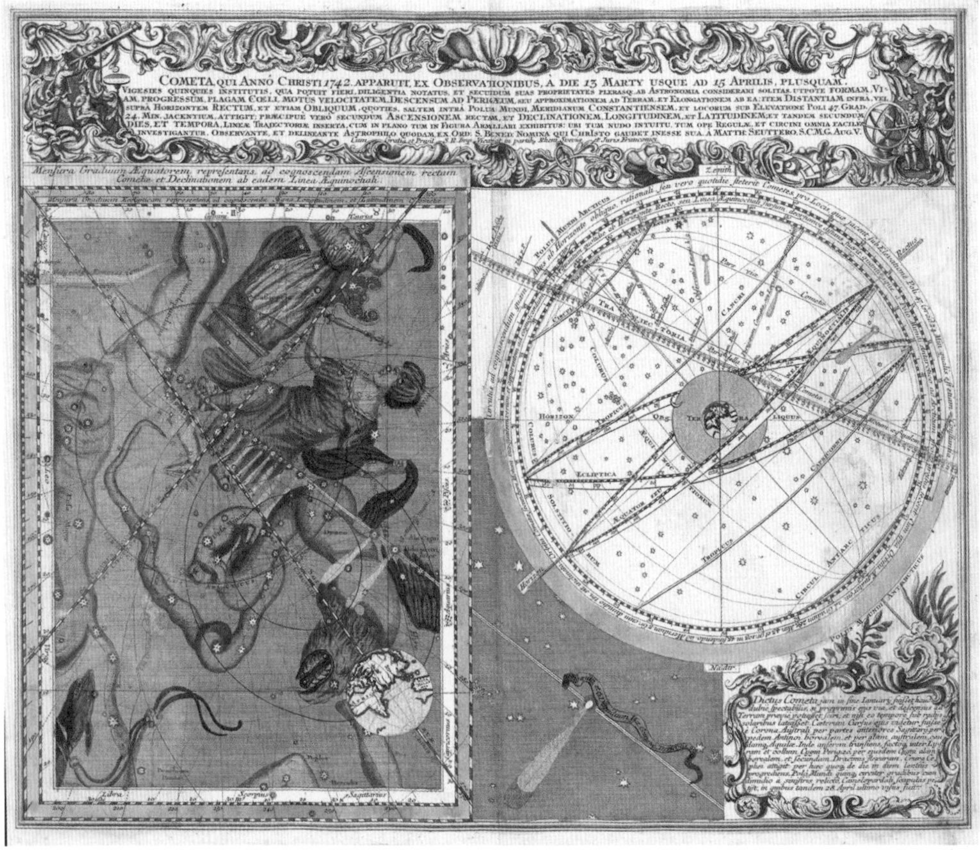

彗星更有可能是绕着太阳“兜了个圈”，也就是说，彗星飞到了太阳的后面，接着沿椭圆路径飞了回来。

有个想法一直萦绕在哈雷心间：一些彗星可能是在椭圆轨道上运行，每隔一段时间造访地球一次。哈雷明白，他只有通过历史记录总结出彗星的运动模式，才有可能证明自己的推测和牛顿的科学理论是对的。于是，

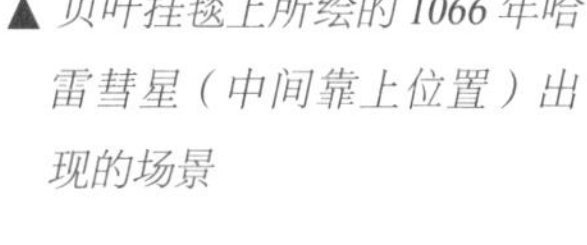

▲ *贝叶挂毯上所绘的1066年哈雷彗星（中间靠上位置）出现的场景*

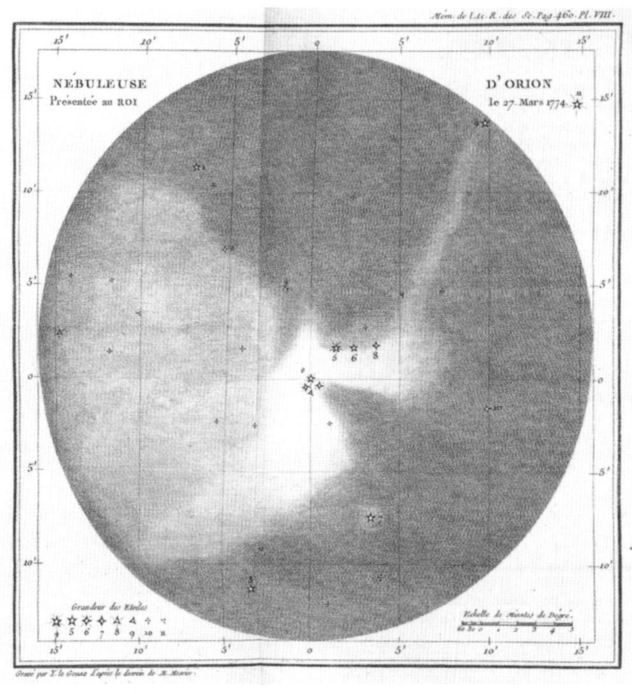

◀ *猎户座星云，夏尔·梅西耶绘制。自1753年起，在巴黎市中心克吕尼酒店摇摇欲坠的屋顶上，法国业余彗星猎人梅西耶拿着4英寸（约10厘米）的望远镜，历经三年，观测并整理了一份收录了一百多颗“深空天体”的星表。虽然梅西耶只是为了避免重复记录，出于无奈才编制了这份星表（他感兴趣的只有彗星而已），他寻找彗星时这些偶然的发现却意义非凡，其中的弥漫星云、行星状星云、疏散星团、球状星团及一些星系都极为壮观。从那以后，人们基于梅西耶的深空天体星表进行了海量的研究。*

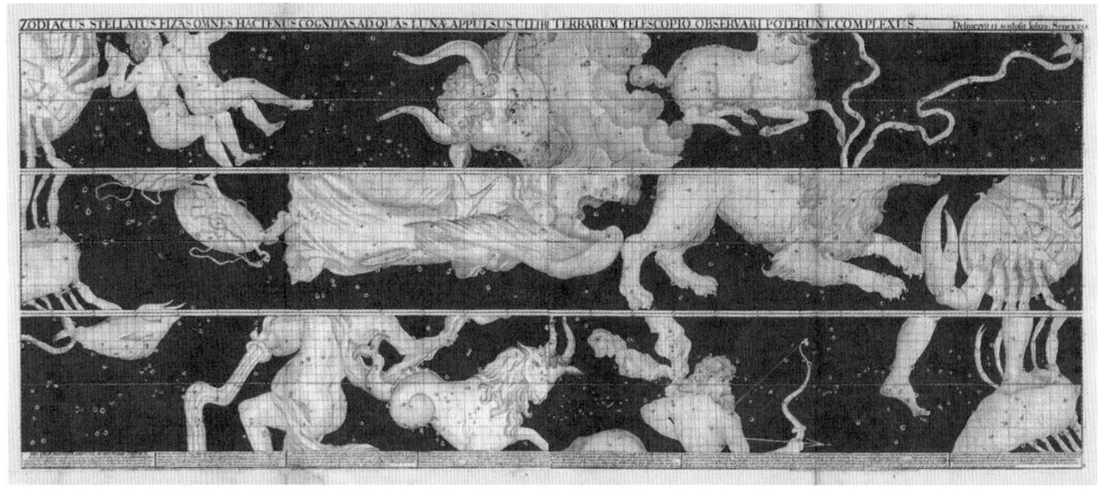

▲《南半球黄道十二宫星图》（1746 年）。这张星图是哈雷根据格林尼治天文台的皇家天文学家约翰·弗拉姆斯蒂德的观测数据绘制的，当时弗拉姆斯蒂德只允许出版他星表中的文字部分。

他着手将几个世纪的观测记录进行汇编，搜寻可能是同一个“宇宙旅行者”的彗星事件。1682 年、1607 年、1531 年的彗星吸引了哈雷的注意力，这三颗彗星的记录中不但都有一段倒退轨迹（指反向远离行星的运动），而且它们之间都隔了 75—76 年。问题是为什么它的回归周期在 75—76 年间摇摆不定，不是一个精确的数字呢？后来哈雷意识到，这可能是因为彗星在运动过程中受到了路径上各行星的影响，但它基本的巡回路线是没有变化

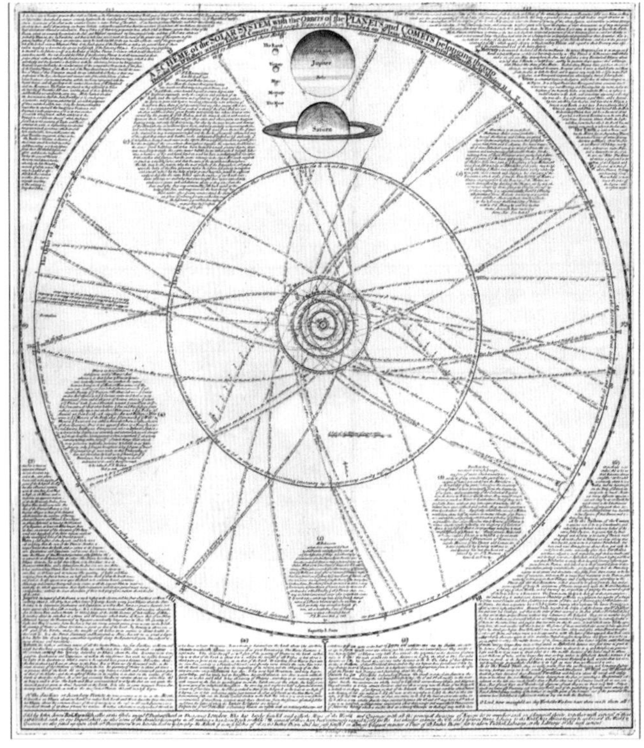

◀《带有行星轨道并附有彗星的太阳系格局图》，由英国神学家威廉·惠斯顿根据哈雷的彗星表绘制。惠斯顿认为大洪水和其他人类历史上出现过的灾难都是彗星带来的，彗星太多了，就像“那么多的地狱，携着永无尽头的沧桑，在酷热和严寒中更替变换，折磨着被判入地狱的灵魂”。

◀ *1750 年，法国天文学家尼古拉路易·德拉卡耶（1713—1762）前往好望角，他在那里编制了南半球第一份综合星表，收录了超过 10 000 颗恒星，并用三角测量法测定了各行星的距离。我们发现后世的多份星图都采纳了德拉卡耶的观测结果，比如图中所示约翰·埃勒特·波德（1747—1826 年）于 1787 年绘制的星表，就收录了德拉卡耶新发现的几个星座，如雕刻家工作室座及气动泵座（当时气动泵刚刚发明不久）。*

的。如果他推测得没错，这颗彗星将在“1758 年年底或翌年年初”再一次出现。

哈雷预测的日期就要来了，想到这个天文预测即将被如此戏剧性的天象证实，人们激动异常[1]，也有些人还抱有一点小小的惊惶，因为他们还是将彗星现世视为不祥的征兆。这一次，彗星会因为无法预计的行星引力影响而迟到吗？毕竟哈雷在预测中考虑的行星引力影响并不全面，他没把彗星刚刚飞离太阳时木星的拉力计算在内。后来，法国天文学家阿列克西·克劳德·克莱罗（1713—1765）发现了哈雷的疏漏，并和妮科尔海娜·勒波特（1723—1788，当时由官方任命的女性天文学家简直

▼ *《北半球天体图》由夏尔·梅西耶绘制，摘自 1760 年的《皇家科学院回忆录》。这也是当时用来识别哈雷彗星的工具天体图。*

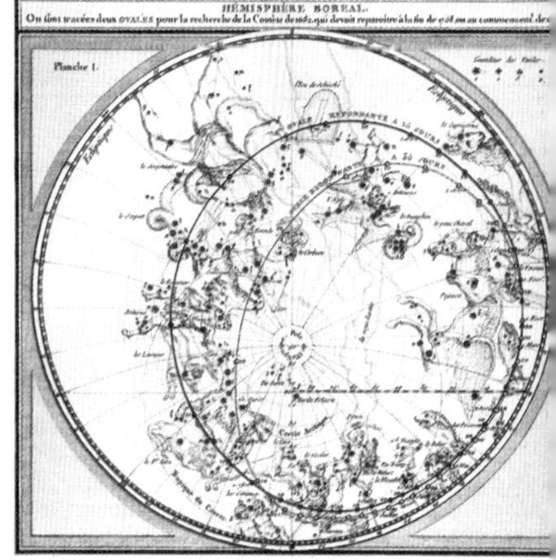

1 注释：1758 年这次人们迎接哈雷彗星回归时的恐慌和 1910 年那次相比，简直是小巫见大巫。1910 年那次彗星回归之所以让人们如此恐慌也是有原因的，先是 1881 年，英国天文学家威廉·哈金斯爵士发现彗尾中含有某种氰化物，然后《时代周刊》在 1910 年 2 月 7 日发布的一则不实消息称，目前哈雷彗星引起了全世界天文学家们的广泛关注，它将从太阳和地球之间穿过，向地球喷射有毒气体。这之后，哈雷彗星的回归就演变成了一场国际恐慌。

是凤毛麟角，妮科尔海娜·勒波特是其中之一）、热罗姆·拉朗德（1732—1807）一起优化了哈雷的计算，进一步提高了彗星回归时间计算的精确度，预测彗星将在 1759 年 4 月通过近日点（即天体在运动轨道上与太阳距离最近的点）。事实证明，哈雷和法国天文学家们的预测都是对的：1758 年圣诞节那天，德国农场主、天文学家约翰·格奥尔格·帕利奇（1723—1788）率先看到了这颗彗星。哈雷彗星最终在 1759 年 3 月 13 日通过了近日点。木星和土星的引力最终让彗星迟到了 618 天。这颗彗星，与 1531 年彼

▼（P154—155）手绘印度南、北天星图（约 1780 年），绘于拉贾斯坦邦。星图中，托勒密列出的古代星座以金箔装饰。印度受托勒密地心说天文学的影响特别久远，即便是在 17 世纪欧洲科学革命之后，地心说天文学在很长一段时间内仍占据着主流地位。这份星图手稿是 19 世纪晚期，为风靡印度的占星术服务而绘制。

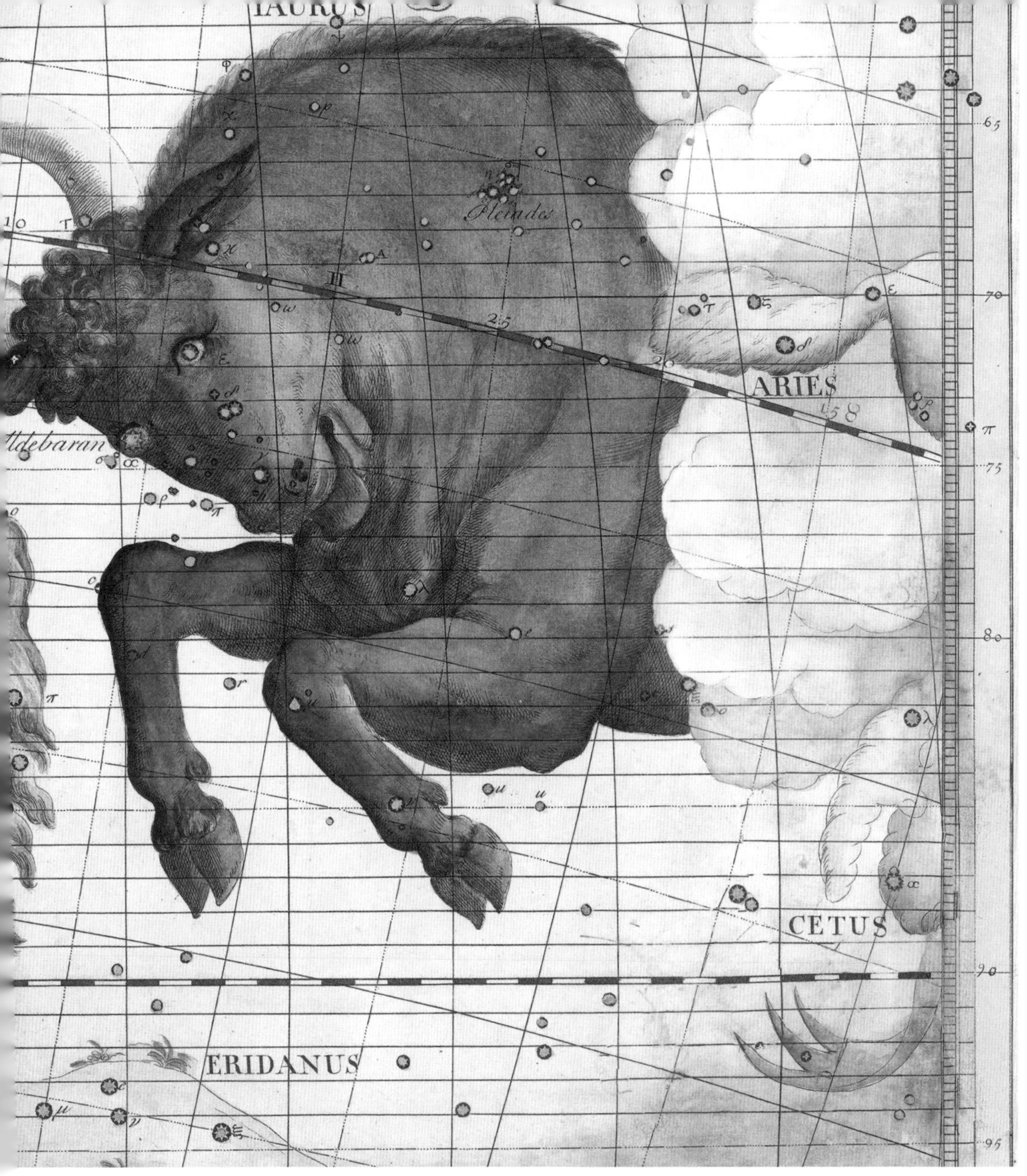

得鲁斯·阿皮亚努斯记录过的彗星、1607年开普勒观测到的彗星、公元前164年巴比伦天文学家观测到的彗星、公元前240年中国天文学家记录的彗星，实际上是同一颗。1705年《彗星天文学论说》出版，在书中，哈雷首次证明了彗星的出现可能是周期性的。可惜的是，1742年哈雷就去世了，没来得及亲眼见证他预测的彗星回归这一壮观景象的到来。彗星的回归也意味着哈雷的计算结果和牛顿的定律都得到了证实。

▲ *1729年出版的约翰·弗拉姆斯蒂德的《弗拉姆斯蒂德星图》，是有史以来最美丽的星图集之一。图中弗拉姆斯蒂德描绘的是金牛座和猎户座。*

近代的天空

18 世纪中叶，埃德蒙·哈雷对彗星的成功预测（详见第 148 页“哈雷彗星”），让越来越多的人接受了牛顿的科学体系。借助功能日益强大的望远镜，人们对天体的精确定位和分类的执着已经到达了巅峰。进入 19 世纪，随着化学、物理学、数学和地理学的蓬勃发展，人们掌握的地球成分结构的信息越来越多，人们又迷上了一个新的研究方向：研究恒星、彗星、行星的成分构成。但天体离我们那么遥远，碰都碰不到，该怎么检验呢？

THE MODERN SKY

“人类运用五感探索其身处的宇宙，并称这场冒险为科学。”

——埃德温·哈勃

Dodd delin.
System of the Interior, or Empyrean Heaven,
Shewing the fall of Lucifer.
Prattent sculp.

◀ *天空到底是什么样子的？在科学源源不断地给出精确答案的同时，神秘学理论依然保持住了人气。占星师埃比尼泽·西布利在他1794年出版的天图《天空内部（或称净火天）体系图及路西法的堕落》中提出了另一种观点。*

研究这个方向所需的全部数据，或者说可能出现的全部数据，都是由光带来的。光谱学的创立使得人们能够将复色光通过棱镜色散成不同波长的单色光，进而对发光物体的化学成分进行识别。这最终引发了一场关于天空的科学革命，也给天文学带了一个新的分支——天体物理学。威廉·赫歇尔——这位18世纪晚期赫赫有名的人物，他的许多重大成就的取得，都依赖于他音乐家的素养，而非天文学家的素养。他在研究宇宙恒星光谱这个星光的大和声中扮演的角色，如同乐器在演奏中不可或缺一样至关重要。其中巧合可谓是如诗如歌。

◀ *19世纪的蒙古占星术手抄本，该抄本中绘有数十幅佛教僧侣用来计算吉日和预测天文事件的图表。整部抄本以藏语写成，行文上与佛教宇宙论中的重要著作《时轮金刚》（1024年）采用的范式基本一致。*

《北极光》，弗雷德里克·丘奇绘制，1865年。时值美国南北战争期间，这幅画实际上暗指人们普遍认为南部邦联因为拥护奴隶制引发了上帝怒火。极光一方面是上帝之怒的预兆，另一方面也预示了北方联邦胜利的重大意义。

威廉·赫歇尔和卡罗琳·赫歇尔

威廉·赫歇尔（1738—1822）被誉为史上最伟大的天文学家之一，不过在取得伟大的天文成就之前，他只是个德国难民。英法七年战争爆发后，赫歇尔的家乡汉诺威（属于英国普鲁士联盟阵营）被法国占领，他逃往英国。作为一名训练有素的乐师，他得到了巴斯八角教堂管风琴演奏师的差事。有了稳定的收入，发展他的兴趣爱好也有了资金保障。赫歇尔如饥似渴地读了很多书，在研读过罗伯特·史密斯的《完整的光学系统》（1738年）和《运用艾萨克·牛顿爵士的原理解释天文学》（1756年，这本书有助于非专业读者更好地理解）之

◀ 威廉·赫歇尔和卡罗琳·赫歇尔制作望远镜的反光镜。

▲ *NGC 2683 旋涡星系，因其形状酷似飞碟，还有个绰号叫"UFO 星系"。1788 年 2 月 5 日，威廉·赫歇尔在天猫座的北部发现了它。（顺便提一句，天猫座其实并不是因为形状像猫科动物而得名，而是因为需要猫一样敏锐的眼睛才能辨认出它黯淡的光芒。）*

后，天文学成了他的最爱。他渴望亲眼看看书中提到的那些景象，还有那些藏在宇宙更深、更远处的景色。于是，他开始动手制造反射望远镜。由于当时主流却昂贵的折射式望远镜透镜满足不了他的需求，赫歇尔转而用曲面反射镜来搭建自己的反射望远镜模型。

他自己磨镜片、抛光[1]，赫歇尔终于在 1774 年 3 月 4 日造好了望远镜，可以和妹妹卡罗琳·赫歇尔（1750—1848）一起，用他 5.5 英尺（约 1.67 米）焦距天文望远镜观测猎户座星云。赫歇尔在日记里写到，他注意到猎户座星云的形状和罗伯特·史密斯给出的图示有明显不同。当时人们观测星云，一般只能看到一团淡淡的乳状物（星云的英文"nebula"是从拉丁语"迷雾"演化而来）。尽管人们认为星云可能是由一种发光的、缥缈的流质构成（用埃德蒙·哈雷的话就是"闪耀着内在光芒"），但对星云的组成成分，并没有什么实质性的发现。"毫无疑问，在群星中它们变换了形状"，发现星云可以变形让他大受鼓舞，去更努力地揭开星云变形的秘密，并搞清兄妹二人在夜间观测中发现的其他现象。

1781 年，赫歇尔的反射望远镜焦距已经升级到了 7 英尺（约 2.1 米）。在一次对双子座的日常观测中，赫歇尔注意到，一个之前一直被认为是恒星的天体实际上是

---

1 注释：赫歇尔共制造了 400 多台望远镜，所有的反射镜都是他用一个烧木头和煤炭的火炉，亲自铸造的。他的铸模材料有些奇特。经过反复试验后，赫歇尔发现最好的铸模材料居然是捣实的马粪。更令人难以置信的是，这种马粪铸模竟然一直沿用到了 20 世纪。由巴黎圣戈班玻璃厂为威尔逊山天文台生产的 100 英寸胡克望远镜（1917 年完工），在制作过程中还使用了这种铸模技术。

▲ 这张1825年的星图上有一个幽灵星座——反射望远镜座（图中天猫座下方的望远镜）。由天文学家马克西米利安·黑尔为纪念赫歇尔发现天王星而命名，但该名称19世纪后便不再使用了。

个“宇宙漫游者”。这就是天王星的发现过程，赫歇尔也成了史上第一位发现新行星的人。起初，赫歇尔认为这是一颗彗星，于是他通知了皇家天文学家内维尔·马斯基林，但马斯基林的望远镜不够先进，没办法观测到这个天体。后来，俄国学者安德斯·约翰·莱克塞尔确认了这是一颗行星。一开始，赫歇尔用国王乔治三世的名字将它命名为“乔治星”，但天王星这个名字已经传开了，这让赫歇尔懊恼不已。（后来，约翰·波得发现约翰·弗拉姆斯蒂德早在1690年就观测过这个天体，1756年托比亚斯·迈耶也标记过这颗星体，但他们都认为这是一颗恒星。）天王星的发现让赫歇尔成为御用天文学家。有了丰厚的职位津贴和制造望远镜的收入，赫歇尔兄妹终于可以全身心地投入到巡天观测的事业中了。

1781年晚些时候，赫歇尔又装备上了口径18英寸（约45厘米）、长20英尺（约6米）的巨型反射望远镜。他将工作重心转移到星云上，开始在英国可见的整片天空中寻找星云。当时他使用的是夏尔·梅西耶的星表（参见第149页图），星表收录星云、星团和星系一共68个。在

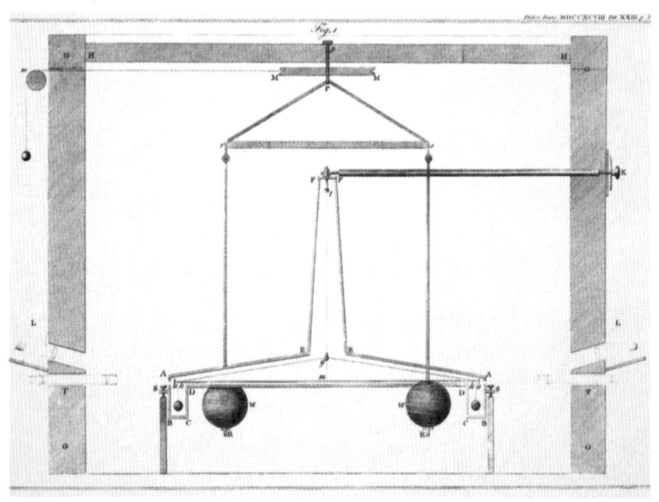

◀ *1766年，亨利·卡文迪许发现了氢气，并称之为“可燃空气”。他最著名的成就应该是发表了测定地球密度的实验，这里展示的是卡文迪许在实验中所用器材的示意图。卡文迪许改进了他的好友约翰·米歇尔设计的扭秤，做了著名的扭秤实验。顺便说一下，米歇尔也不是什么无名之辈，他最辉煌的成就是1783年从理论上证明了黑洞的存在。米歇尔称黑洞为“黑色恒星”，认为它的直径是太阳直径的500倍，这颗“恒星”质量太大了，导致它的引力大到连光都没办法逃脱，从而使黑洞从视觉上不可见。*

接下来的20年，赫歇尔兄妹用他们探空能力极强的望远镜，系统地巡视了每一寸天空。1789年，他们再一次把设备升级成40英尺（约12米）长天文望远镜。

比起威廉·赫歇尔的辉煌功绩，卡罗琳·赫歇尔及她做出的贡献往往被人们忽略了。实际上，卡罗琳·赫歇尔是世界上第一位发现彗星的女性，在与兄长一起观天的整个生涯中，她还发现了2400多个天体。如果你了解卡罗琳早年的不幸遭遇，你一定会更加认同她的了不起。因为童年的一场斑疹伤寒，卡罗琳的一只眼睛失明，她的身高也只有4英尺3英寸（约1.3米）。在那个禁止女性学习数学的年代，她工作时不得不反复查询乘法表。一开始，她只是帮哥哥做记录，后来她觉得约翰·弗拉姆斯蒂德那种按星座编目的星表使用起来并不是很方便，于是她按照各恒星的北极距编制了一份星表，并称这份星表为“照看天穹”。为了核实星表的准确性，卡罗琳还做了巡天观测。1783年2月26日，她发现了一个梅西耶星表上没有的星云；同年，她又发现了两个。赫歇尔看到妹妹接二连三的新发现，马上接手了星云的研究工作。卡罗琳虽然不太情愿，也只好退一步帮哥哥记录观测结果。她写道：“直到那一年的最后两个月，我才从深深的失落感中走出来了一点。那之前，我甚至不知道每到能看见星光的夜晚，就在那么一小块要么满是夜露、要么布满寒霜的草地上待一整夜有什么意义，周围甚至都找

▼ *星云示意图，威廉·赫歇尔绘制。*

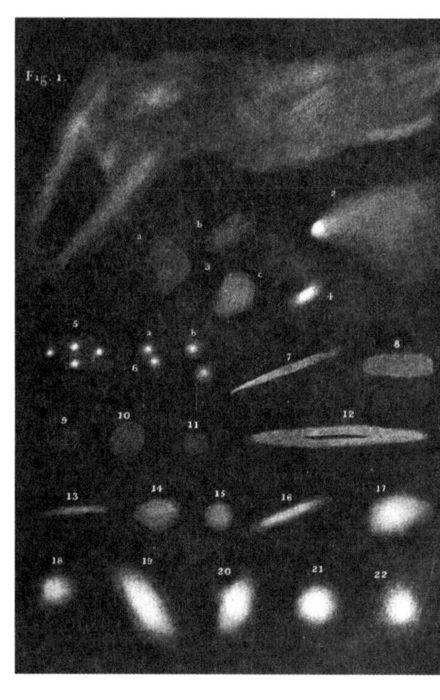

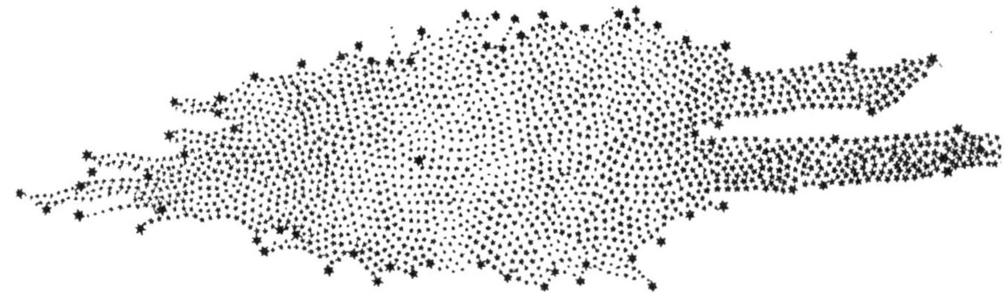

▲威廉·赫歇尔绘制的银河系略图，银河系中央的那颗大星星标示的就是太阳系。

不到一个活人。”

1786—1797 年，卡罗琳发现了 8 颗彗星，并将关于其中 5 颗的文章发表在英国皇家学会的期刊上。前 7 颗彗星卡罗琳都是用哥哥为她造的望远镜发现的，而第 8 颗彗星是她在 1797 年 8 月 6 日用肉眼发现的。发现这颗彗星后，她马上骑马赶到了约 30 英里（约 48 千米）外的格林尼治天文台，通知了皇家天文学家内维尔·马斯基林。因此，她获得了皇家天文学会为她颁发的金质奖章和普鲁士国王颁发的科学领域金质奖章，成为皇家天文学会荣誉会员和爱尔兰皇家科学院荣誉会员。她是第一位因为在科学事业上做出贡献而领受薪水的女性，要知道当时因为这个原因受聘的男性都极少。难得的是，我们至今仍在使用卡罗琳编制的两个星表。为了纪念她，人们将月球表面雨海西边的环形山命名为 C. 赫歇尔环形山。

1802 年，赫歇尔兄妹记录的星云数量已经超过了梅西耶星表中的数量，达到了令人惊叹的 2500 个。他们 1820 年出版的星表甚至收录了 5000 个星云。可是天上这一团团发着光的“迷雾”究竟是由什么组成的呢？见识过人的赫歇尔，笃定地认为其中一部分颜色黯淡、深浅不一的星云是密集的星团，其他那些颜色更加浅白的才是真正的由发光流质构成的星云。1784 年 6 月，英国皇家学会发表了他的这个理论，但赫歇尔马上就意识到自己错了：呈浅白色乳状的星云只是因为离我们更远而已，所有的星云都是星团。

1785 年，赫歇尔在《论天空的构造》中阐释了他关于恒星系及其起源的新构想。他认为，天体最初是分散的，在万有引力的影响下逐渐聚集在一起成为星体。这个观点和后来法国天文学家皮埃尔—西蒙·拉普拉斯侯

▶ 1821 年的中国天图，同时展示了欧洲的黄道坐标系和中国的赤道坐标系。各恒星的位置以诗句的形式记录在天图的底部。

爵（1749—1827）在《宇宙体系论》（1796 年）中的结论完美契合。拉普拉斯的宇宙起源理念是，一个巨大的星云绕着太阳打转，恒星和行星都是从这个星云旋涡中凝结而成的。（拉普拉斯的“星云假说”还解释了为什么行星围绕太阳的运动总是朝着同一个方向。）1790 年，赫歇尔在观测中看见了“一个最奇特的现象”——一颗亮星的周围有隐隐发光的气体，这使他重新审视并提炼了自己关于星云状物质的观点。赫歇尔认为，他目睹了一颗恒星从一团云状漫射星云物质中凝结、诞生的过程。于是，赫歇尔修改了他的星系理念，重新介绍了与星云状物质有关的内容。他以前认为猎户座星云极为遥远，远在我们的星系之外（实际上，猎户座星云比银河系大得多），因此我们根本不可能看到星云中的恒星，现在他将猎户座星云重新定位于银河系中。于是他认为，银河系现在可以说是一个“最闪耀、无可比拟、广袤无垠的星系”了。

▲ *威廉·赫歇尔的 20 英尺（约 6 米）长反射望远镜*

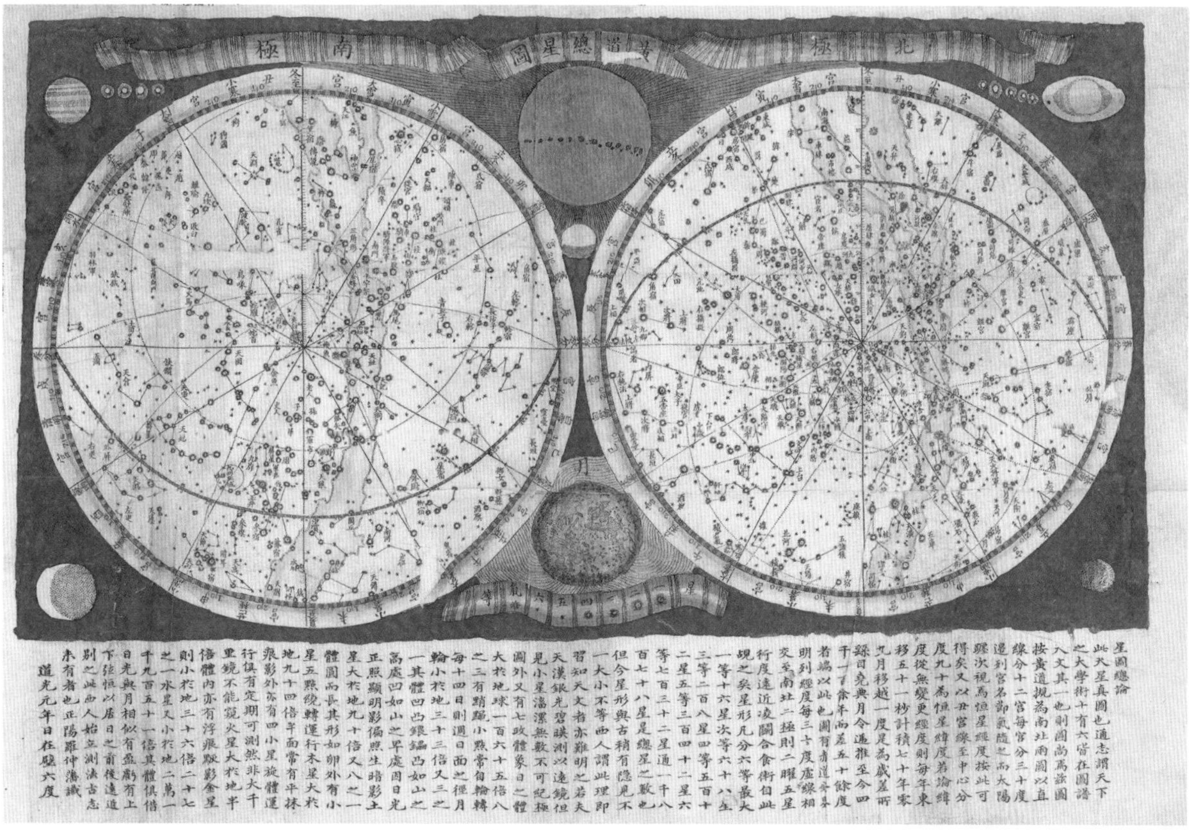

“就叫它们小行星吧！”

◀ 杰西·拉姆斯登和他的刻度划分机，背后是他为巴勒莫天文台制作的大圆。

在妹妹卡罗琳的帮助下，威廉·赫歇尔的发现越来越多。凭着他那无与伦比的望远镜，赫歇尔发现了土星的两颗卫星——土卫一和土卫二，以及天王星最大的两颗卫星——天卫三和天卫四。（这四颗星都是在赫歇尔去世以后，由他的儿子约翰·赫歇尔命名的。）他还测量了火星的轴倾角，并发现火星极地冰冠面积会随着火星季节更替变化。火星极地冰冠由乔瓦尼·多梅尼科·卡西尼在1666年首次观测到，克里斯蒂安·惠更斯在1672年再次观测到该现象。此外，赫歇尔在自己的棱镜分光实验中，对各种单色光的温度进行了测量，并取得了一项令人震惊的发现——实验测得的最高温度竟然出现在光谱中红色区域以外，那里明明什么颜色都没有，这个区域的光就是后来对光谱学至关重要的一种辐射——红外线。

▼ 天文学家朱塞普·皮亚齐

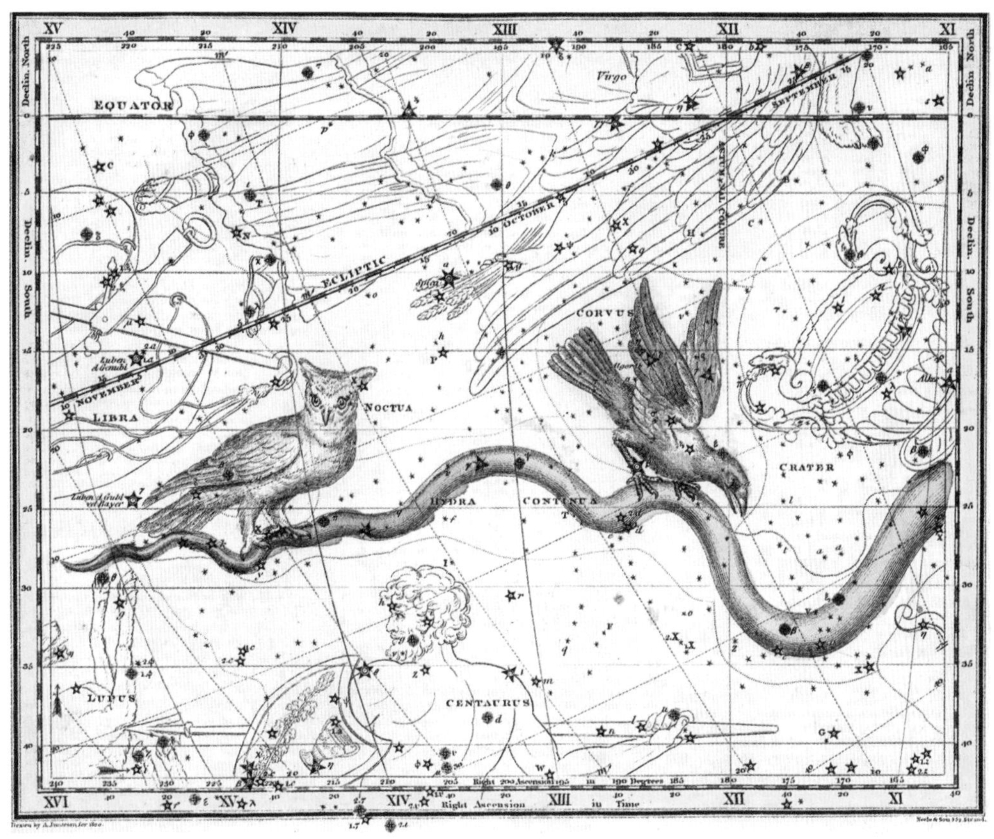

▲ *亚历山大·贾米森在他 1822 年的星座图集《天体图》中，将猫头鹰座画成了一个猫头鹰的形象，该星座现已淘汰不再使用。《天体图》中只收录了肉眼可见天体。*

作为欧洲首屈一指的天文观测设备制造商，赫歇尔的地位无人能及。与此同时，科学仪器的制造技术也在飞速发展。欧洲大陆出现了第一批先进的“刻度划分机”，制造商使用这种设备可以把科学仪器上的刻度（即测量标尺）划分得特别精细，让使用者可以大大提高观测记录的精确程度。1789 年，数学家、大发明家杰西·拉姆斯登（1735—1800）和他的生产车间在伦敦，按照欧洲最南端的天文台——意大利西西里岛的巴勒莫天文台的特殊要求制造了一台“刻度划分机”。这台仪器独创性地采用了一个垂直放置的轮，并在轮的中心位置背靠背装了两个显示盘来测量地平纬度。该设备一经运抵巴勒莫天文台，意大利天主教神父朱塞普·皮亚齐（1746—1826）就立即着手开始编制他自己的星表。

19 世纪初，皮亚齐在这个“巴勒莫大圆”的帮助下，以前所未有的精确度记录了差不多 8000 颗恒星。而 1801 年 1 月 1 日这天，他发现了一件奇怪的事情，他前一天晚上

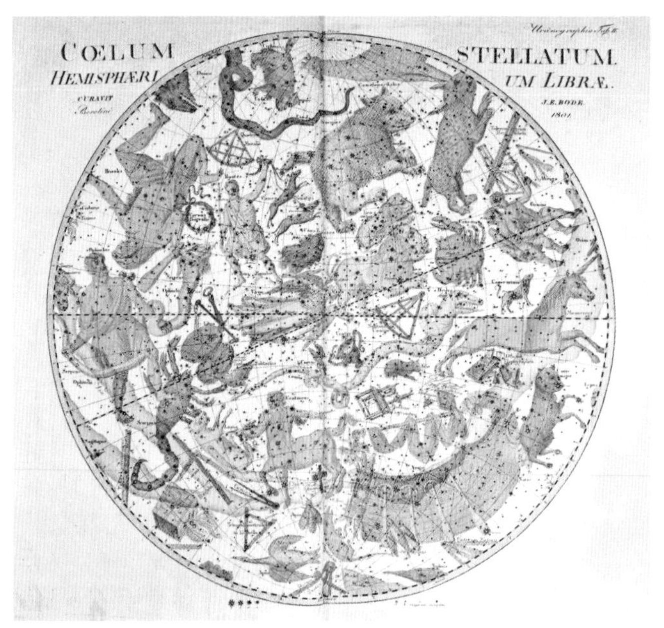

◀《波德星图》由约翰·埃勒特·波德绘于1801年。《波德星图》是有史以来人们第一次尝试将肉眼可见的全部约15000颗恒星尽数呈现的星图集，也是最后一批在保证天文学专业性的同时还能兼顾艺术性的天体图杰作之一。

刚刚记录过的一颗恒星的位置变了。接下来的几天晚上，他核对了这颗星体的位置，确认它确实发生了位移。皮亚齐意识到这个天体就在太阳系范围内，很有可能是一颗新行星。这个天体的位置无疑是符合"波德定则"（这是18世纪由约翰·埃勒特·波德提出的假设，认为行星的平均轨道半径满足一个特定的序列关系）的。开普勒之前就发现火星和木星之间的距离太远了，不符合波德定则，因此确信它们之间一定还有一颗行星，只是尚未被人发现。开普勒相信上帝对宇宙的排布是符合完美几何关系的，而这颗行星就是其中的隐藏部分。之前赫歇尔发现的天王星就恰好符合波德定则——它刚好在波德预测的土星之外的下一颗行星的位置上。于是，人们认为皮亚齐发现的很可能就是那颗火星和土星之间神出鬼没、让人难以搜寻的行星。皮亚齐最初建议用罗马神话中的谷物女神、西西里国王斐迪南的名字将这颗行星命名为切雷雷·费迪南德娅，但未能如愿。

后来，人们将这个天体称为谷神星，它曾跻身于天文学界的行星行列长达半个世纪之久。后来，赫歇尔发现谷神星太小了，明显比地球的卫星——月球小得多，小到甚至连形状都难以分辨。1802年3月28日，海因里希·奥

▶ 室女座，图摘自《乌拉尼亚之镜》。

尔贝斯发现了一颗类似谷神星的小型天体也在运动，这颗“行星”被称作智神星。赫歇尔再次发现智神星的体积也非常小。于是他建议改用一个新术语来形容这类天体：小行星，字面意思是类似恒星的天体（小行星“asteroid”一词起源于希腊语中的“asteroeides”，“aster”意为恒星，“-eidos”意为形式、形状）。

▲《乌拉尼亚之镜》的封面图。《乌拉尼亚之镜》是根据亚历山大·贾米森的研究成果绘制的天文图集，1824 年出版。

谷神星和智神星的存在让波德定则经受了不少质疑，为了给大美至简的波德定则正名，奥尔贝斯提出，在很久以前火星和木星之间曾经有过一颗行星，而谷神星和智神星可能就是这颗行星毁灭后残存的碎片。在此之后，人们又发现了一些类似的小型天体，奥尔贝斯的幽灵行星理论越来越受青睐。随着时间推移，人们新发现的小行星越来越多（19 世纪 50 年代，“小行星”一词已经成为指代小型行星的标准术语）。直到 19 世纪晚期，人们终于明确，就算这些小型天体确实全部是由同一颗质量更大的天体解体而产生的，那颗原始天体也比月球小得多，肯定不能算是行星。

▲上图：关于如何解释交食现象和黄道十二宫的说明

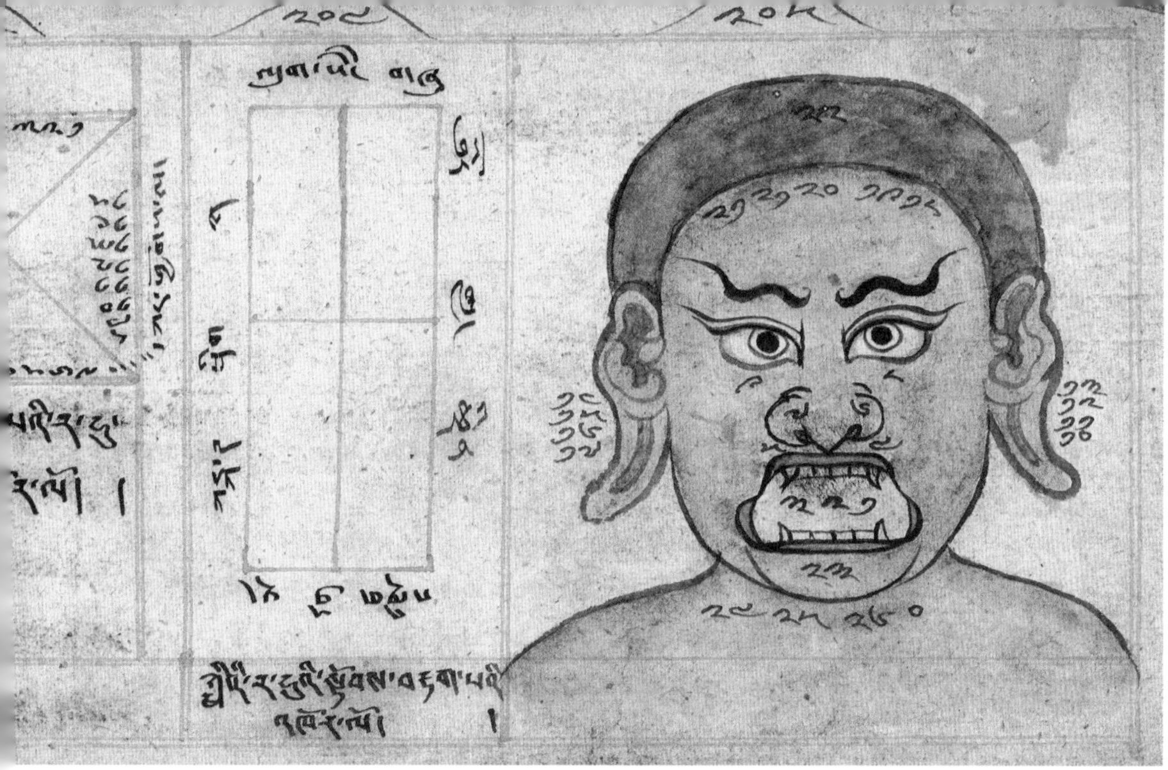

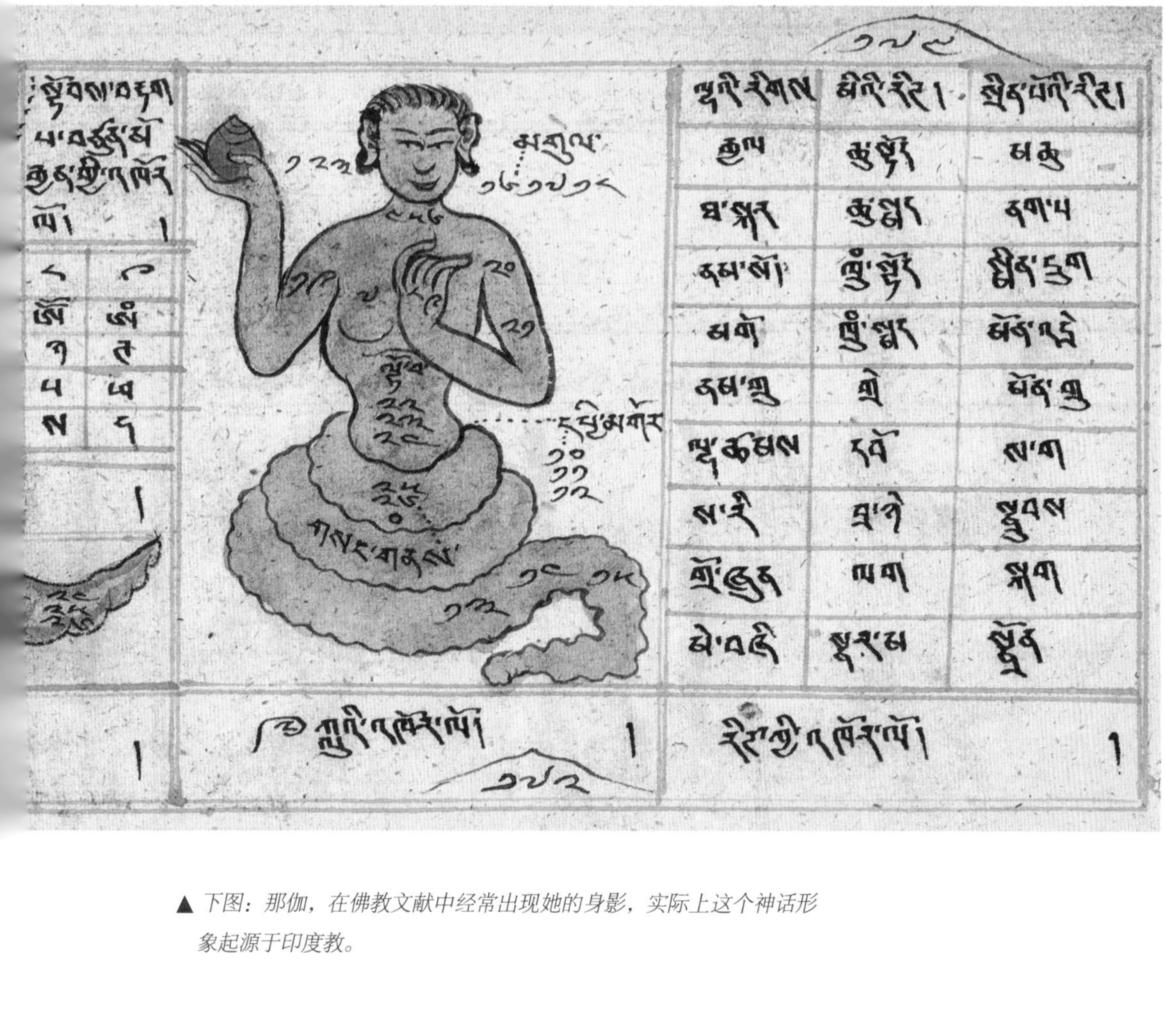

▲ 下图：那伽，在佛教文献中经常出现她的身影，实际上这个神话形象起源于印度教。

约翰·赫歇尔和“月球大骗局”

◀“人蝠”画像，摘自1836年出版的《月球上的发现……》。

1835年8月25日，纽约《太阳报》刊登了一篇文章，报道了威廉·赫歇尔的儿子、著名天文学家约翰·赫歇尔（1792—1871）最新的天文发现，让读者们大为震惊。1833年，约翰·赫歇尔离开伦敦前往开普敦，那里有一台21英尺（约6.4米）长望远镜。他准备留在那里研究南天，并观测哈雷彗星的回归。《太阳报》称，当小赫歇尔将他那台极具探空威力的望远镜对准月球时，取得了一项了不起的发现。《太阳报》引用了小赫歇尔的助手安德鲁·格兰特博士在一篇报告中的句子：“他现在能看清月球上的物体了，确认无疑地解决了月球上是否有居民及月球上究竟遵从怎样的秩序的问题。”

随后，《太阳报》记者理查德·亚当斯·洛克又撰写

▲ *约翰·赫歇尔爵士在他位于好望角的天文台中发现的月球上的动物和其他东西。这张图是从1835年《爱丁堡科学期刊》刊登的一幅素描复制过来的。*

了至少六篇文章，一点一点地透露了小赫歇尔在月球上看到的越来越复杂的景致和外星生命，这或许就是历史上最著名的媒体骗局了。读者起先是被第一篇文章中提及的巨大的玄武岩层和其上覆盖着的红色花朵勾起了兴趣。在第二篇文章中，出现了多姿多彩的野生动物：有点像野牛的棕色四足动物，带点儿蓝色的铅黄色山羊，在卵石滩上飞快地滚来滚去的奇怪的球状两栖生物。第三篇文章描写了两足海狸，它们怀里抱着幼崽，住的小屋里冒出缕缕青烟，应该是已经掌握了生火技术。第四篇则直接宣告了月球上存在蝙蝠人，或者叫“人蝠”。据说，小赫歇尔经常看到这个类人物种互相进行深入而理性的交谈。但是，“它们的一些娱乐活动可能不是太符合地球上的礼仪和体统”。第五篇文章报道了一个已经废弃了的用蓝宝石建造的神庙。第六篇文章又披露了更多关于人蝠的细节。最后，洛克告诉读者，由于太阳的光线照进了小赫歇尔的镜头引起一场大火，把他的天文台烧成了废墟，圆满地完成了这个大骗局。

小赫歇尔先生在月球上的其他发现，1836年。

根据小赫歇尔的月球发现而想象
出的月球观光之旅的返航景象

◀ 人们想象中月球人的消遣，包括打猎及互相编头发。

小赫歇尔的确是去了开普敦，但是《太阳报》报道的这位助手安德鲁·格兰特博士完全是虚构的。所有的报道都是洛克为了增加报纸销量（他成功了）而凭空捏造的。但他也借此狠狠地嘲讽了一把那时风行的怪异的天文学理论，这其中就包括慕尼黑大学天文学教授弗朗茨·冯·葆拉·格鲁伊图森的理论。在格鲁伊图森发表于1824年题为“发现了许多月球居民的明显痕迹及其中一座庞大建筑”的一篇论文中，他声称看到了月球上颜色丰富多变的景象，可能是植被，也有可能是墙壁、道路、防御工事和城市的迹象。被称为“基督教思想家”、尊敬的托马斯·迪克牧师提出过一项怪异理论，他竟然声称通过计算得出太阳系内大约有21.9万亿居民，其中月球上的人口大约有420万的结论。迪克的理论风靡一时，他甚至认为拉尔夫·沃尔多·艾默生也是他的拥趸。

人类曾想方设法希望向月球上或是宇宙其他地方的外星生命发送信号，比如在地球表面绘制巨大的几何图形（就像秘鲁南部的纳斯卡线条那样）之类十分华丽的想法。1820年，德国数学家卡尔·弗里德里希·高斯提议，在广袤的西伯利亚冰原，用树木摆出勾股定理的几何证明。当然，为了让月球上的生物能够轻松看到，这个几何证明一定要摆得非常之大。无独有偶，据报道，1840年，奥地利天文学家约瑟夫•冯•利特鲁也提出过类似想法，但形式上又有些许不同。他提议在撒哈拉沙漠中挖一条巨大的圆形沟渠，灌满煤油然后点燃。这两个想法最终都没有实现，或许这并不是意料之外的事。

▲ *约翰•赫歇尔，1867年*

不过，威廉•赫歇尔确实曾在研究中指出月球上存在生命，而洛克极有可能玩的就是这个梗。我们知道，威廉•赫歇尔的伟大成就令人十分钦佩，但18世纪晚期他也的确研究过貌似合理的“多个世界”理论，还在月球上搜寻过生命的迹象（详见第160页“威廉•赫歇尔和卡罗琳•赫歇尔”）。在和他的一位朋友的往来信件中，威廉•赫歇尔声称已经找到了月球上的生命迹象，他看见了月球表面有一些突起的环形结构（我们现在知道这是小行星撞击月球后形成的环形山），并认为这是一种巨大的环形广场式建筑。在他看来，这种能最大限度收集阳光的建筑形式简直无可挑剔：

> 在这种形状的建筑物里，阳光可以直射进一半的区域，而太阳的反射光会照亮另外一半。那么是不是有可能，月球上的每个环形广场就是一座城镇呢？……如果这是真的，我们根本不必去寻找任何新的、小型的环形广场，因为月球人很可能会在地球上也照样建造一座新的城镇。只需稍加思考，我便几乎可以确信，我们在月球上看到的无以计数的小环形广场，就是月球居民的杰作，或许可以称作他们的城镇……

不仅如此，1795年的《皇家学会哲学会刊》还透露过，威廉•赫歇尔不但相信月球上存在生命，他还认为所有的天体都有可能存在外星生命，甚至包括太阳：

> 太阳……看上去就是一个非常惹眼的巨大、清澈透明的行星，它显然是我们这个星系中的第一颗，严格意义上说应该是我们星系唯一的原始行星……它和太阳系其他星体很像……这不禁让我们推测太阳上最可能有生命体存在……它们的器官必然已经适应了这颗巨大星球的特殊环境。

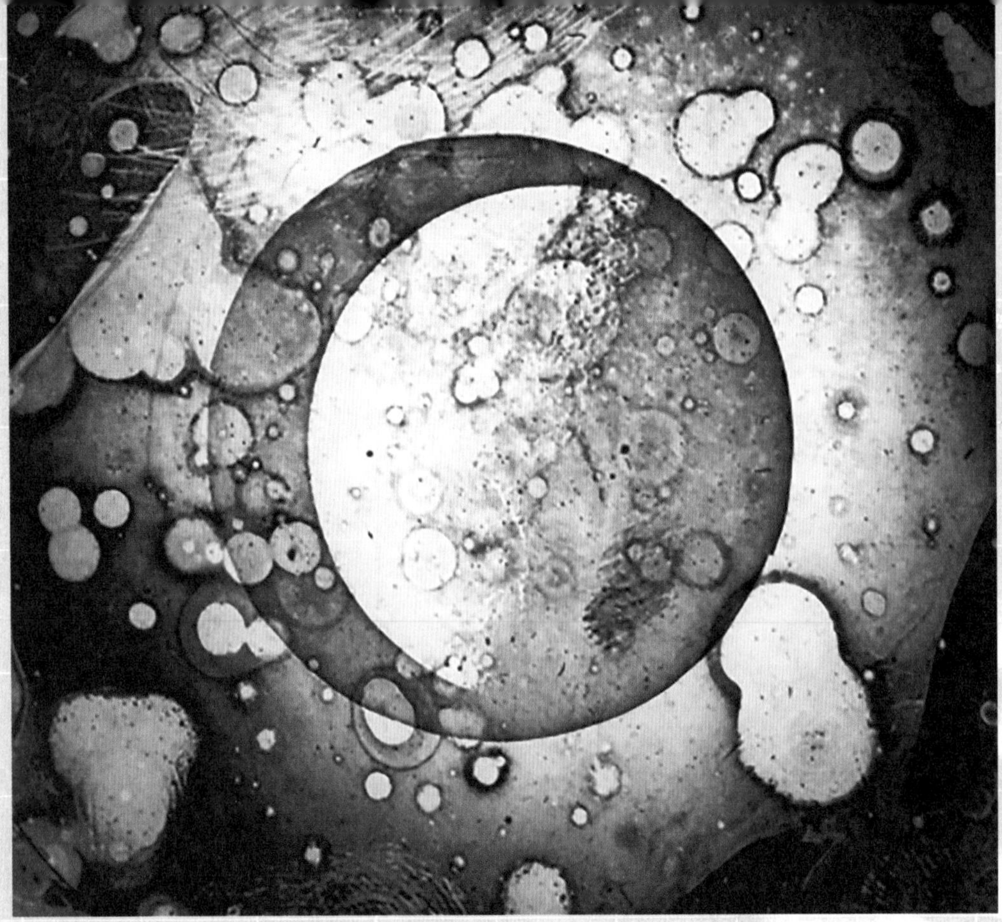

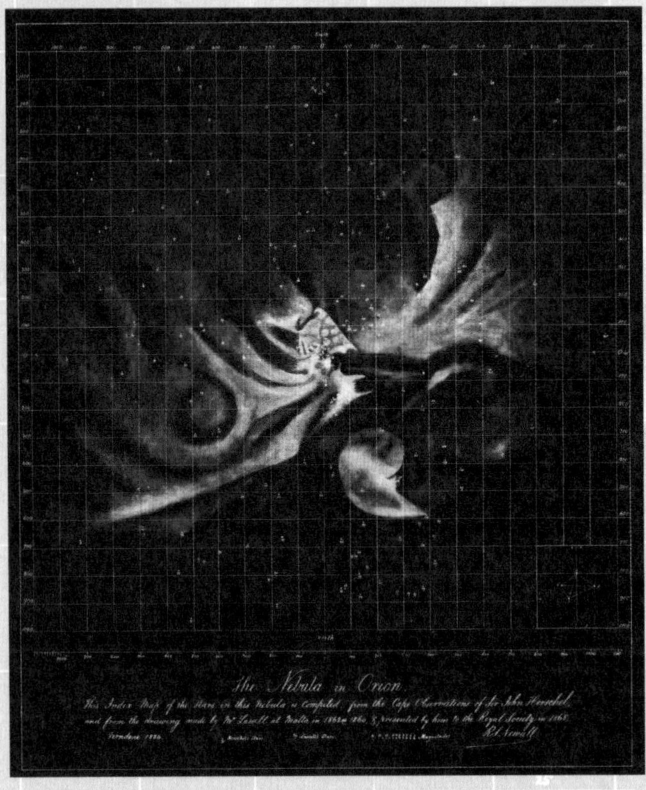

▲第一张月球的照片，1840年由约翰·威廉·德雷珀使用达盖尔银版照相法拍摄。

◀《猎户座中的星云》，这张星图是1884年由工程师、天文学家罗伯特·斯特林·纽沃尔根据约翰·赫歇尔19世纪30年代在南非的观测记录绘制。

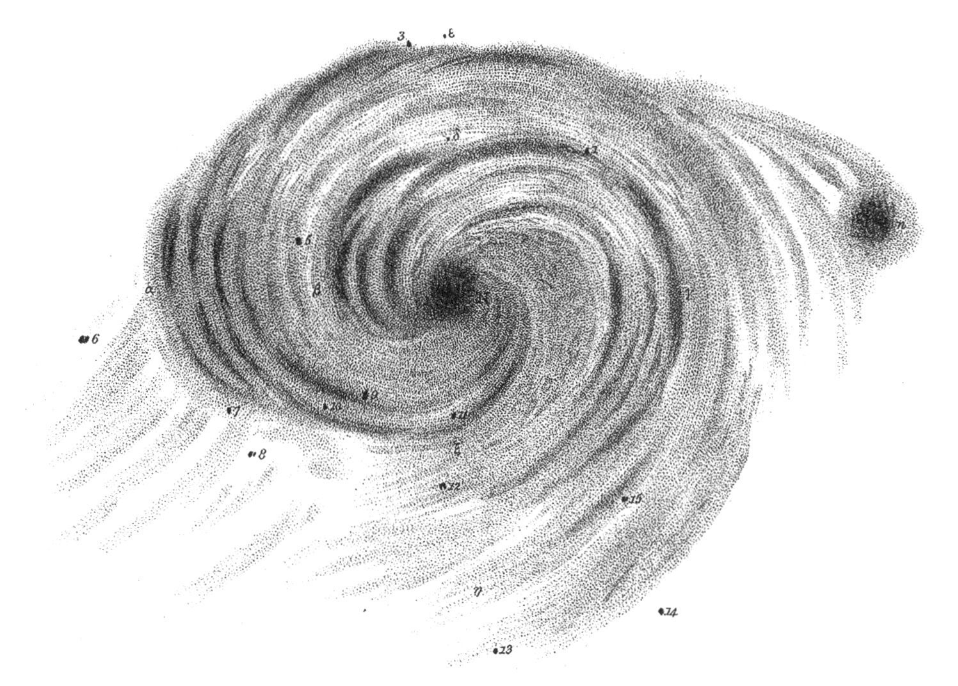

▲ 涡状星系，或称作 M51a。这张略图是 1845 年由第三代罗斯伯爵威廉·帕森斯绘制的，也是第一幅旋涡星云（旋涡星系）的略图。

▲ 第三代罗斯伯爵威廉·帕森斯制造的天文望远镜“帕森城的巨兽”。在它的助力下，伯爵描画了星云的结构，弄清了涡状星系的结构是呈旋涡状的。

证认海王星

1781 年威廉•赫歇尔发现天王星和 1801 年皮亚齐发现谷神星实际上都是人们不经意间发现的现象，看到星体发生了意料之外的位移，如一场美妙的偶遇。而海王星的发现则是 19 世纪中叶天文学进步的证明，这是第一颗纯靠数学计算推断出，而非通过实际观测发现的行星。维多利亚时期探索和发现之风愈行愈胜（人们先是在西北航道的探寻上争先恐后，之后对寻找地理南北极点的角逐也是越来越激烈），越来越多的力量进入争夺荣誉的战场，寻找海王星的竞争也越来越激烈。

海王星的光芒实在太暗淡了，肉眼根本无法分辨。其实在赫歇尔发现天王星不久后，人们就已经假设这颗未知行星的存在了。这一切要归功于波德的同事普拉西德斯•菲克斯尔米勒奈。菲克斯尔米勒奈摘取了托比亚斯•迈耶和约翰•弗拉姆斯蒂德对天王星的观测记录（这

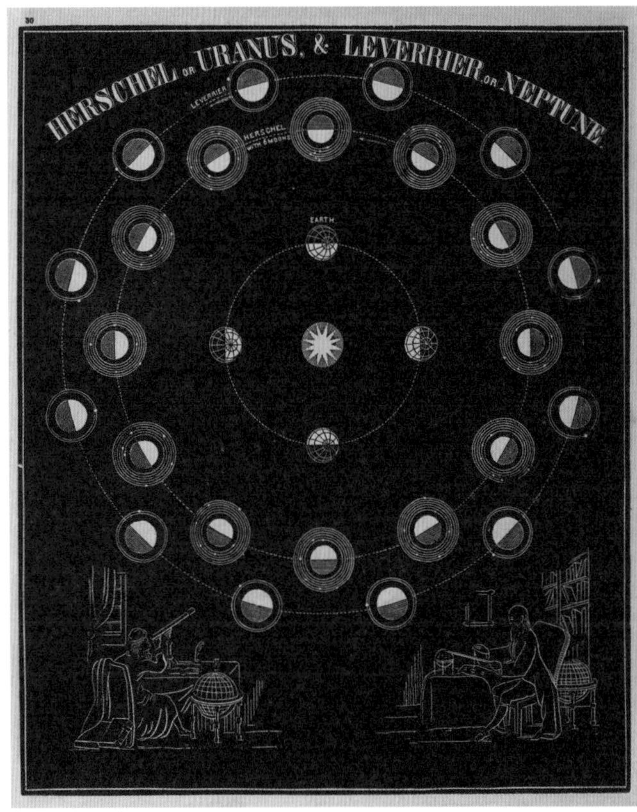

◀ 史密斯在 1850 年的《天文学导论》中，将威廉•赫歇尔发现的天王星和勒威耶发现的海王星放到了一张图里。

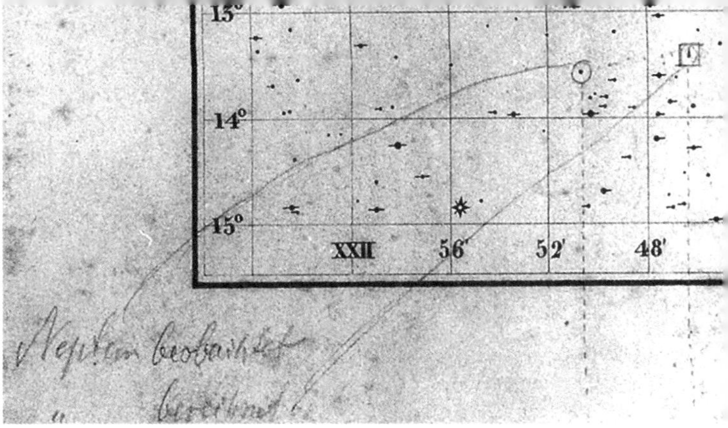

两位天文学家在观测到天王星时都还认为天王星是一颗恒星），并统合成一份数据表来预测它未来的运行轨迹。很快就发现天王星偏离了预期的轨道，于是1790年人们对天王星的预想轨道进行了修订，然而19世纪30年代，天王星的运行轨迹又出现了明显的摄动影响。

▲ 勒威耶和伽勒寻找海王星时使用的图表，原物。

关于天王星的运动轨道为什么是这样的，人们提出了各种各样的理论。是木星和土星对它的引力作用被低估了吗？还是某种不可见的宇宙流质阻碍了它的运行？又或者在距离如此远时引力的平方反比定律并不适用，人们需要重新修正引力定律吗？还有一种可能，就是存在一颗未被发现的行星，是它的引力对天王星的运行轨迹产生了影响。1845年11月，法国天文学家勒威耶向巴黎科学院呈送了一份关于这颗未知行星的研究报告。根据波德定则，勒威耶推测天王星轨道之外紧邻的这颗行星（当时）处于以太阳为参照的325度左右的位置。

而早在1843年10月，剑桥的年轻学生约翰·库奇·亚当斯（1819—1892）就得出了类似的结论，并于1845年9月把这颗行星的位置预测精确到了323度34分。1846年，勒威耶的论文传到了剑桥，他们才知道两个人的推断是如此相似。

现在就是比谁能更快地找到这颗传说中的行星了，人们架起高倍望远镜，在指定区域铆足了劲巡视，努力将观测结果和最新的星图册进行对比，不放过任何一处无法解释的不同。亚当斯争先的机会掌握在剑桥大学天文学教授詹姆斯·查理士（1803—1882）手中，可惜查理士手中并没有最新版的星图。与此同时，勒威耶向柏林天文台求助，得以查阅柏林科学院尚未在英国出版的新版星图集。寻星开始了。最终，在1846年9月23日，约翰·伽勒（1812—1910）发现了一颗星图上没有记录的星体，它恰恰就在勒威耶预测的那个位置。于是，海王星——这颗太阳系内直径第四大的行星就这样被发现了。（勒威耶请求将这颗行星命名为勒威耶星，但在法国之外受到人们的强烈反对。1846年年底，海王星成了它的国际公认名称。）

幽灵行星——祝融星

成功发现了海王星之后，勒威耶将注意力转向了水星的绕日轨道运动。这也是巴黎天文台台长弗朗索瓦·阿拉果早在 1840 年就交给他来解决的问题。把水星运动的预测模型构建好后，勒威耶困惑地发现，根据他的模型，

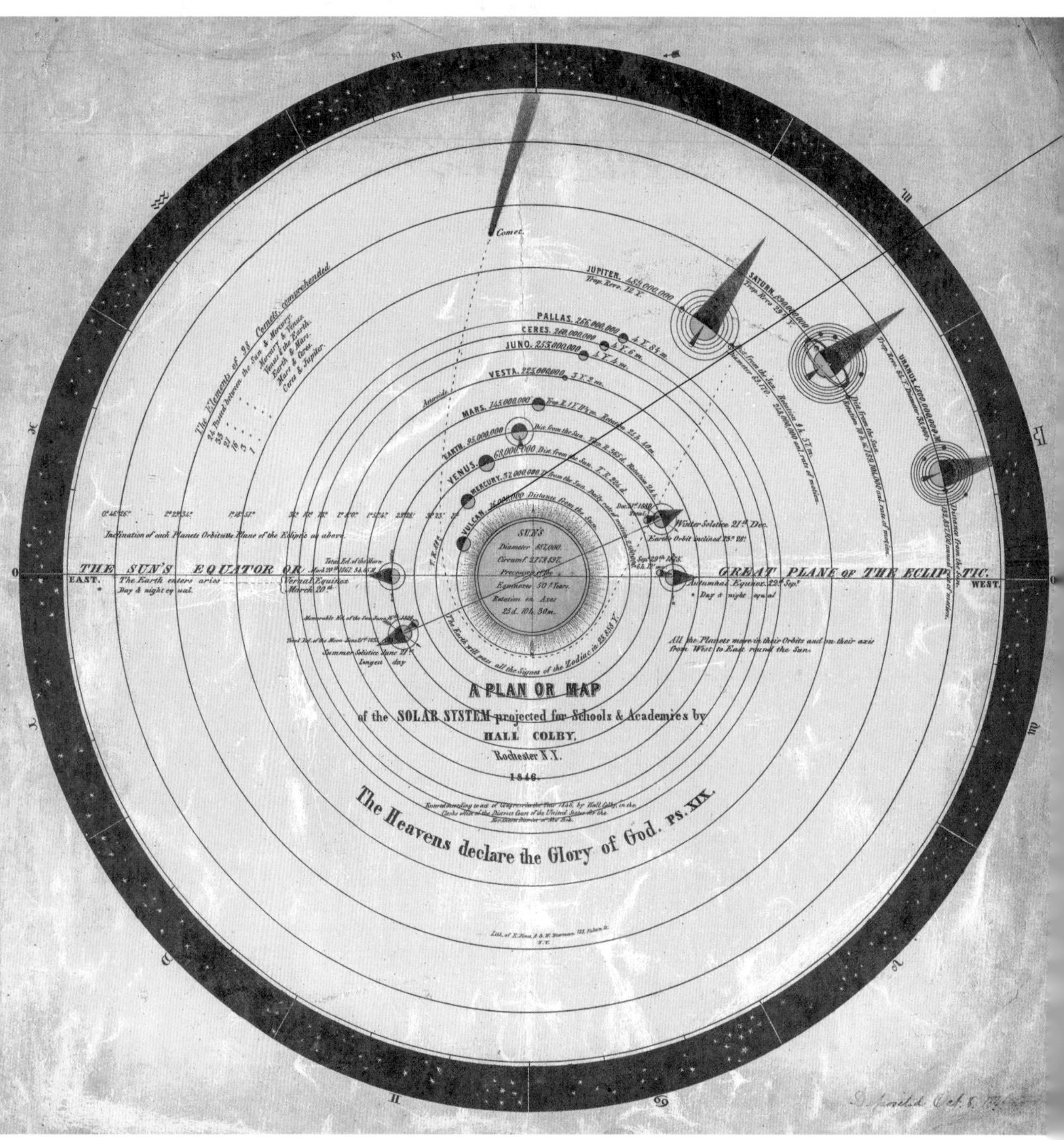

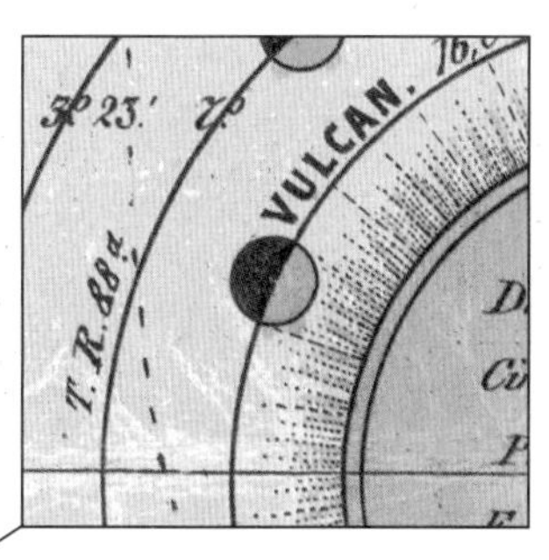

◀《供学校和研究机构使用的太阳系平面图或星图》（1846 年）。图中离太阳最近的那颗行星就是并不存在的祝融星，和太阳之间的距离大约有 1600 万英里（约 2600 万千米）。图中还标出了几颗小行星，有灶神星、婚神星、谷神星和智神星。

1843 年的实际观测值和理论预测值对不上。之后勒威耶便一头扎进了修正模型的挑战中，终于在 1859 年又发表了一篇明显更为谨慎的研究报告，但新的模型和实际观测值之间还是有无法解释的差异。不知道是出于什么神秘的原因，水星在近日点前进的速度总是稍稍比预测值快那么一点儿，也就是所谓的近日点进动现象。具体来说，就是水星的近日点进动值每个世纪都要比理论值快 43 角秒（六十分之一角分）。从另一个角度看，实测值和理论值之间这么小的差异，也足以说明当时以牛顿理论为基础的天体力学水平之先进。受海王星发现过程的启发，勒威耶宣称，水星近日点进动最有可能的解释，是水星轨道和太阳之间存在一个目前还未探测到的行星，而且这颗行星的大小和水星差不多。由于人们认为这颗新行星离太阳很近，于是用掌控火和火山的罗马神祇的名字来命名，称它为“Vulcan”（罗马神话中的火神伏尔甘的名字，中文被翻译成“祝融星”）。

有了发现海王星的例子在前，人们也没什么理由给勒威耶的判断挑错。但理论只有得到实证观测数据的支持，其可靠性才能通过检验。数据支持来的出奇地快，1859 年同年，来自法国博克地区奥尔热雷县的医师、业余天文学家埃德蒙·莫德斯特·莱斯卡博联系了勒威耶。莱斯卡博确信，他在这一年的早些时候，用自己简陋的 3.75 英寸（约 95 毫米）折射望远镜观测到了这样一颗行星经过日面。听到这个消息，勒威耶第一时间赶去拜访了莱斯卡博。经过一段时间的沟通和确认，勒威耶认可了莱斯卡博的观测技能，并对他所做的行星经过日面共用了 1 小时 17 分钟 9 秒的记录表示满意。随后，他在法国科学院在巴黎举行的一次会议上宣布了祝融星的存在，并指出祝融星距离太阳大约 1300 万英里（约 2100 万千米），每 19 天 7 小时围绕太阳旋转一周。

很快，支持勒威耶论断的观测报告纷至沓来，但是没有一份能得到证实。这其中有：1860 年 1 月，伦敦的四位观测者声称就在当年看到过一次祝融星经过日面；1862 年 3 月，英国曼彻斯特的一位拉米斯先生发誓说他在一次观测中看到了类似现

象……值得一提的是，两位经验丰富的专业观测者也提供了观测报告。1878 年 7 月，美国密歇根州安娜堡天文台台长詹姆斯·克雷格·沃森和纽约州罗切斯特市的刘易斯·斯威夫特也声称看到了一颗祝融星类型的行星。在这两位的描述中，他们观测到的行星都是红色的。后来，人们将他们观测记录的数值校准后才发现，这两位看到的其实都是已知的恒星。既不能证实也没法证伪，对难以捉摸的祝融星的搜寻工作就这样一直持续到了 20 世纪。直到 1916 年，阿尔伯特·爱因斯坦正式发表了广义相对论，引发了对经典力学中引力概念的革命性重新思考，并最终解释清楚了水星的近日点进动现象，幽灵般的祝融星[1]才终于被证明不存在，它给天文学界带来的数十年困扰随之烟消云散。1919 年 5 月 29 日的日食证实了这一点——水星绕日轨道之内根本不可能存在另外一颗行星。

◀ *2017 年水星的彩色合成图像，素材来自“信使号”水星探测飞船任务的早期研究结果。“信使号”在水星上发现了新形成的悬崖一样的地貌，由此科学家们推断，在太阳系形成的 45 亿年之后的现在，水星仍在不断缩小。*

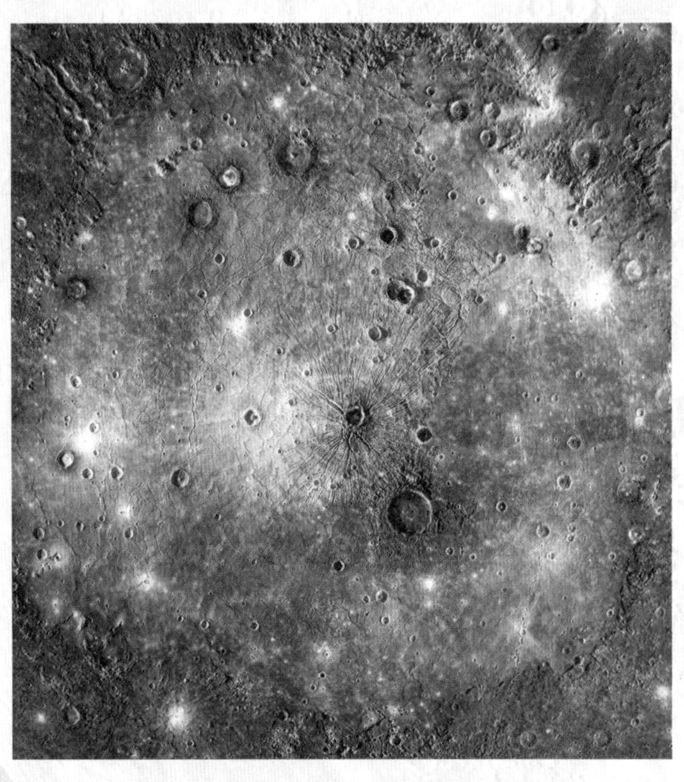

◀ *在水星表面，陨星坑随处可见，这是因为水星稀薄的大气屏障在太空垃圾面前不堪一击。这幅彩色马赛克图像展示的就是水星上一个蔚为壮观的陨击盆地——卡路里盆地，该盆地直径约 950 英里（约 1529 千米），四周围绕着高达 1 英里的山脉。（单就规模而言，美国得克萨斯州的最宽处也才约 1244 千米。）*

1 注释：有关这类幽灵天体的完整图集，可以参见《幽灵星图集》，西蒙和舒斯特著，2016 年出版。

光谱学和天体物理学的诞生

在我们移步到20世纪这个人类对宇宙认知激增的时代之前，或许有必要回顾一下我们是如何一步一步达到这样的发展水平的。从古代的混沌迷雾中诞生时起，天文学最初是一门用于预测的学科，它用诸如古希腊以神力驱动的天球层之类的物质概念，构建人们认为可靠的宇宙模型来体现行星的运动。开普勒让天文学家们开始从科学的角度思考驱动宇宙运行的力量究竟是什么，但那时天空的谜题和地球上的物理学依然是两个毫不相干的领域。牛顿科学使得人们的认知水平又前进了一大步。人们开始急需一个统合的物理学，天穹上和地面上发生的

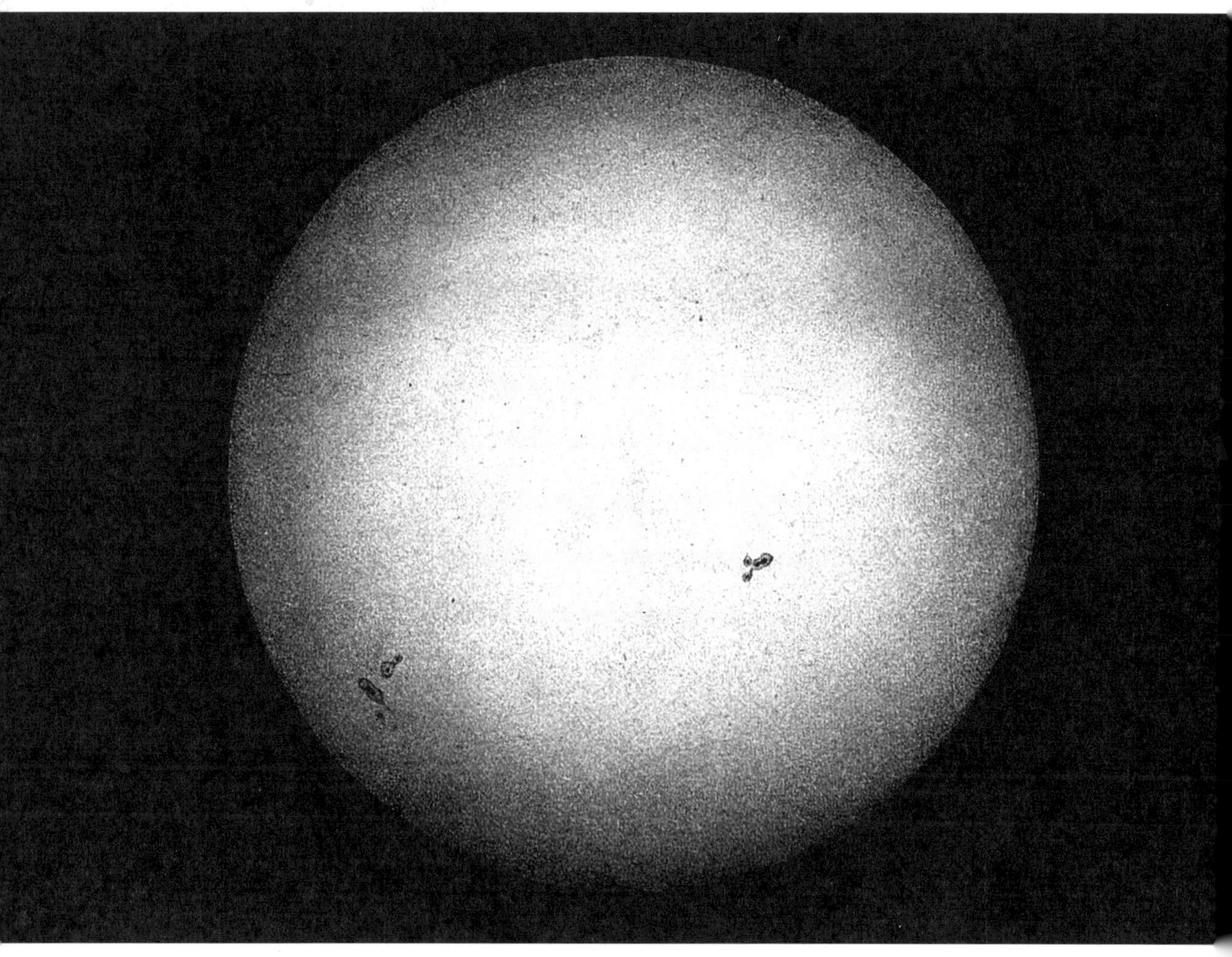

事情都能用这个统合的物理学定律来解释。那时候，虽然人们已经形成了天上地下都是同样的物质构成的设想，但当时的科学技术发展水平还不能够证明这一点。

进入 19 世纪晚期，理论上有牛顿的数学证明，实践上配备了能让人类拥有似神一般视界的反射望远镜和折射望远镜，天文学家们终于能够以前所未有的精度来观测行星的运动并观测和定位恒星。天文发现让星图的内容越来越充实，新的行星、恒星、小行星接踵而来，制图术渐渐与新兴的摄影技术合二为一[1]，天文学界的当务之急变成了解决究竟是什么物质构成了天体的问题。研究天体物理特性的新的天文学分支——天体物理学——就此形成。

那时人们还没办法直接接触到天体，不过好在出现

◀ *第一张太阳表面的照片是两位法国物理学家傅科和斐索，在 1845 年用一台望远镜拍摄的。这张照片也给海因里希·施瓦贝历经 17 年观测总结出的太阳黑子数周期提供了实证，为揭开太阳内部构成的奥秘提供了第一条线索。*

▼ *1870 年，耶稣会会士安杰洛·塞基编制的太阳和恒星光谱表。*

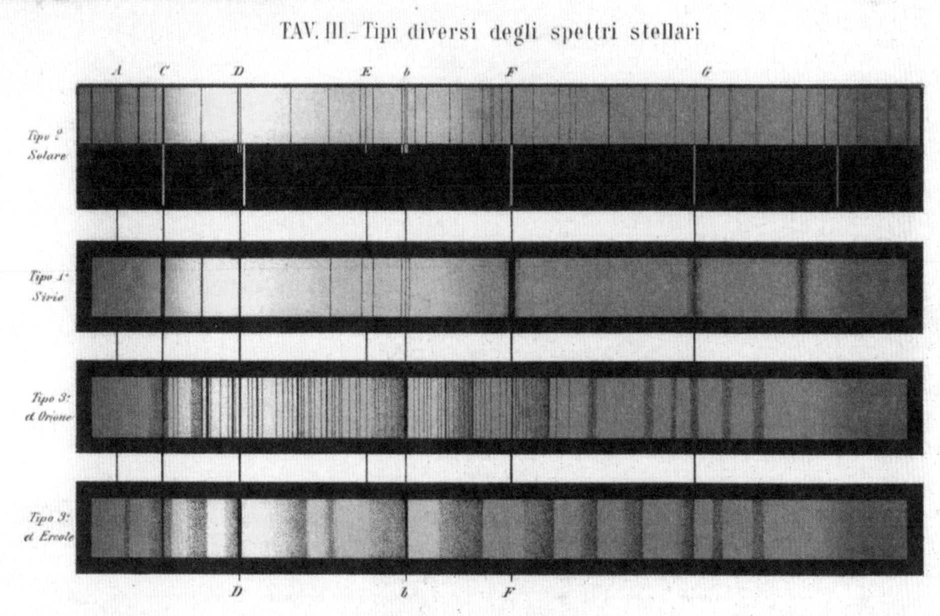

1 注释：维多利亚时期，摄影技术的到来还产生了一个奇特的关于天空的神话故事——雷击成像传说。19 世纪时，人们认为闪电就好比是相机的闪光灯，被闪电击中的人和动物会与他们周围的环境一起留下逼真的图像。这个神话故事起源于 14—17 世纪的一个早期传说，即在教堂里被雷电击中的人是被刻上了十字架，而闪电的灼痕确实呈现出一定的图式。现代词语“雷击纹”（keraunographic marks）就是暗指这个神话，也称为“闪电之花”。

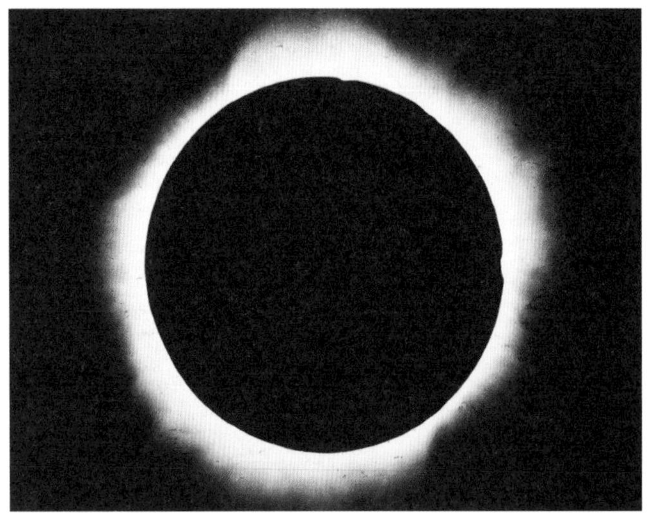

◀ *1869 年 8 月 7 日，哈佛大学考察队在肯塔基州谢尔比维尔拍摄的日食时的日冕。*

了一种观测天体的新方式，这种方法的关键物品就是棱镜。1666 年，艾萨克 • 牛顿买回一块三角形的玻璃棱镜，用它做了著名的“光的现象”。牛顿让一束太阳光穿过棱镜，将组成这束光的彩虹一样的各种颜色投到一块屏幕上。彼时，人们普遍认为所有的有色光都是由白色光经过某种转变而得到的。牛顿的实验表明，白色光实际上是一种复合光，它有一个“光谱”（spectrum，来自拉丁

◀ *早期的日全食照片，1862 年冲印。*

文，本意是特异景象）。

为了证明这一点，牛顿又做了一个实验，用透镜把散射开的光又重新聚合成白色光。

后来，英国化学家威廉•海德•渥拉斯顿（1766—1828）也做了类似的实验，他发现各种颜色之间还有一条条细线，似乎是在给每条色带划分界限。德国巴伐利亚州的透镜制造商约瑟夫•夫琅和费（1787—1826）用望远镜和他自己生产的棱镜，对光透过棱镜（这个望远镜和棱镜的组合也是第一台最简单的分光镜）产生的光谱进行仔细的观察，居然发现了数百条这种深褐色的细线，也就是我们现在所说的夫琅和费谱线。再后来，罗伯特•本生（1811—1899）和古斯塔夫•基希霍夫（1824—1887）把化合物放到火焰（即著名的本生灯）中燃烧，发现不同化学元素燃烧产生的夫琅和费谱线也不同。这意味着天体可以以光为媒介，将它们的构成物质信息传递给我们。

将各种夫琅和费谱线与金属元素一一对应之后，本生和基希霍夫通过来自天上的信息发现了两种新的化学元素，并根据它们谱线的特点命名，这两种元素是：铯（caesium，源自拉丁文，意为蓝灰色）和铷（rubidium，源自拉丁文，意为红色）。这项技术意味着人类已经识别出了太阳上的几种金属元素，而过去人们一直认为不可能知道太阳的组成成分是什么。

本生和基希霍夫的方法迅速成为化学领域的关键实践。1862年，瑞典物理学家安德斯•约纳斯•埃斯特朗（1814—1874）将分光镜和摄影技术相结合，证明了氢是构成太阳大气的众多元素中的一种。到了19世纪80年代，人们已经在太阳的光谱中找到了50多种元素，这是太阳物理学的巨大进步。其实取得这些发现也并非易事，本生花了好几年时间，做了几百次试验，对结晶元素的光谱进行了测量和记录。1874年5月，本生终于把厚厚的记录手稿收了尾，随后他出门准备吃个午餐庆祝一下。哪知就在他外出的几个小时中意外发生了，他多年的心血化为灰烬。令人哭笑不得的是，罪魁祸首竟然就是他苦苦研究多年的光——阳光透过桌上的一瓶水聚焦，引燃了他的手稿。本生十分绝望，他写信把这个悲惨的消息告诉了朋友们，再从头来过。

这个时期，也有学者开始研究太阳表面的属性。人们已经成功地在实验室中用固态或液态金属在极端高温的条件下重现了白

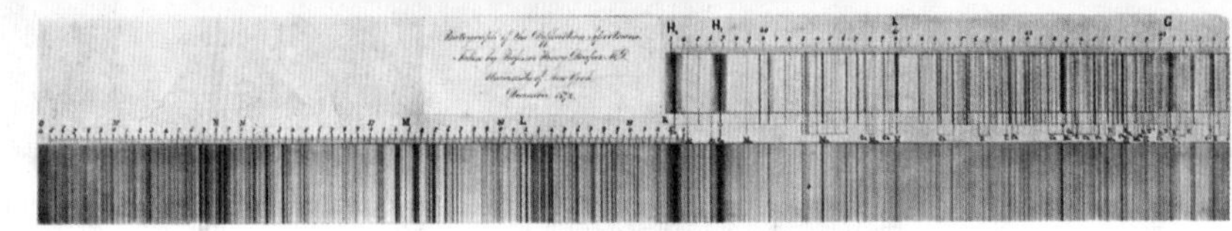

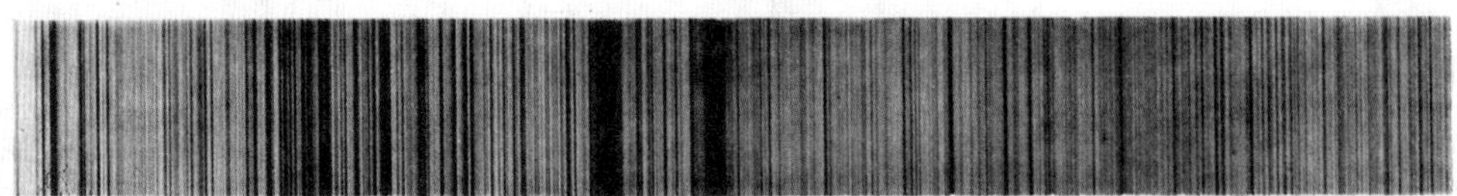

色光光谱。这说明，太阳即便不是个熊熊燃烧的金属球，至少表面也覆盖着一层灼热的液态金属。19 世纪下半叶发生的一系列日食给研究提供了便利条件，当月球在地球和太阳之间穿过的时候，太阳的光芒因为被月球遮挡而变得暗淡，这让欧洲各地专门建造的天文台得以开展对太阳大气的研究。通过观测，太阳大气是多层结构的观点逐渐形成了。由于在高压下，太阳大气的气态外层发出白色光谱，人们意识到或许所有发出的光都是由气体产生的。

英国天文学家诺曼·洛克耶，也就是早先给太阳周

▲ *第一张织女星的光谱照片，美国天文学家亨利·德雷伯（1837—1882）摄于 1872 年。照片中的吸收线揭示了织女星的化学成分。后来天文学家们开始明白，光谱学就是理解恒星如何演化的关键。1882 年德雷伯去世，人们在他研究成果的基础上编制了《亨利·德雷伯星表》，并于 1918—1924 年间分部出版。《亨利·德雷伯星表》中收录了 225 300 颗恒星，并对它们进行了光谱分类。*

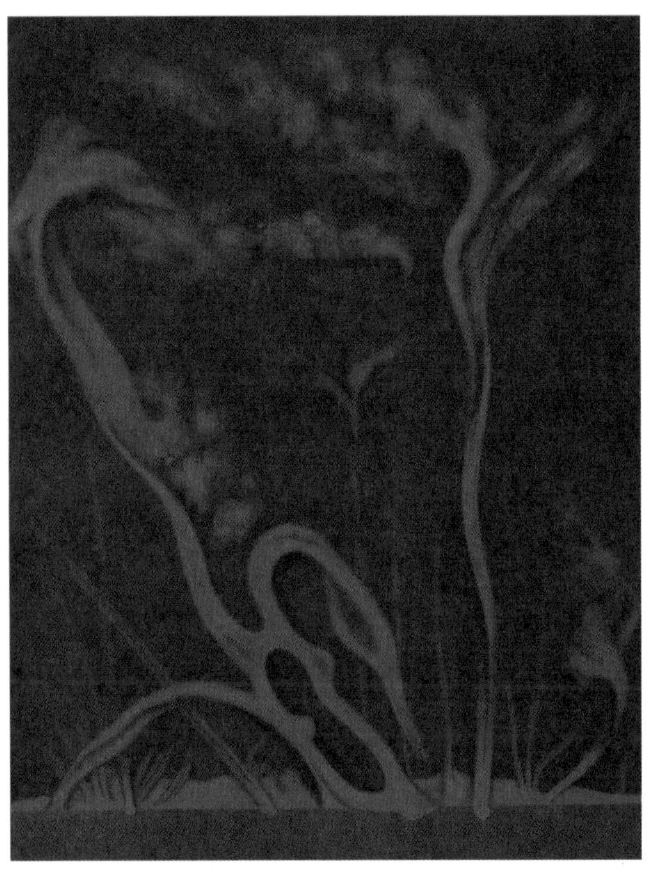

◀ *日珥图，由最伟大的科学艺术家之一、法国天文学家艾蒂安·特鲁夫洛（1827—1895）绘制。*

围的一层大气起名“色球”的天文学家，认为使用分光镜这种能使太阳光产生极大色散的工具，就可以随时对日珥（凸起的巨型可见喷发，延续时间可能只有一天，也可能长达数月）进行观测和分析。无独有偶，法国物理学家皮埃尔·让森也有同样的想法。自此，对太阳的观测再也不需要非得等到日食了。观测技术的进步直接导致了让森和洛克耶分别在太阳光谱中识别出了同一种未知的黄色谱线。太阳光这个鲜明的特征来自一种全新的元素，洛克耶用古希腊神话中掌管太阳的赫利俄斯（Helios）之名，将这种元素命名为氦（helium）。

◀ *当其他人都在研究太阳的时候，1864 年 8 月 29 日，天体物理学的先驱之一威廉·哈金斯（1824—1910）成为第一个给行星状星云测定光谱的人。他也是从光谱特征的角度对星云和星系进行区分的第一人。*

▼ *“标准月面环形山”的石膏模型。詹姆斯·内史密斯和詹姆斯·卡彭特在他们合著的《月球》（1874 年）中指出，这种环形山是因为火山活动形成的。维多利亚时期人们普遍认同这个观点，直到 1969 年人类登月，进行了一系列月球勘探之后，才搞明白环形山的成因并不是火山活动。*

天文现象：第二部分

▲ *1704 年，出现在加泰罗尼亚地区特拉萨上空的陨星。*

▲ *多纳提彗星，1858 年 6 月 2 日首次被观测到。图片摘自 1875 年出版的《彗星》，阿梅德·吉耶曼绘制。*

▼ *1833 年狮子座流星雨大爆发，摘自爱德华·魏斯的《星空图片集》。*

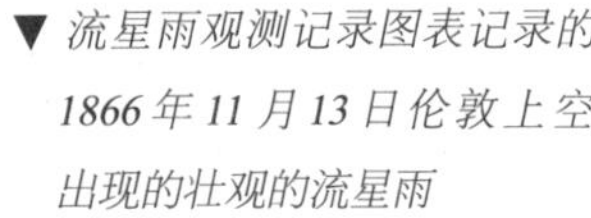

▼ *流星雨观测记录图表记录的 1866 年 11 月 13 日伦敦上空出现的壮观的流星雨*

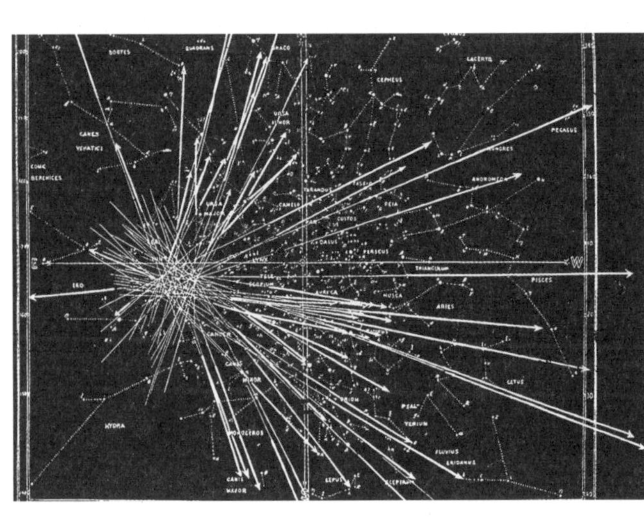

▲《正在经历的事件……》，乔治·克鲁克香克绘制。这是一幅以彗星的形式呈现的讽刺作品，画面内容甚多，细节丰富（也画有1853年四颗彗星的观测场景）。

▼朗博松1875年出版的《天文学》的内容细节

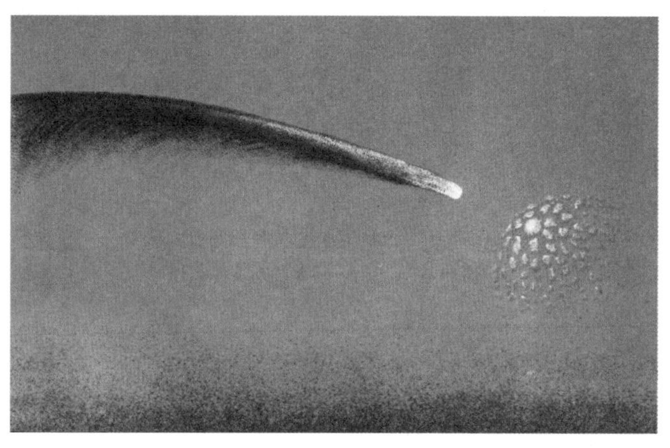

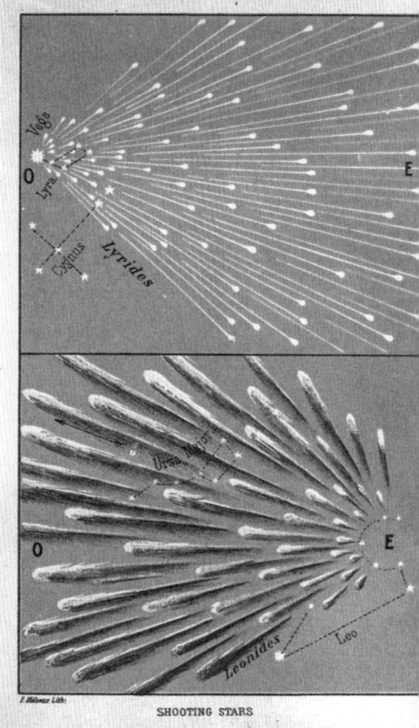

▲流星，摘自朗博松，1875年出版的《天文学》

▲玛丽亚·米切尔

◀1847年，美国天文学家玛丽亚·米切尔（1818—1889）发现了一颗彗星，现定名为C/1847 T1，也称“米切尔小姐的彗星”。1848年，丹麦国王授予米切尔一枚金质奖章，她也是享誉全球的女性天文学家。

（另请参见章节“天文现象：第一部分”，第96页。）

珀西瓦尔·洛厄尔
看见了火星上的生命迹象

1907年8月30日，《纽约时报》头版明晃晃地刊登了一篇题为“火星上有人居住”的文章，文中不但援引了亚利桑那州弗拉格斯塔夫洛厄尔天文台的创建者珀西瓦尔·洛厄尔（1855—1916）的言论，还提到了由于这段时间的“火星冲日”（指地球和火星在其绕日轨道上距

▼ *四个角度的火星表面图，乔瓦尼·斯基亚帕雷利绘于1877年9月，当时火星和地球离得很近。*

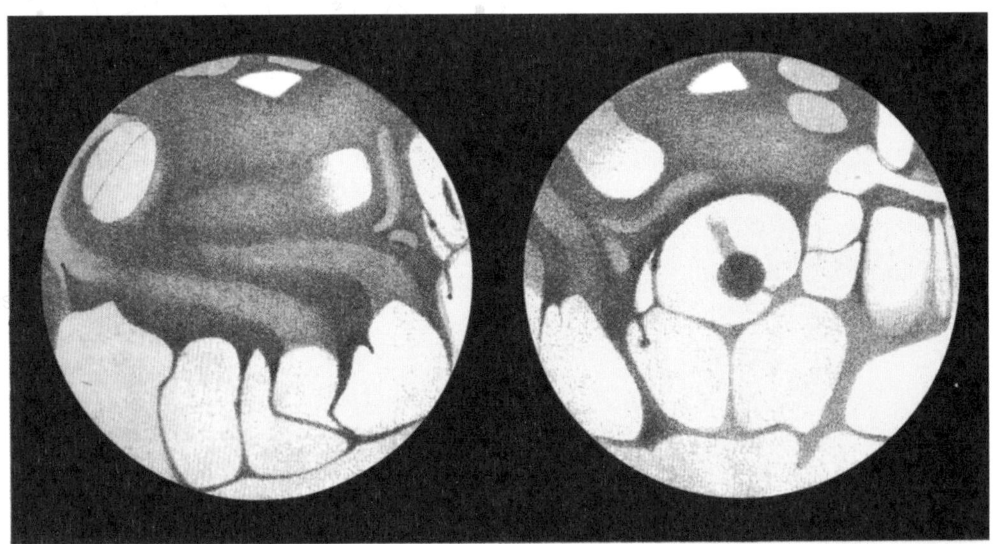

I. ω=0°　　II. ω=90°

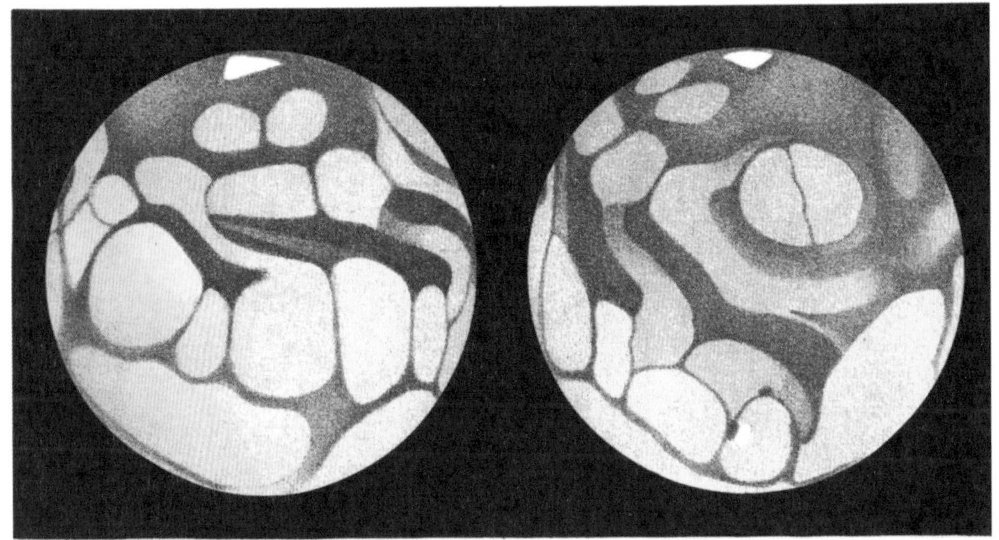

III. ω=180°　　IV. ω=270°

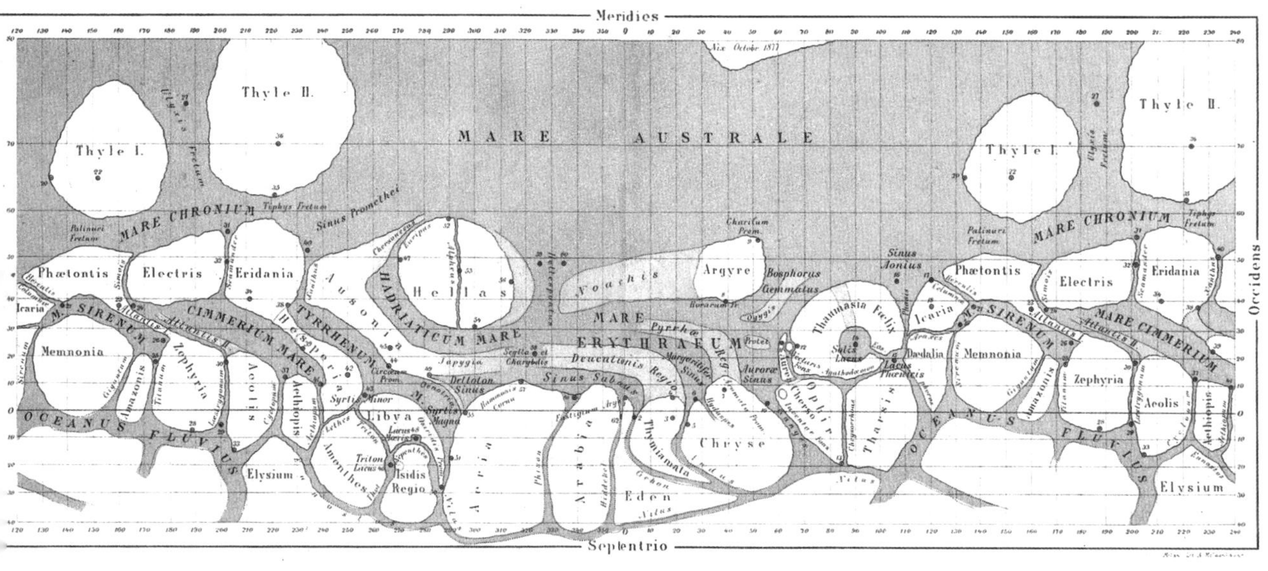

离相对接近的时候)，更有利于人们对这颗红色行星的表面进行观测。以下是文中援引的洛厄尔原话："南极冰冠的消融期顺利结束后，运河便浮现出来。由此看来，目前火星上居住着有建造本领的智慧生命……我的观测已经充分证明了这一点。而且，只有这一种解释能和火星上全部事实都对得上。"不仅是洛厄尔的推断有待推敲，他所掌握的"事实"也很有问题。

▲ *斯基亚帕雷利绘制的火星地图。斯基亚帕雷利根据自己 1877—1878 年间的观测结果，将火星自南极到南纬 40 度间的区域制成地图，并在图上标出了火星的"运河"。*

◀ *1896 年，洛厄尔坐在洛厄尔天文台的观测椅上，用一台 24 英寸(约 60 厘米)的折射望远镜观测金星。*

▼ *(P196—197)标出了沟渠的火星地图，摘自威廉·佩克爵士的《通俗天文学手册和星图集》(1891 年)。*

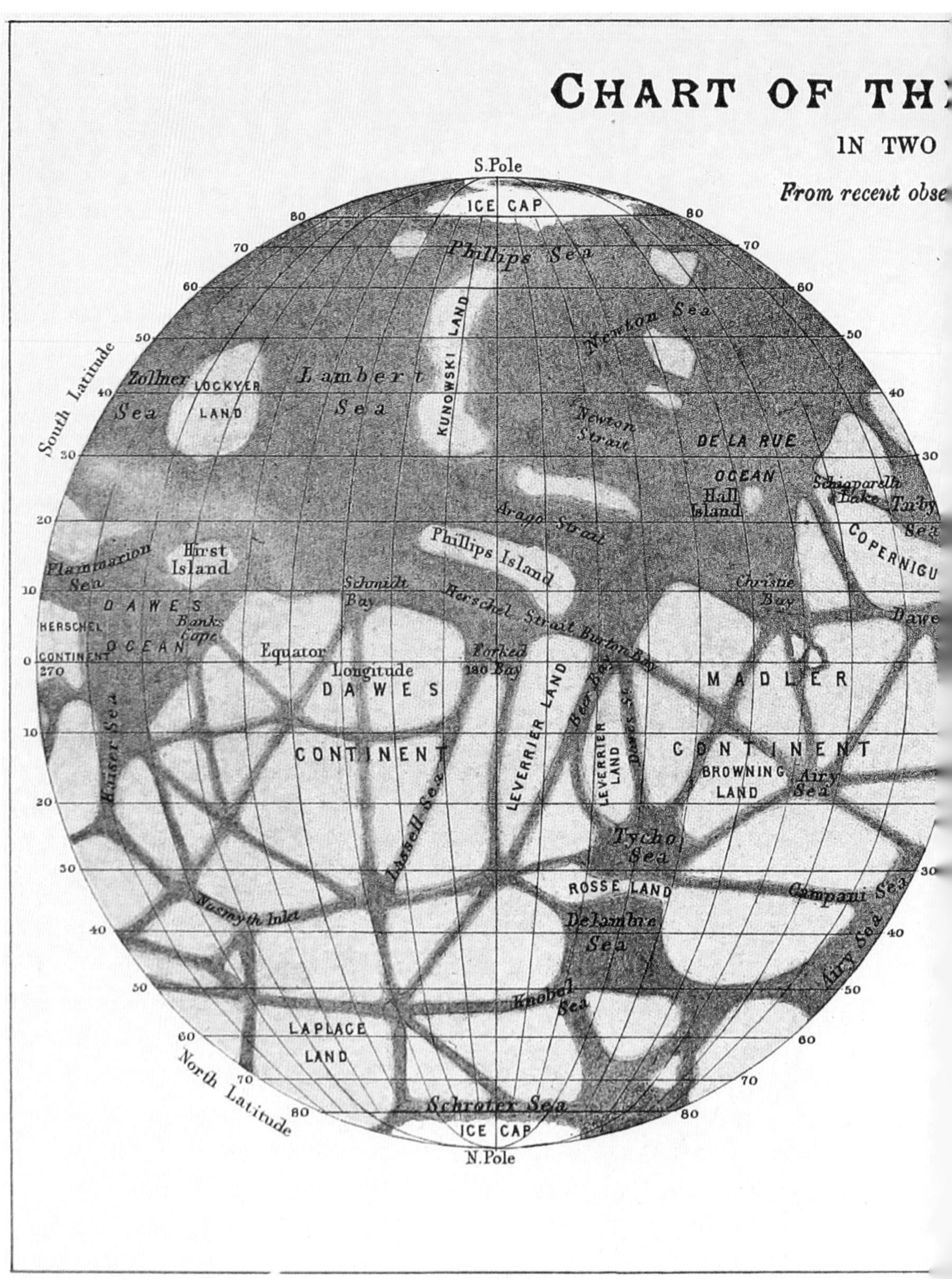
CHART OF THE
IN TWO
From recent obse
S.Pole
ICE CAP
Phillips Sea
Newton Sea
KUNOWSKI LAND
South Latitude
Zollner Sea
LOCKYER LAND
Lambert Sea
Newton Strait
DE LA RUE OCEAN
Hall Island
Schiaparelli Lake
Arago Strait
Phillips Island
Hirst Island
Flammarion Sea
COPERNICU
Christie Bay
Schmidt Bay
Herschel Strait
Burton Bay
DAWES OCEAN
Banks Cape
HERSCHEL CONTINENT
Equator
Forked Bay
Longitude
270
180
DAWES CONTINENT
LEVERRIER LAND
Beer Bay
Dawes Sea
MADLER CONTINENT
BROWNING LAND
Airy Sea
Kaiser Sea
Lassell Sea
Tycho Sea
ROSSE LAND
Campani Sea
Nasmyth Inlet
Delambre Sea
Airy Sea
Knobel Sea
LAPLACE LAND
North Latitude
Schroter Sea
ICE CAP
N.Pole

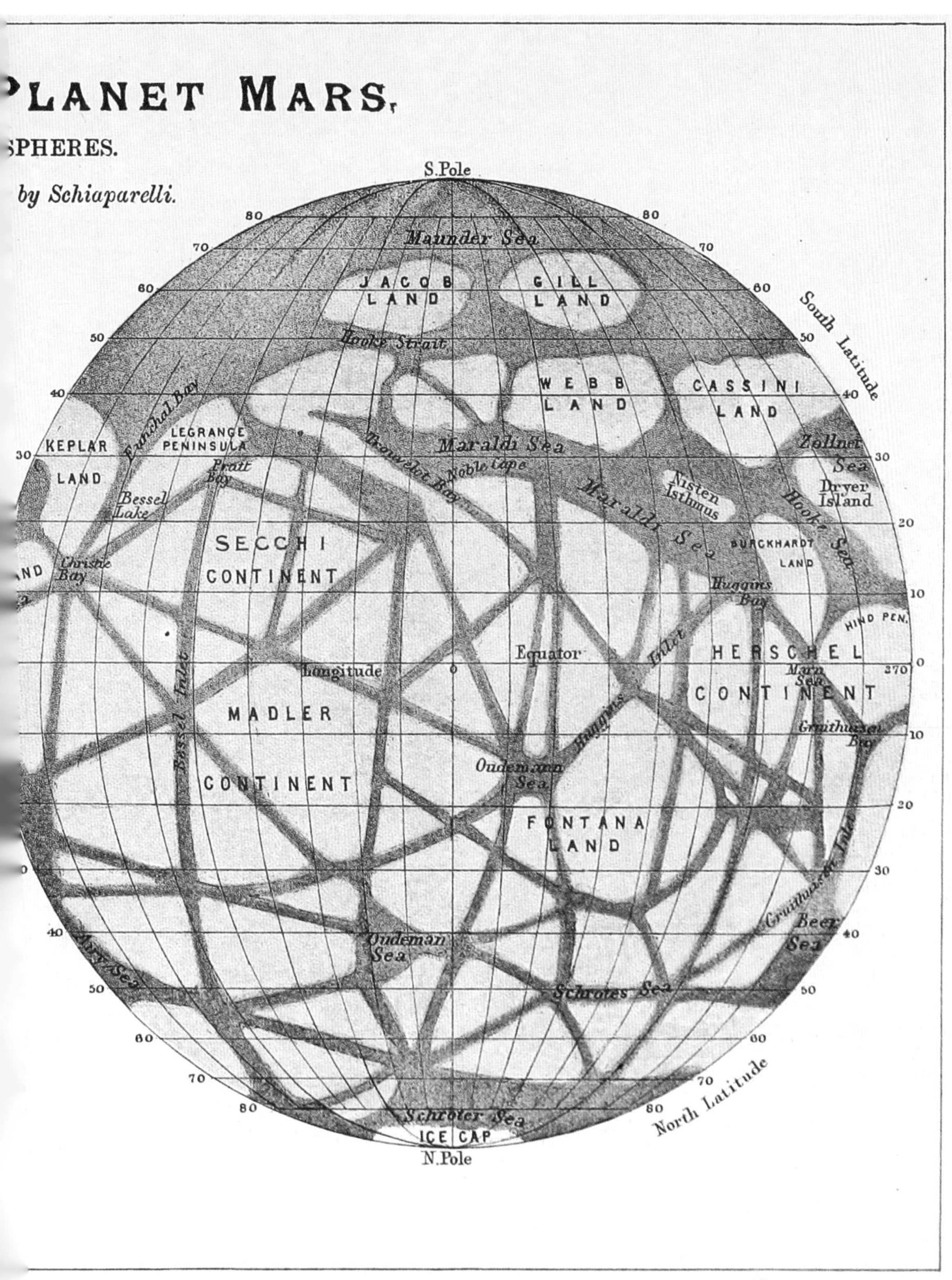
PLANET MARS.
SPHERES.
by Schiaparelli.
S.Pole
Maunder Sea
JACOB LAND
GILL LAND
South Latitude
Hooke Strait
WEBB LAND
CASSINI LAND
KEPLAR LAND
Funchal Bay
LEGRANGE PENINSULA
Maraldi Sea
Zollner Sea
Trouvelot Bay
Noble Cape
Pratt Bay
Bessel Lake
Nisten Isthmus
Dryer Island
Maraldi Sea
Hooke Sea
SECCHI CONTINENT
BURCKHARDT LAND
Christie Bay
Huggins Bay
HIND PEN.
Equator
Inlet
HERSCHEL CONTINENT
Longitude
Maru Sea
MADLER CONTINENT
Bessel Inlet
Huggins
Gruithuisen Bay
Oudemann Sea
FONTANA LAND
Gruithuisen Inlet
Beer Sea
Oudeman Sea
Airy Sea
Schrotes Sea
North Latitude
Schroter Sea
ICE CAP
N.Pole

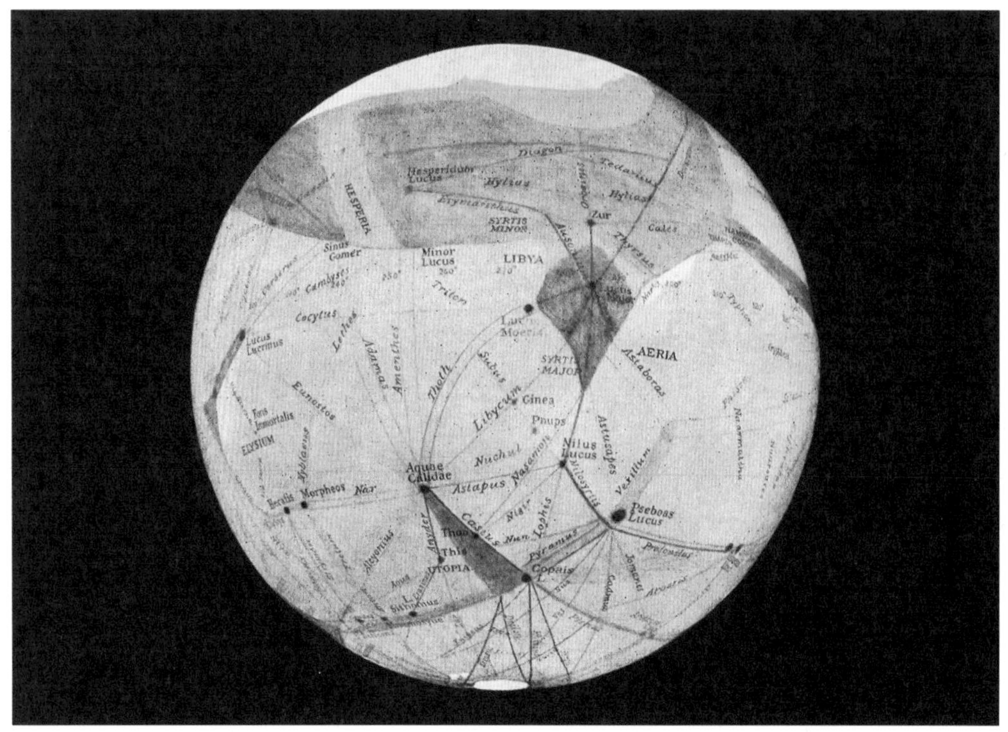

▲ *洛厄尔的火星，根据他对火星上运河和绿洲的观测记录草图绘制。*

19 世纪末，出于对天文学的一腔热血，洛厄尔放弃了棉花贸易产业，在远离城镇、海拔高度理想，又有一片晴空的弗拉格斯塔夫修建了自己的天文台。受法国天文学家卡米伊•弗拉马里翁研究成果的启发，洛厄尔开始着迷于火星观测，对火星表面的“运河”尤其感兴趣。1877 年发生火星大冲，当时火星距离地球只有不到 3500 万英里（约 5600 万千米）。之后，意大利天文学家乔瓦尼•斯基亚帕雷利（1835—1910）首先提出了“运河”的概念，但他的本意可不是说火星上有生命。此处，我们即将揭晓这个在维多利亚时代支配人们想象力超过 40 年、关于“火星生命”的困惑究竟是怎么产生的：当初，斯基亚帕雷利只是用“canali”（意为“河道”）这个词来指代他在火星两极区域观察到的那些深色水道。后来，“canali”被误译为“canal”（运河），canal 蕴含了有计划有目的修造的意思，行星天文学的研究方向就这样被引偏到了古怪的轨道上。

尽管并不是只有洛厄尔一人深受运河谬论的影响，但他在推广火星生命论方面确实比绝大多数人要努力得多。他花了十五年时间钻研、测绘火星地图，寻找火星生命存在的确证并撰写文章，他甚至出版了古怪的参考著作三部曲：1895 年的《火星》、1906 年的《火星及其运河》和 1908 年的《火星，生命的居所》。天文学界对此持怀疑态度。一方面是因为找到火星上的“运河”对其他观测者来说难度太大了，另一方面洛厄尔观测到的景象也很难清晰地用摄影技术再现。直至 1909 年，加利福尼亚南部的威尔逊山天文台架起了探空威力极强的 60 英寸望远镜，人们才得以将视角拉近，看清火星的景致，更细致地观察那些深色的“运河”。实践证明，它们只是些不规则的、天然形成的地理特征而已，很可能是自然侵蚀的结果。

▼ 手绘火星仪，约 1905 年由丹麦女天文学家埃米·英厄堡·布伦制作。这个火星仪的数据主要参考了美国天文学家珀西瓦尔·洛厄尔的研究成果，并展示了火星上错综复杂的人工运河网络，洛厄尔正是根据这些运河的存在而断言火星上存在外星生命。

寻找 X 行星和冥王星的发现

事实证明是珀西瓦尔·洛厄尔错了，他关于火星生命的理论也随之被推翻。1896 年，他开始观测金星。他声称看到金星两极一些区域呈现出深色的特征，这一观点也备受争议。2003 年，一项研究证明，洛厄尔的金星观测结果也是不正确的，他很可能因为在操作“缩小光圈”（为了减少日光的干扰而缩小镜头的光圈）时缩得太多，把他的望远镜从功能上变成了一台巨型眼底镜，使得他看到的那些深色区域只不过是自己眼睛里的血管产生的阴影而已。

接二连三的观测失利，使洛厄尔的形象常常被描绘

成一个怪人。不可否认的是，他的研究还是有许多值得我们尊敬的地方，尤其是他晚年为寻找“X行星”所做出的努力。洛厄尔坚信太阳系一定还存在第九颗行星，只是人们还没有发现它，天王星和海王星在预计轨道上发生的偏移就是受到这颗行星重力的影响。在麻省理工学院首批女性毕业生之一的伊丽莎白•兰登•威廉斯（1879—1981）和其他几位人形“计算机”组成的团队的帮助下，洛厄尔天文台团队为了确定这颗理论上的新行星可能的位置，进行了一系列计算。

1916年11月12日，洛厄尔去世了，他的侄子阿博特•劳伦斯•洛厄尔接管了天文台。对太阳系第九颗行星的搜寻工作并没有终止，而是又继续进行了11年，阿博特继任后还为此安装了一台新的摄影设备——天体照相仪。来自堪萨斯州的年轻人克莱德•汤博（1906—1997）受雇在珀西瓦尔•洛厄尔所预测的区域细细搜寻这颗未知行星的身影。终于在1930年2月18日，汤博对比了近来数月间拍摄的照片，发现其中一个天体似乎跳到了别的位置上。通过进一步观测，他首先确认了这个天体运行的轨道确实是在海王星轨道之外，之后又排除了它是小行星的可能性。汤博发现的天体是一颗新的行星（后来又在2006年被正式降级为矮行星），而且显然这就是洛厄尔曾经拼命搜寻的那颗X行星[1]。叫它什么好呢？一名11岁的英国女学生维尼夏•伯尼提议，以罗马神话中冥界之神的名字给这颗新发现的行星命名，将其命名为冥王星。

1997年，克莱德•汤博逝世，享年90岁，踏上了他自己的“冥界之旅”。2015年，“新视野号”行星际探测器带着汤博的一部分骨灰，在距离冥王星表面7800英里（约12500千米）处和它擦肩而过，完成了第一次飞掠冥王星的任务。

◀ *NASA（美国国家航空航天局）的“新视野号”探测器于2015年7月14日拍摄的冥王星增强多光谱彩色图像。图上缤纷的颜色代表了冥王星上复杂的地质和气候状况，人类对这些信息的解读才刚刚开始。“新视野号”探测器还在冥王星上发现了11 000英尺（约3350米）高的冰山，这说明冥王星上曾经存在地质活动，但这些地质活动的成因还是个谜。*

---

1 注释：当时有越来越多的证据表明，一个真实存在的巨大的X行星（现代天文学家称之为第九行星），可能正躲在海王星轨道之外很远很远的某个地方，等待着人们去发现。为此，人类可能还需要付出几十年的努力。X行星的存在，将解开困扰天文学界的许多问题，例如外太阳系天体群柯伊伯带中某些天体奇怪的运动轨迹之谜。

将群星分门别类：“皮克林女子天团”

20世纪即将到来，世纪之交涌现了一大批“最强大脑”，其中最著名的要数天文学家、天文摄影师先驱亨利·德雷伯去世后，由哈佛大学天文台台长爱德华·C.皮克林（1846—1919）在1882牵头组建的一个由娴熟的女性计算者和女性数据采集者组成的团队。哈佛大学这个绰号“皮克林女子天团”的团队将继续德雷伯的研究工作，建立一份全新的恒星分类星表，这份工作对她们来说是个巨大的挑战。

从古时起，人们一直是按照恒星亮度的数量级对恒星进行分类——一等星最明亮，六等星最暗淡。亮度其实是极其主观的判断依据。望远镜发明以后，那些过于暗淡、之前人类肉眼无法观测到的恒星也进入了人们的

▼ *由哈佛大学“最强大脑”组建的天文团队，这张照片大约摄于1910年。*

▲ *哈佛大学“最强大脑”团队工作照，摄于 1891 年。*

视野，可观测到的恒星总数翻了好几番。为了在星表上给“熙熙攘攘”的恒星们安排好位置，人们只能在六等星之后再增加数个星等，这也让本来就很主观的恒星分类更加依赖主观判断，星等划分上也产生了更大的主观差异。1856 年，英国天文学家诺曼·柏格森（1829—1891）贯彻落实了一百多年前哈雷提出的星等划分方法，即一等星的亮度应是六等星亮度的 100 倍，由此能够确定一套判断星等的测量量表。到了 19 世纪晚期，天文摄影技术也实现了升级，不但有了恒星光谱测定技术（举例来说，通过恒星光谱，人们意识到恒星的温度越高，发出的蓝色光就越多），还有了精确度大大提升的星等测量方法。这么多技术上的进步都被应用到天文学领域中，再用老办法研究天上的群星就说不过去了，此时，不论是新的发现还是旧有成果都需要接受重新检视。当时，皮克林手头有一项重大任务——对南天区和北天区进行光谱研究，他把记录恒星亮度、位置和颜色的工作，布

◀ 安妮·江普·坎农，“皮克林女子天团”成员，摄于1922年。

置给了哈佛大学的这组女性工作人员。而为了获得经验，她们通常不要工作报酬。这个女性团体的成员有威廉明娜·弗莱明、亨丽埃塔·斯旺·莱维特、弗洛伦丝·库什曼、安娜·温洛克和亨利·德雷伯的侄女安东尼娅·莫里等。她们的具体工作就是将现代的照片和已有的星表进行比对，并考虑诸如大气折射之类的一些干扰因素的存在。

在这些非凡的女性当中，最著名的就是安妮·江普·坎农（1863—1941）了，她在工作中展现出了天赋异禀的一面，并迅速将其发展成了一项盖世神技。皮克林对这位能力出众的女助手赞不绝口：“坎农女士是这个世界上唯一一个能够如此迅速地完成这项工作的人，无论是男性还是其他女性都比不过她。”坎农取得的成就简直令人难以置信，她一生累计手工分类了大约35万颗恒星，比历史上任何一位天文学家都要多。她还发现了300颗变

▲拥有英国和美国双重国籍的天体物理学家塞西莉娅·佩恩·加波施金（1900—1979）。1925年，她发表了博士论文，认为恒星结构与宇宙中氢和氦的丰度直接相关，颠覆了当时人们认为太阳和地球在元素构成上没有显著区别的传统观念。

星、5 颗新星、一对分光双星（由两颗挨得很近的子星构成的双星系统，即便在望远镜的视界中也像是只有一颗星，识别起来非常困难）。她甚至编制了一份收录了约 20 万条参考信息的索引。不仅如此，坎农判定恒星星等的速度也在飞快地提升：头三年她只分类了 1000 颗恒星，到 1913 年的时候，她的处理速度已经达到了每小时 200 颗恒星。她只用一个放大镜，只需瞥一眼恒星的谱型，就能根据亮度判断它们属于第一至第九哪个星等，要知道九等星的亮度是人类肉眼可见的最弱亮度的十六分之一。而且为了给恒星归类，坎农甚至自己创立了一套光谱型“O、B、A、F、G、K、M”（天文专业的学生为了记住她的恒星分类，还有一套口诀“Oh Be A Fine Girl, Kiss Me”）。更令人惊叹的是，坎农在迅速完成这么大的工作量的同时，她的准确性还能一直保持在很高的水平。1922 年 5 月 9 日，国际天文学联合会通过了一项决议，正式采用了坎农的恒星分类体系。直到现在，我们依然在使用这个体系来进行恒星分类。

宇宙的新视角：爱因斯坦、勒梅特和哈勃

▲巴里特—瑟维斯恒星和行星寻星仪，是业余天文学爱好者使用的工具。

当安妮·江普·坎农和她的哈佛同事们正在记录恒星、珀西瓦尔·洛厄尔还在寻找火星生命时，在瑞士伯尔尼，一个想法（也就是后来被苏联物理学家列夫·朗道誉为“最美理论”的构思），正在德国专利局一位助理审查员的脑中慢慢成型。1905年，阿尔伯特·爱因斯坦（1879—1955）在期刊《物理年鉴》上发表了他关于相对论的第一篇文章（现在称为“狭义相对论”），解释了物体在不同惯性参考系之间的运动原理（惯性参考系可以理解为一类空间，不同惯性参考系之间呈相对匀速运动）。狭义相对论有两个基本原理：一是狭义相对性原理，即一切物理定律在所有惯性系中均有效，同样也适用于保持匀速运动的物体。二是光速不变原理，爱因斯坦认为无论观测者相对于光源在做何种运动，光速对所有观测者来说都是完全一致的。他用著名的质能方程 $E=mc^2$ 表述了这样一个事实，即质量和能量是等价的物理实体，并且能够互相转化。简而言之，一个物体的质量（m）乘以光速的平方（c^2）等于该物体的动能（E）。

◀ *阿尔伯特·爱因斯坦*

在专利局工作期间，爱因斯坦产生了“最令他幸福的想法”——他的相对论原理也适用于引力场，这将从根本上颠覆当时公认的艾萨克·牛顿对物理学的理解。两个世纪之前，牛顿将他提出的“引力”描述为物体和物体之间产生的某种我们看不到的力。行星在空旷的宇宙空间中做匀速直线运动，直至它们的轨道在引力的影响下发生弯曲。但关于引力是如何产生作用这个问题，牛顿却不愿回答，甚至连装个样子都不愿意。

爱因斯坦研读了英国科学家迈克尔·法拉第（1791—1867）和詹姆斯·克拉克·麦克斯韦（1831—

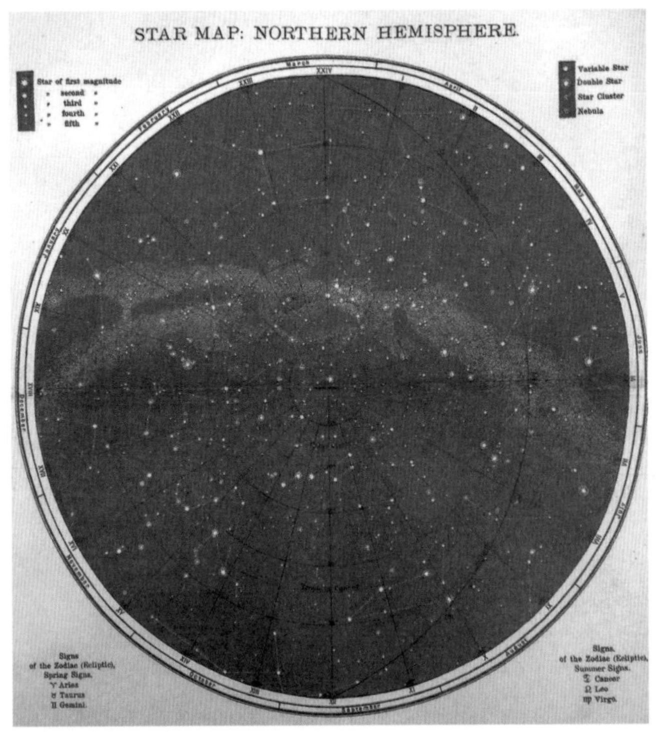

◀*1905年出版的一张北天区星图，同年爱因斯坦发表了他的狭义相对论。*

1879，第一次将电、磁和光解释为同一物理现象的不同体现）的先驱性研究成果。毫无疑问，法拉第和麦克斯韦对爱因斯坦引力理论的形成产生了影响。在爱因斯坦看来，引力在引力场中的作用机制也是一样的道理，于是他开始运用方程式，着手解决宇宙中引力作用的机制问题。在思索这个起作用的引力场到底在哪里时，爱因斯坦过人的才华表露无遗，他认为引力场并不像电磁场那样是由离散实体充满的空间，而是“空间本身”。这也是他1915年提出的广义相对论的核心观点。

我们可以通过想象一个相似的场景来理解广义相对论：躺在蹦床上的人的质量让蹦床织物下陷，这时候沿着蹦床织物的边缘开始滚动一个大理石球，大理石球将会以螺旋线围绕人的身体旋转，令石球产生这样运动的并不是某种不可见力拉扯的结果，而是因为蹦床中央的物体让织物产生了斜率。在爱因斯坦的理论中，空间不是独立于物质的存在，空间本身就是一种物质，是一个在天体质量的影响下能够弯曲、伸缩、变成曲面的实体。有了这个理论，小到为什么物体总是落回地面，大到行星运动，一切问题都能解释得通了。太阳这颗质量极大

◀1917年，画家埃里克·比特纳专门为爱因斯坦设计的一张藏书票。

的恒星让周围的空间产生了扭曲，让地球就像那颗在蹦床织物斜面上滚动的大理石球一样，围绕太阳飞驰。爱因斯坦将其归纳成了一组场方程，究其本质而言，广义相对论可以总结成一个既简单又美丽的理念：时空在物质存在的地方发生了扭曲。

爱因斯坦根据优雅的广义相对论做出的推测虽然看起来有点怪，但最后都被一一证实。我们这里举两个例子：一是爱因斯坦认为光同样也会受到引力的影响，因为恒星周围的空间产生了扭曲，恒星发出的光也会发生偏差。1919 年，格林尼治天文台证实了爱因斯坦关于太阳光偏差的预测，并对实际的光偏差效果进行了测量。自此，天文学家们运用这个现象进行了大量的科学研究，许多问题迎刃而解。比如，光偏差让我们可以绕过黑洞之类遥远的质量巨大的天体，瞥见它们后面被遮住的星系——这项技术也就是引力透镜（详见第 221 页图，这张照片是哈勃空间望远镜利用光偏差现象拍摄的艾贝尔星系团 1689）。二是爱因斯坦宣称时间也会在引力的作用下产生扭曲。打个比方，有这样一对双胞胎，哥哥住在引力效应相对较弱的山顶，弟弟住在山谷中的洼地。那

Sunday, December 14, 1919

The New York Times

Rotogravure Picture Section, In Two Parts 5

LATEST AND MOST REMARKABLE PHOTOGRAPH OF THE SUN

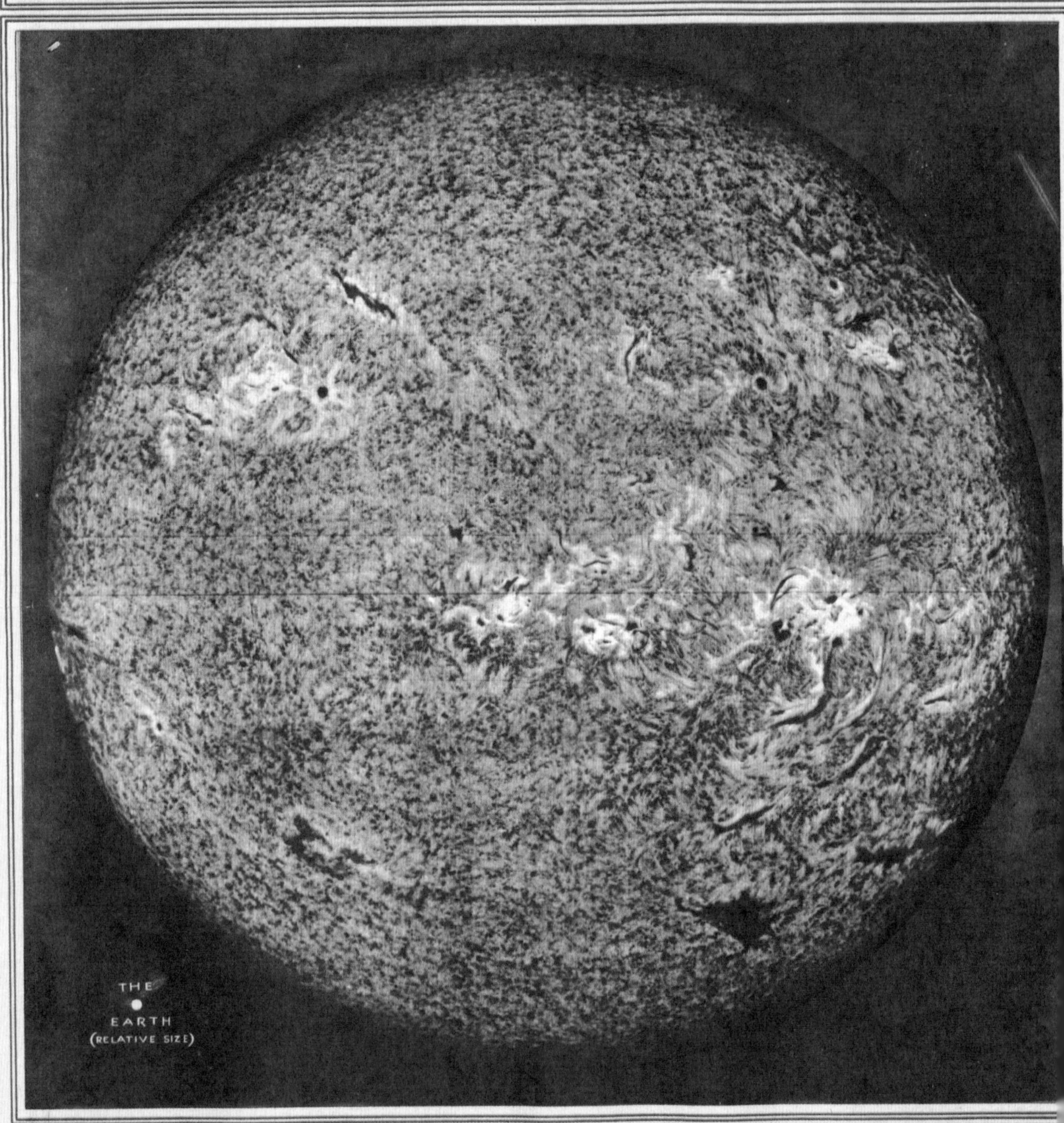

THIS PICTURE WAS TAKEN WITH THE SPECTROHELIOGRAPH OF THE MOUNT WILSON TOWER TELESCOPE, MOUNT WILSON OBSERVATORY, CARNEGIE INSTITUTION OF WASHINGTON, USING THE RED LIGHT OF HYDROGEN, WITH EVERY PERFECTED METHOD INTRODUCED SINCE THE FIRST PHOTOGRAPH OF THE KIND WAS OBTAINED ON MOUNT WILSON IN 1908.

The sun is here shown as it would appear to an eye capable of seeing only the red light of hydrogen, revealing the solar atmosphere thousands of miles deep, with its whirling storms, resembling tornadoes on the earth, but of colossal size, centring in sun spots. This atmosphere is perfectly transparent to ordinary vision. The large, dark objects, irregular in shape, are prominences, some of which occasionally attain heights of 200,000 miles or more. The diameter of the earth on the same scale, as shown in the lower left corner of this reproduction, would be thirteen-hundredths of an inch.

This photograph, with the sun's present spots clearly defined, draws added interest just now from the evidently groundless but apparently serious alarm which has swept over parts of the country over predictions, attributed to Professor Albert Porta of the University of Michigan, that the earth may be visited between Wednesday and Friday of this week, with the worst electric and weather catastrophe in history, due to an expected sun spot of unprecedented size, caused by the combined "electro-magnetic pull" of the six planets Mercury, Venus, Mars, Jupiter, Saturn, and Neptune, which will be range about that time on the same side of the sun. "Interesting, if true," has been, i effect, the comment of leading astronomers of the country, who have discusse the prophecy, though admitting that the relative positions, on next Wednesday of the planets named will be as stated. The sun's diameter is 860,000 mile

么对于山上的哥哥来说，时间就会流逝得稍快一些。这个推测也已经被证明了，实际上汽车的卫星导航系统在设计时就必须考虑消除时间膨胀效应，否则在定位过程中会出现巨大误差，因为人造卫星上的时间要比地面上的时间走得更快一些。

◀ *最新的一张太阳最出色的照片，使用威尔逊山天文台塔式望远镜的太阳单色光照相仪拍摄，刊登于 1919 年 12 月 14 日的《纽约时报》上。*

广义相对论将引力重新定义为时间和空间（或称为“时空”）的几何特性，不但为物体的运动和性状提供了新的解释，还为物理学世界的一切提供了更先进的理论基础。它描绘了一幅令人震撼的宇宙图景：急剧膨胀的宇宙中不时泛起阵阵涟漪，深不见底的黑洞、弯曲的光线和时间的波动起伏充斥其间。广义相对论为物理学开启了一道门，门外数不清的未解之谜让物理学家们忙得焦头烂额，天文学即将迎来的重大突破并不是宇宙理论的更新，而是对宇宙范围的认知升级。

20 世纪初，视银河系为整个宇宙是物理宇宙学界盛行的理论。关于这一观点是否正确的争论越来越激烈，1920 年 4 月 26 日，天文学家哈洛·沙普利和希伯·柯蒂斯在美国自然历史博物馆的公共论坛上就宇宙规模的问题展开了一场辩论。在这场“大辩论”中，沙普利认为遥远的星云其实很小，位于我们所处星系的外围；而柯

▼ *加利福尼亚州威尔逊山天文台的巨型 100 英寸望远镜。*

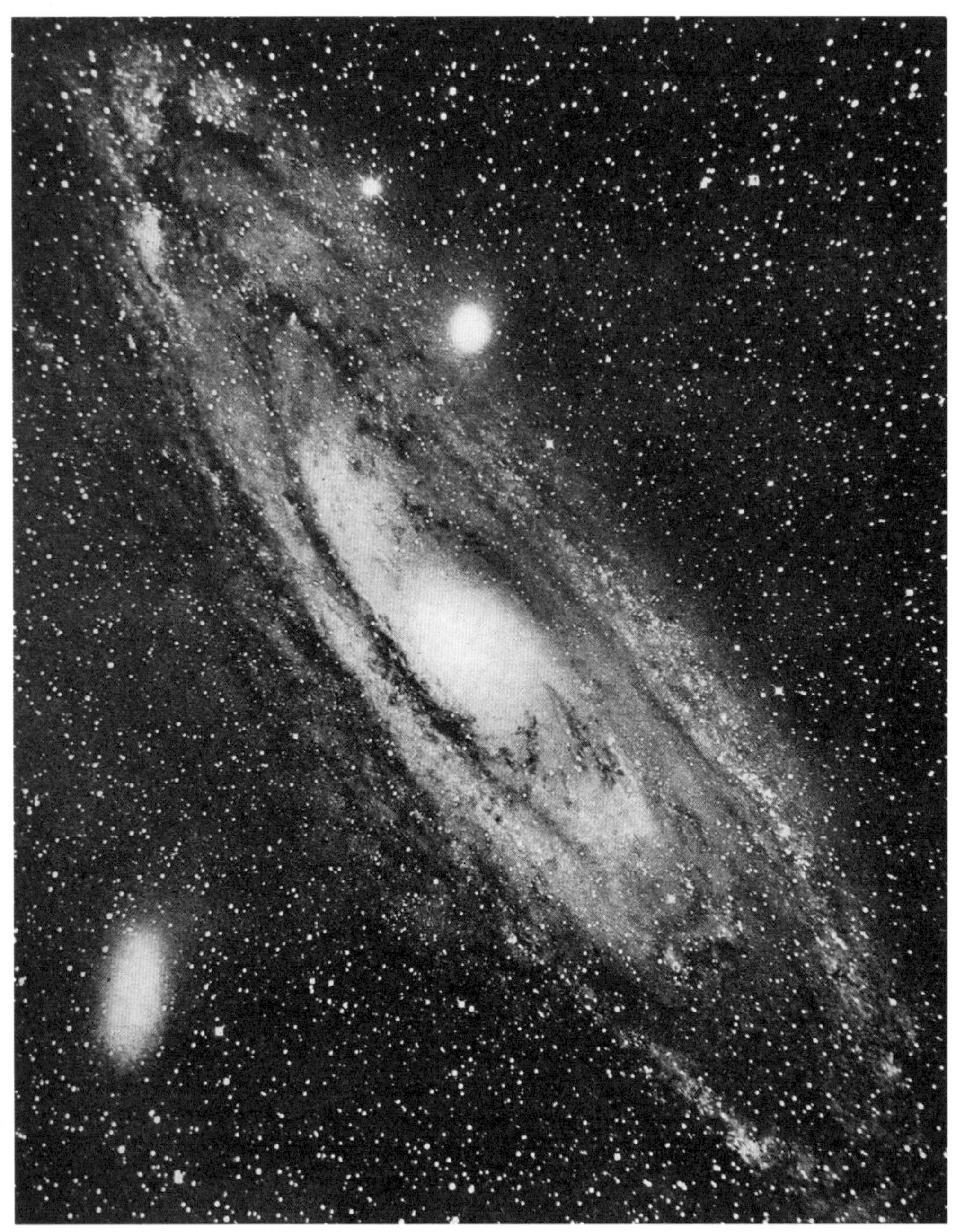

▲ *约1900年拍摄的仙女星云（星系）照片*

蒂斯认为星云也是独立的星系，它们很大，只是离我们非常遥远而已。

1923年，在威尔逊山天文台工作的天文学家埃德温·哈勃（1889—1953）开始着手在仙女星云中寻找新星（威尔逊山天文台配备的100英寸口径胡克望远镜是当时世界上最大的反射望远镜）。而自1912年洛厄尔天文台的V. M. 斯里弗报告说仙女星云正在以一个宇宙中任何天体都无法比拟的速度——671 081 英里 / 时（约 1 080 000 千米 / 时）——接近地球时起，对这一区域的探空勘察也越来越多。斯里弗认为，这说明我们的银河系是“一个巨大的旋涡星云，我们从内部并不能窥见它的全貌”，银河系和仙女星云或是其他旋涡星云没什么两样，都在运动。很快，哈勃就找到了一颗新星，当他把自 1909 年之后威尔逊山天文台拍摄的所有仙女星云的底片全部研究了一遍之后，他意识到自己发现的并不是新星，而是造父变星。威尔逊山天文台的照相底片中，有 60 多张都能看到这颗星体，但它的光度一直在第十八和第十九两个数量级之间飘忽不定。这是一个极其令人兴奋的发现，因为造父变星可以用来测量星团和星系的距离。在“宇宙距离阶梯”（天文学家利用不同的测距方法，一级一级向宇宙深处迈进的一系列测量天体距离方法的集合）中，造父变星是一种已知亮度的天体，即“标准烛光”。只需将已知造父变星的周光关系和观测到的天体亮度进行对比，就可以用平方反比定律计算出天体的距离。发现经典造父变星光变周期和光度之间存在关系的，正是我们前文中提到过的哈佛“最强大脑”（详见第 202 页“将群星分门别类：‘皮克林女子天团’”）中的一位——亨丽埃塔 • 斯旺 • 莱维特。1908 年，她在研究麦哲伦云中数以千计的变星时得出了这个结论。哈勃借此测定了地球和仙女星云之间的距离足有 90 多万光年，比想象中遥远得多，也确定了仙女星云位于银河系之外非常遥远的地方。（通常人们认为，测定仙女星云距离这一功劳是哈勃一人的，实际上，爱沙尼亚天文学家恩斯特 • 厄皮克在一年前便发表了一篇论文，用视向速度估算出了仙女星云与地球之间的距离，而且比哈勃的准确度更高。）不久后，哈勃又在仙女星云中发现了十二颗造父变星和一些新星，这意味着银河并不是唯一的“岛宇宙”。仙女星云只是远在银河系之外的诸多星系中的一个而已。

至此，关于宇宙规模的大辩论告一段落，但哈勃没有停下脚步，仍在向他另一个颠覆性的宇宙学发现迈进，更准确地说：证实自己的推测。1929 年，哈勃将自己的发现和米尔顿 •L. 赫马森对星系光谱观测和测量成果结合在一起，二人合作分析了多个星系的造父变星距离，观测到它们远离我们的退行速度，并找到了两者之间的关系，总结并进行了公式化，这个公式我们现在称为“哈勃定律”。哈勃和赫马森宣布：宇宙正在膨胀。尽管这个公式被称为哈勃定律，退行速度和星系与地球之间的距离之比的数值被称为哈勃常数，实际上，宇宙膨胀的概念是两年之前，也就是 1927 年，由剑桥大学

◀*乔治·勒梅特，大爆炸理论的开山鼻祖。*

天文系毕业的比利时天主教神父乔治·勒梅特（1894—1966）提出的。勒梅特从爱因斯坦的广义相对论中发展出了这个想法，首次从观测角度对后来被称为哈勃常数的数值进行了估算，并将论文发表在了布鲁塞尔科学学会的年鉴上。由于这本年鉴在比利时之外基本没什么人看，所以最开始没几个人知道他的理论。虽然这篇论文引起了爱因斯坦的注意，可惜的是，爱因斯坦从一开始就有点抵制勒梅特关于宇宙正在膨胀的观点，他是这样和勒梅特说的："您计算得没错，但您的物理学简直学得一塌糊涂。"

1931 年，《皇家天文学会月报》上发表了关于勒梅特文章的一篇评论，他的论文才进入了学术界的视线。这一回勒梅特的研究又向前推进了一大步，他提出了一个新的宇宙学观点，并成为之后科学家们开展研究的基础，即：我们所处的这个不断膨胀的宇宙的起源可以回溯到过去的一个点，在极为有限的时间内，宇宙的全部质量聚集起来，时间和空间的结构在一瞬间形成。这个被勒梅特称为"原初原子假说"或是"宇宙蛋"的观点，也就是我们现如今说的"大爆炸理论"。

◀*如果把地球和太阳喷发出的炙焰放在一起对比，便是图中呈现的样子。图摘自 G.E. 米顿 1925 年出版的《写给年轻人的星星的故事》。*

20 世纪以后天文学的突破性进展

即将走入现代纪元，这本星图故事集也即将结束，但天文学的发展丝毫没有放缓的迹象。实际上，20 世纪各学科都在迅猛发展，天文学取得的进展更是比其他任何学科都要多[1]。在

1 注释：这毫无悬念地激发了大众对太空的空前痴迷，甚至驱使一位名叫 A. 迪安•林赛的美国绅士，试图确立对地球以外整个宇宙的合法所有权。1937 年，林赛大胆地向佐治亚州的法院提出申请，要求被称为行星、星空之岛或其他物质的财产，从今以后统称为“A.D. 林赛的裙岛（林赛的原文写的是 archapellago，可能是拼写错误）”。林赛给朋友的信中写道：“你敢信？现在月亮、太阳、恒星、流星、小行星——地球外所有的一切，都归我了！”1967 年，《外层空间条约》明确规定了不能对外层空间主张主权，打击了这种外太空圈地的野心，其他有类似想法的人的希冀也成了一场空。

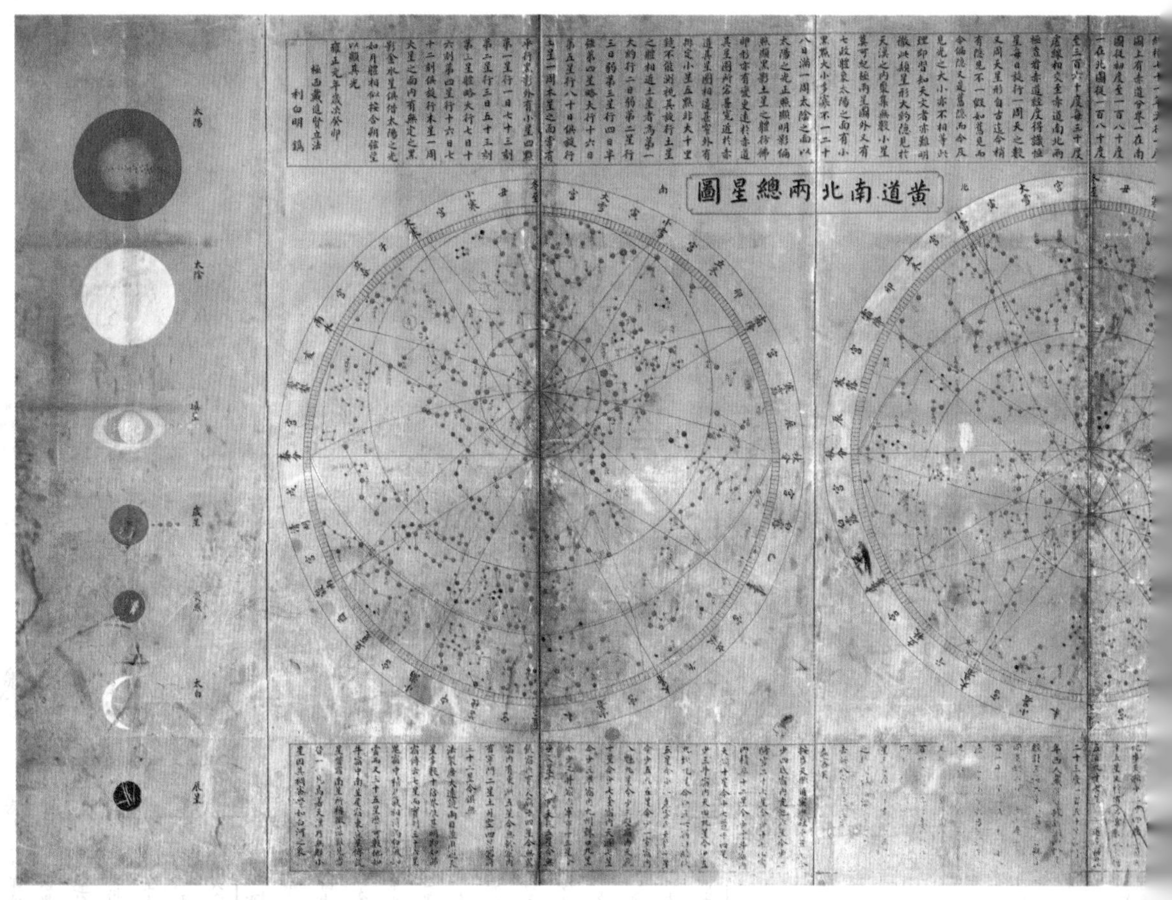

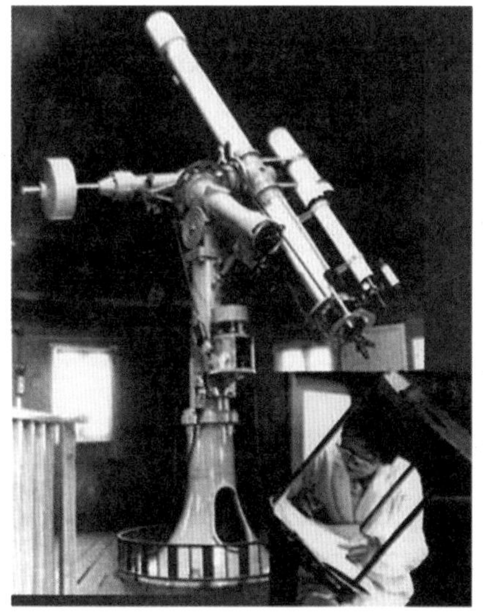

▲ *日本业余女性天文学爱好者小山久子（1916—1997）自1944年起开始观测太阳。1946年，小山久子成为东京科学博物馆的观测员，开始了她四十年如一日、有条不紊的太阳黑子观测事业。她每天都会根据观测结果手绘记录太阳黑子的变化，四十年的日积月累也让她的研究成为有史以来在太阳活动领域最有价值的研究之一。*

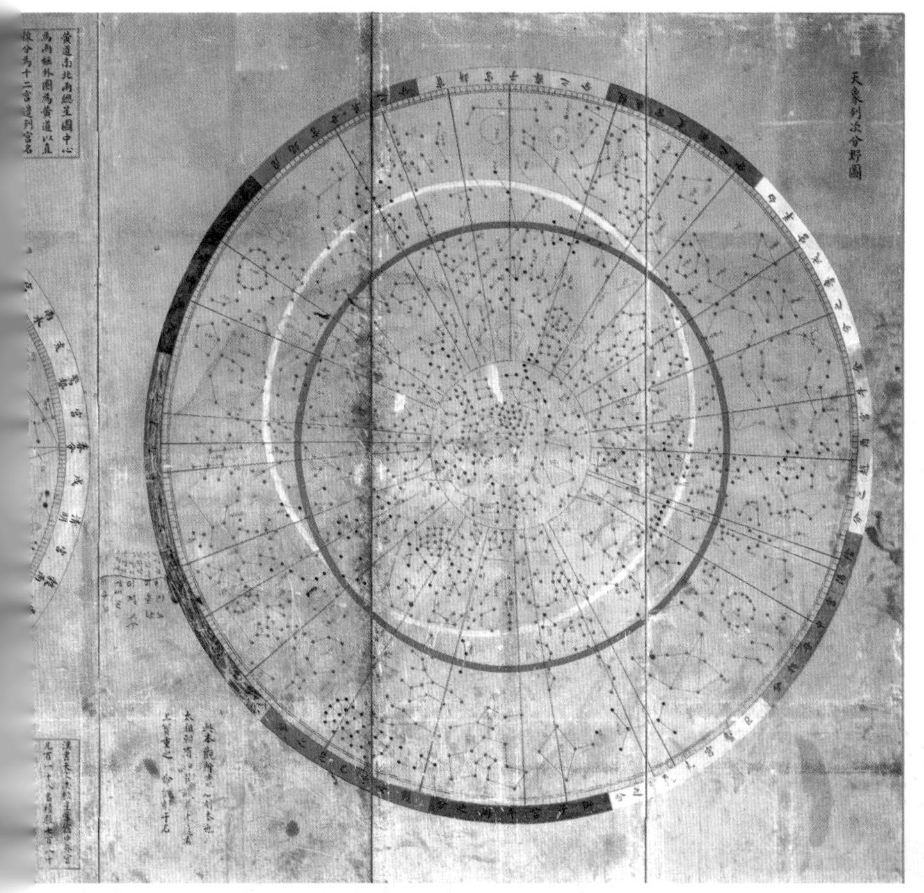

◀ *19世纪晚期的一幅日本[1]星图，根据德国耶稣会传教士戴进贤（1680—1746）的观测结果绘制。*

1 译者注：作者认为这是一幅日本星图。但戴进贤其实是一位来华的传教士，曾任清廷的礼部侍郎。这幅《黄道南北两总星图》实际上是一幅中国星图。

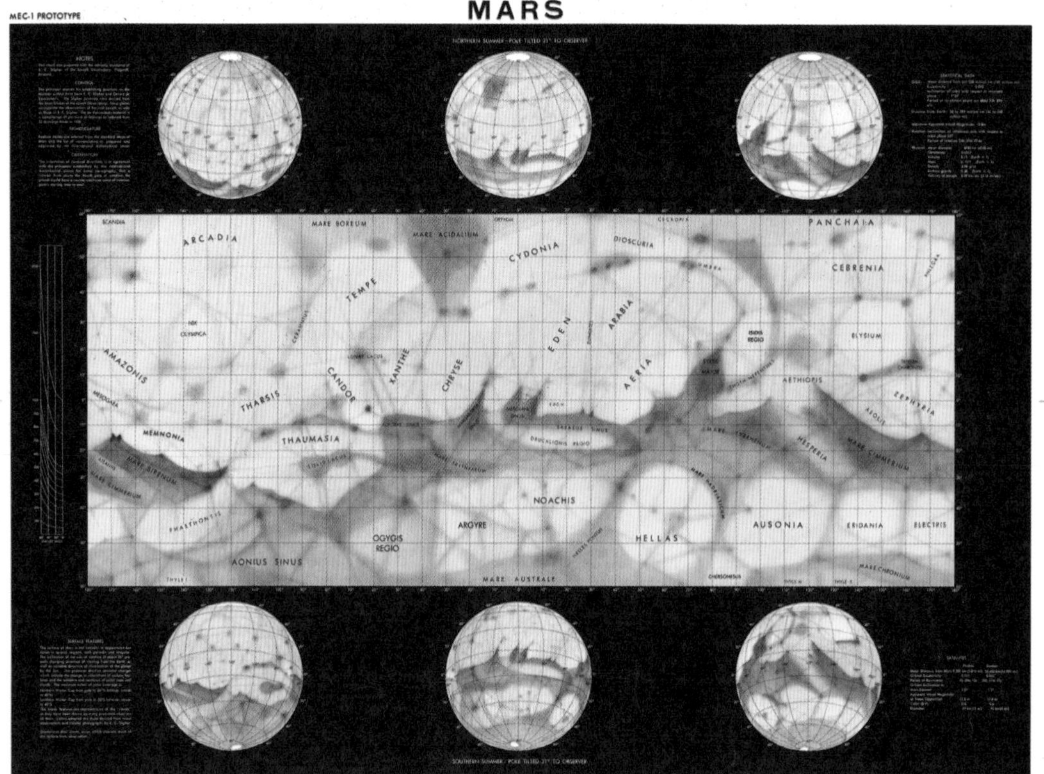

▲*1962—1965 年的火星表面原型地图，从平面投影和球面投影两个角度展示了火星的地貌。这张地图部分借鉴了珀西瓦尔·洛厄尔的观测结果（详见第 194 页“珀西瓦尔·洛厄尔看见了火星上的生命迹象”）。*

爱因斯坦提出广义相对论和哈勃发现了遥远的河外星系后，宇宙的规模“爆炸”了（有了哈勃定律的支持，勒梅特提出的“爆炸”理论真可谓是用词精准）。随着哈勃确认了星云就是遥远的星系，几千年来天文学家都坚信的银河系是宇宙中唯一的星系的这一观念，也在事实面前土崩瓦解了。实际上，我们对河外星系的估算总量也在不断增长。1999 年，人们曾根据哈勃空间望远镜的观测数据推断出，银河之外大概有 1250 亿个星系。最近，计算机建模运算的结果表明，河外星系的总数可能接近 5000 亿。

在 20 世纪天文学的重大突破中，宇宙膨胀说和海量星系说是其中最为重要的。1964 年，美国射电天文学家阿尔诺·彭齐亚斯和罗伯特·伍德罗·威尔逊发现的宇宙微波背景（CMB），是同等重要的突破。宇宙微波背景给宇宙起源的大爆炸理论提供了非常有力的证据。它是宇宙诞生之初（大爆炸之后 37.8 万年），一个被称为“复合期”的迷人的遗留产物。在复合期，带负电的电子和带正电的质子结合形成电中性的氢原子。之后，微弱的

▲ *月球的拼接参考图像，1962 年 11 月由美国空军拼合而成。*

电磁辐射充斥了整个太空，这就是宇宙微波背景的由来。因此，宇宙微波背景作为最古老的电磁辐射，为我们提供了宇宙早期的数据信息。只要配备灵敏度合适的射电望远镜就有可能探测到它的存在。过去曾经有过一种更简单的探测方法：在进入数字电视广播时代之前，更换频道时电视屏幕上出现的静电干扰和静电噪声中，约有 1% 就是宇宙微波背景辐射。有意思的是，尽管从 20 世纪 40 年代起，人们就开始有目的地寻找宇宙微波背景，但彭齐亚斯和威尔逊在 1964 年偶然发现了它。他们二位因此获得了 1978 年的诺贝尔物理学奖。

此外，一个更大的、至今还没有解开的谜题就是暗物质。人们只能观测到它产生的效果，却没办法观测到它本身。1933 年，瑞士天体物理学家弗里茨·茨维基在研究后发座星系团时首次正式提出了这个论断。他观测

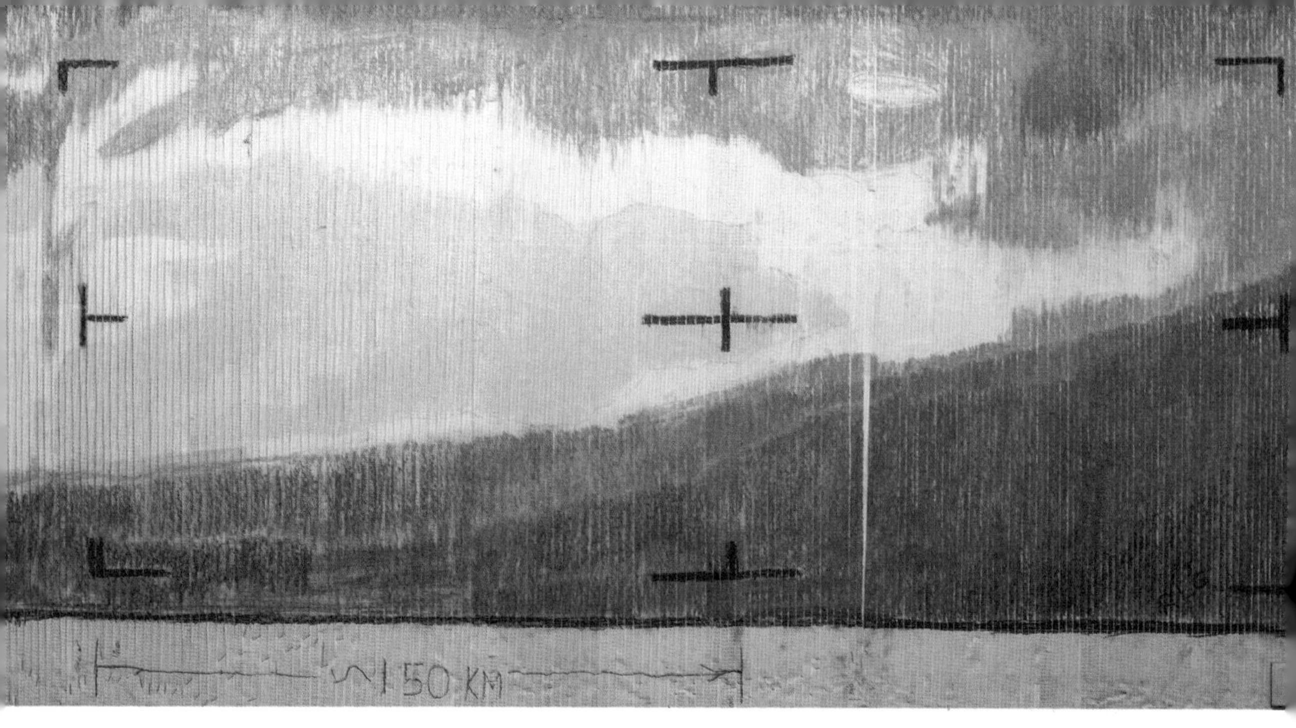

▲*1965年7月15日，“水手4号”探测器在飞掠火星时，第一次近距离捕捉到了除地球外第二颗行星的图像。当时，虽然观测数据传回了NASA，但将其转译、合成图像的速度极慢。NASA喷气推进实验室的工作人员实在等得不耐烦，干脆直接将数据一条条地打印出来拼接到一起。经过一番紧张忙乱的手工涂色后，得到了此处展示的图像。*

了后发座星系团中星系的旋转，发现它的质量根本不能维持如此高速的运动，茨维基估计后发座星系团的实际质量至少是他观测到的400倍。他认为一定存在一种不可见的“暗物质”，才能解释这个离奇的现象。实际上，构成宇宙的绝大多数物质似乎都是我们无法看见的物质，而那些放出辐射被我们观测到的天体只占宇宙总质量的4%左右。我们观测到的诸多引力效应，只能在实际存在的质量比可见质量要大的情况下才会发生，这说明假设中的暗物质和暗能量可能真的存在，而且无处不在。如果不是巨大的不可见的质量将星系牢牢地“绑”在一起，如此高的旋转速度早就让它们分崩离析了。

美国天文学家薇拉·鲁宾（1928—2016）的开创性研究成果，给了茨维基的暗物质假说强有力的支持。20世纪60年代，鲁宾发现星系角向运动的预测值和实际观测值之间存在差异，于是她也倾向于认为这是暗物质作用的结果。直到几十年后，鲁宾的观点才得到证实。现如今，我们认为在这种“有问题的星系旋转”现象中奇特的运动就是暗物质存在的证据。此外，1979年，爱因斯坦广义相对论预言的光线的弯曲现象（即引力透镜）得到了证实，也为暗物质假说提供了进一步的支持。在现在的宇宙学模型中，暗物质和暗能量的比例已经达到了宇宙总质能的95%。由于目前人们还无法观测到暗物质，这种看不见的物质极有可能是一种尚未发现的基本粒子，或许它就像天文学家们假设的那样，有可能是个“软蛋”（WIMP，即“weakly interacting massive particles”的缩写，意为弱相互作用大质量粒子），也没准是个“男子汉”（MACHO，即“massive astrophysical compact halo object”的缩写，意为晕族大质量致密天体）。看，天体物理学家也这么喜欢用缩写，还语带双关。

当理论物理学家们沉迷于解决这些谜题时，天文学家们已经将视线聚焦于更遥远的太空深处“黑暗汪洋”的秘密。20 世纪 60 年代末，天文学家预测将会出现一次罕见的带外行星联珠，这个 175 年一遇的现象推动了“旅行者号”探测器计划的建立。位于加利福尼亚州南部的 NASA 喷气推进实验室建造的“旅行者 2 号”探测

▼*2002 年，为了拍下这张宇宙深处的图像，哈勃空间望远镜对准了星系团艾贝尔 1689 的中心位置。作为已知质量最大的星系团之一，艾贝尔 1689 中数万亿颗星体的引力和星系团内暗物质的质量共同发挥作用，在太空中产生了一个约 300 万光年口径的透镜效果，弯曲并放大了本来隐藏在它后面更遥远的星系发出的光，才得到了这张图像。图中那些最黯淡的天体和地球之间的距离至少有 130 亿光年。*

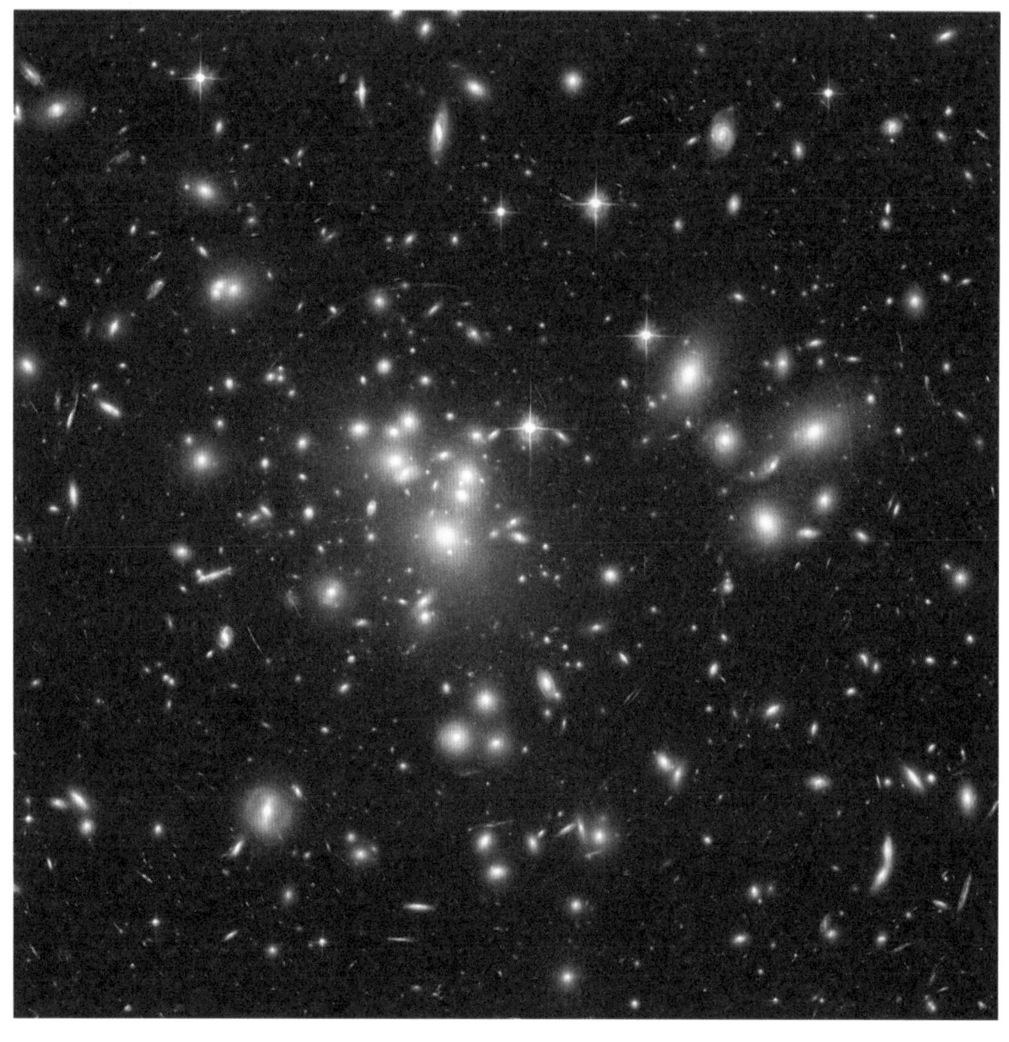

器——这台由 NASA 出资并发射的探测器，1977 年 8 月 20 日在佛罗里达州卡纳维拉尔角率先升空，它将沿着预先计算好的轨道近距离依次经过木星、土星、天王星和海王星。1977 年 9 月 5 日，“旅行者 1 号”探测器紧随其后，也踏上了速度更快的、行程更紧凑的星际旅程，途中“旅行者 1 号”将飞掠土卫六。它按计划成功地完成了飞掠任务，也因此被弹出了黄道面，飞向了一段新的旅程。与此同时，仅 1986 年一年就有 5 台航天器升空被派往哈雷彗星。其中由 ESA 发射的“乔托号”行星际探测器，最接近哈雷彗星时与彗核的距离不足 375 英里（约 604 千米），并在那里进行了 10 个小时的数据和图像收集工作。

20 世纪 90 年代，“旅行者 1 号”探测器赶超了速度稍慢一些的深空探测器“先驱者 10 号”和“先驱者 11 号”，终于在 2012 年成为首个进入星际空间的人造物体。自 2013 年起，它便以相对于太阳 11 英里 / 秒（约 18 千米 / 秒）的速度继续向前飞驰。至此，“旅行者 1 号”已

▼一张“阿波罗 11 号”登陆位置的地图，在图上签名的是巴兹·奥尔德林。

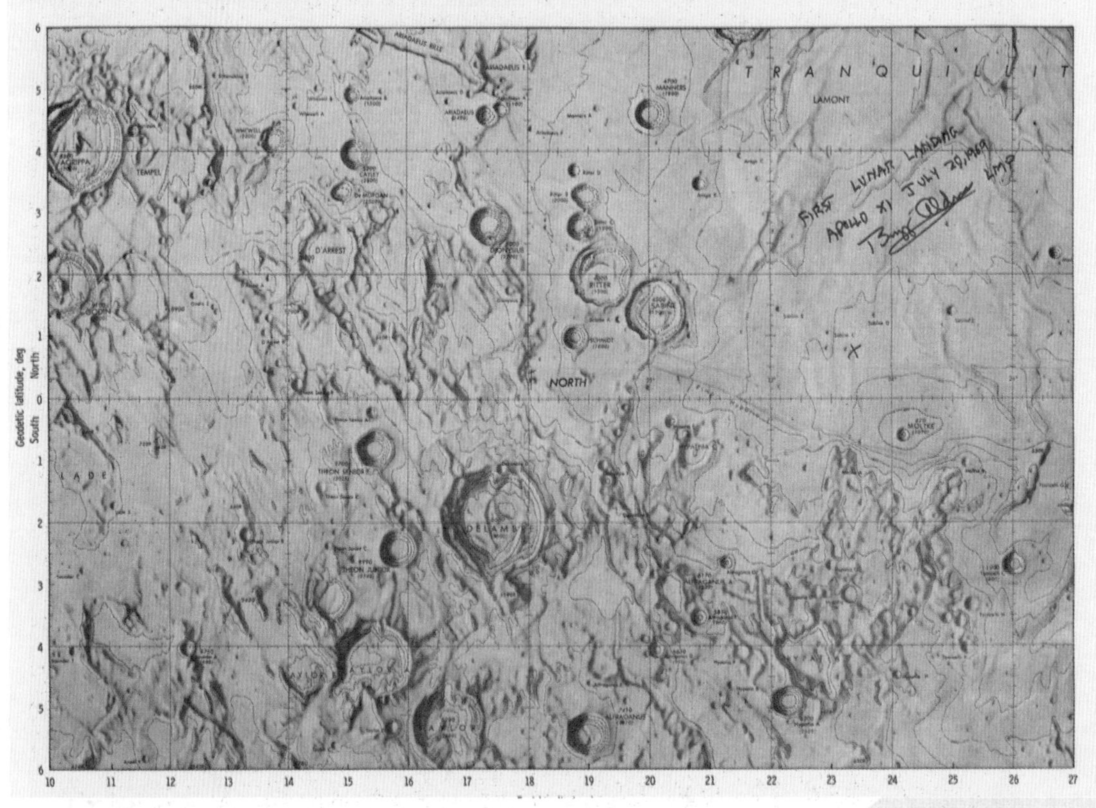

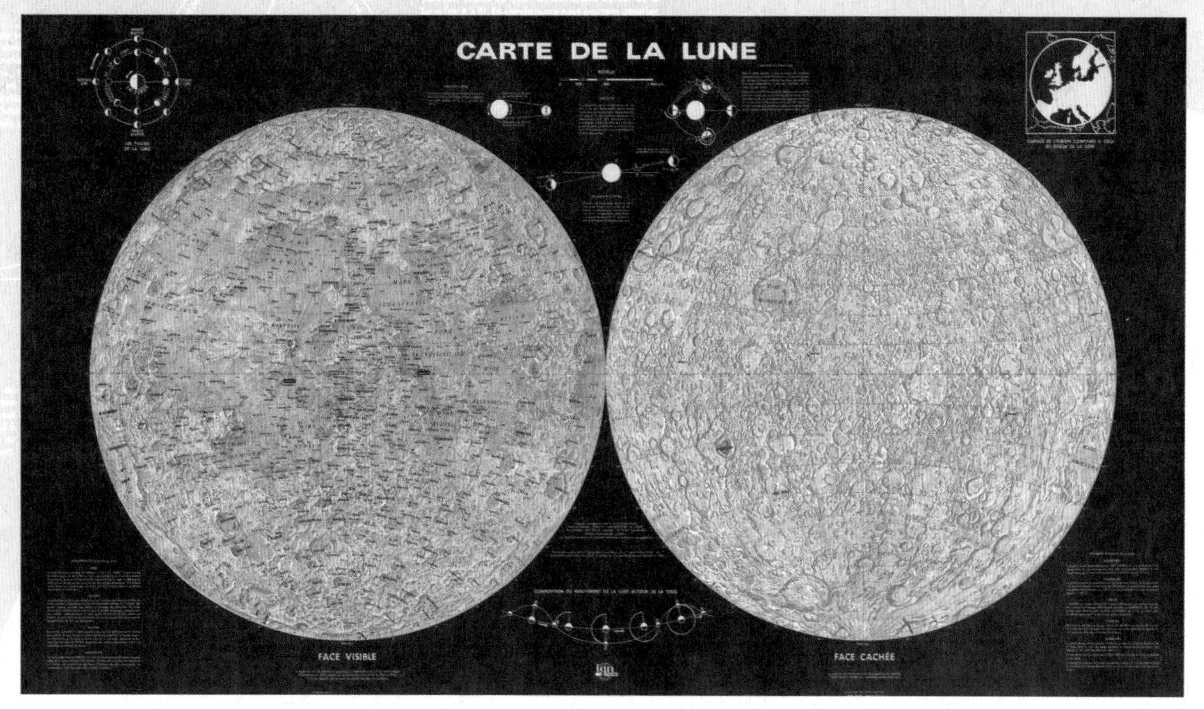

▲1969年在“阿波罗11号”首次载人登月和“阿波罗12号”再次载人登月后，法国制作的月球地图。图上标出了两次登月载人飞船的着陆地点，还展示了之前为载人登月做准备的无人登月计划月球轨道飞行器和“探测者号”、NASA的徘徊者计划及苏联登月计划。

经捕捉到了木星上形式多变的复杂云层和风暴体系的特写图像，并向我们展示了木卫一上的火山活动，以及土星环上神秘的扭结和环辫[1]。“旅行者2号”在天王星周围发现了一个磁场和10颗新卫星；在经过海王星时，探明了6颗新海王星卫星，并遭遇了一场大范围的极光。1992年，“旅行者1号”和“旅行者2号”探测器首次注意到，在太阳系边缘位置有一个“氢元素组成的墙壁”。最终，在2018年8月，NASA证实了这个“氢壁”的存在。

自1990年发射进入近地轨道时起，哈勃空间望远镜就为人类提供了大量分辨率极高的宇宙图像。[2] 与地面上的望远镜相比，哈勃空间望远镜能够不受地球大气产生的畸变影响，受背景光的干扰也更小。由NASA和ESA

1 注释：顺便说一下，环并不是行星独有的现象。2014年，天文学家发现小行星女凯龙星也围绕着环。虽然我们现在并不清楚为什么这么小的天体会有环，但科学家猜测它可能是来自一颗超小卫星解体后碎片的再聚集。

2 注释：哈勃空间望远镜并不是一开始就能够输出高分辨率的图像。发射后不久，人们发现哈勃空间望远镜由于一块镜片（主镜片和副镜片都经过独立检测，但是在升空之前没有对望远镜进行整体测试）存在大约头发丝五十分之一粗细的像差而不能清晰聚焦。1993年，宇航员以太空行走的方式替换了有缺陷的镜片，耗资9亿美元。

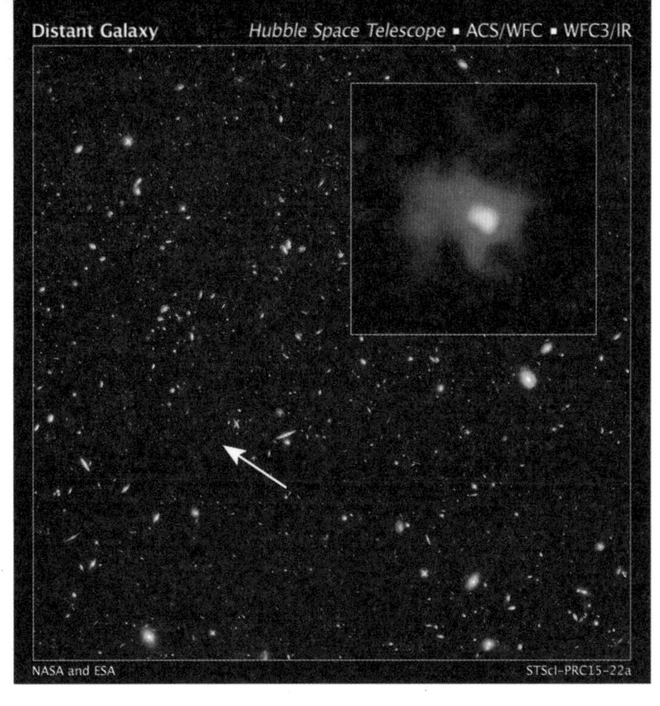

◀*GN-z11，是有史以来观测到的，也是用光谱学方法确认的最遥远的星系。这个图像是哈勃空间望远镜的宇宙星系近红外遗珍巡天（也称为烛光巡天）项目的一部分，已经至少存在了130亿年的星系GN-z11在图中是非常明亮的光源，很容易识别。*

共同建造的哈勃空间望远镜，也是唯一一个由宇航员在太空中操作使用的望远镜，因此它经历了多次维护来延长使用寿命。2009 年第五次维护结束后，哈勃空间望远镜预计可以持续工作至 2040 年。借助装载的设备，哈勃空间望远镜的观测范围从可见光延伸至近紫外光谱和近红外光谱，它不仅为我们提供了最深入的时空视角，还在天体物理学领域数不清的突破性进展中出过力。

在哈勃空间望远镜的帮助下，天文学家们在精确测量造父变星的距离后，修正了哈勃常数，准确地测定了宇宙的膨胀速率。在哈勃空间望远镜升空之前，对哈勃常数的估算约有 50% 的误差幅度，而有了哈勃空间望远镜之后，误差幅度已经减小到了 10%。也多亏了哈勃空间望远镜，我们将宇宙年龄从过去估算的 100 亿 ~200 亿年之间精确到了现在的 138 亿年左右。利用哈勃空间望远镜观测遥远的超新星时，人们还发现宇宙膨胀可能正在加速（加速的确切原因目前还不清楚，但暗能量是最常用的解释）。也是通过哈勃空间望远镜，我们才意识到黑洞很可能是所有星系中心的一种普遍现象；发现了在太阳系外，还有行星围绕类太阳恒星运动的证据；对太阳系内离我们非常遥远的天体开展了研究，这其中就包括矮行星冥王星和阋神星。更近的一次，就在 2016 年 3 月 3 日，天文学家们通过哈勃空间望远镜的数据发现了已知最遥远的星系 GN-z11，距离我们差不多有 320 亿光年。

◀*Pismis24 星团处于巨大的发射星云 NGC 6357 中心，图中角度为正对着天蝎座的方向。*

2013 年 7 月 9 日火星的一张拼接图像，素材来自海盗号轨道飞行器当日在距离火星表面 1550 英里（约 2500 千米）处捕捉的 102 幅图像之一，为我们提供了人类从宇宙飞船望向火星的视角。这个角度看到的最主要的横向特征就是火星上的水手谷，也是太阳系内最大的深峡谷，长度约 2500 英里（约 4000 千米），峡谷最深处深度约为 4 英里（约 6.5 千米）。

更精彩的图像可能还在后面。哈勃空间望远镜计划中的继任者是韦布空间望远镜，以 1961—1968 年任美国国家航空航天局局长的詹姆斯·韦布之名命名。韦布空间望远镜预计在 2021 年 3 月进入距离地球约 93 万英里（约 150 万千米）的轨道运行，我撰文时尚未发射[1]。韦布空间望远镜的巨大主镜由 18 块六边形镀金铍子镜构成，完全展开后直径可达 21 英尺 4 英寸（约 6.5 米）。相比之下，哈勃空间望远镜 7 英尺 10 英寸（约 2.4 米）的主镜太小了。有了这些先进的技术和设备，韦布空间望远镜将对宇宙中最遥远的天体和事件开展观测（可以观测最古老星系、遥远的恒星和行星的诞生），并生成系外行星和新星的图像，捕捉现有的地基观测设备和空基观测设备都无法探测到的其他景象。对比过去的一千年中天文学领域全部的创新和革命，毫无疑问，没有哪个时期的天文发现比我们现在所处的这个时期的发现更激动人心了。

创生之柱，这也是 NASA 哈勃空间望远镜最著名的图像之一，最早拍摄于 1995 年。创生之柱是鹰鹫星云内部一个巨大的生成恒星的区域的一部分，距离地球约 6500 光年，柱体高度大约为 5 光年。图中可以看到在柱体深处，恒星正在诞生。

---

1 编者注：韦布空间望远镜本应在 2014 年升空，但后因预算、技术等问题屡屡推迟。2018 年，NASA 表示该望远镜的发射被推迟至 2021 年，但至本书截稿日（2020 年 12 月 1 日）尚未发射。

后记

至于以后会怎样，只需回看自 1900 年起相对短暂的一百多年间发生在天文学领域那些惊人的创新和迅猛的发展势头，便知未来可期。20 世纪初，天文学家们的计算工具还是对数表和计算尺，从有限的数据集中推算一颗彗星的轨道要用三周的时间；而今，同样的工作使用计算机不用三分钟就能完成。那时候，我们认为太阳系是宇宙中唯一的行星系统，人们对原子内部是什么样的一无所知，尚未发现电子和中子；量子力学才刚刚起步，还没来得及涉足光谱学和电磁辐射的研究；人们不知道什么是狭义相对论和广义相对论，教学黑板也还没写上 $E=mc^2$；核聚变和核裂变的概念更是闻所未闻。现如今，巨大的射电望远镜在世界各地落成，还有一大堆伽马射线空间望远镜、X 射线空间望远镜、紫外空间望远镜、红外空间望远镜在轨道中一圈圈地运行。迄今已经有十二名宇航员在月球表面散过步，太空旅行的商业化也只差那么临门一脚。有了地基天文台和诸如开普勒太空望远镜、系外行星探测卫星之类令人惊叹的航天器的帮助，我们已经在 2792 个系外行星系中共计确认了 3726 颗系外行星（太阳系以外的行星）。而在这些系外行星中，有些由于离它们系统内的恒星太近，就是一团团液态的熔浆；有些比木星还要大；还有的则和月球一样小。（有些围绕双恒星系统运动的系外行星因为和《星球大

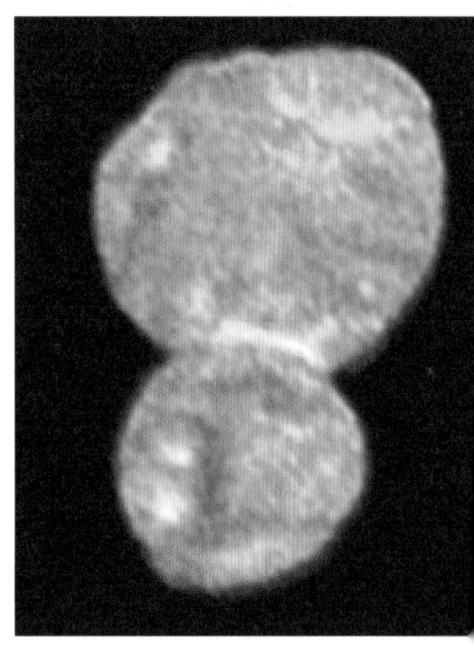

▲“新视野号”探测器捕捉到的太阳系最边缘处“天涯海角”的图像。“天涯海角”也是有史以来航天器到访过的最遥远的天体。

▼“未来的展望”系列图片，表达了对太空旅行未来的设想，NASA 加州理工喷气推进实验室出品。

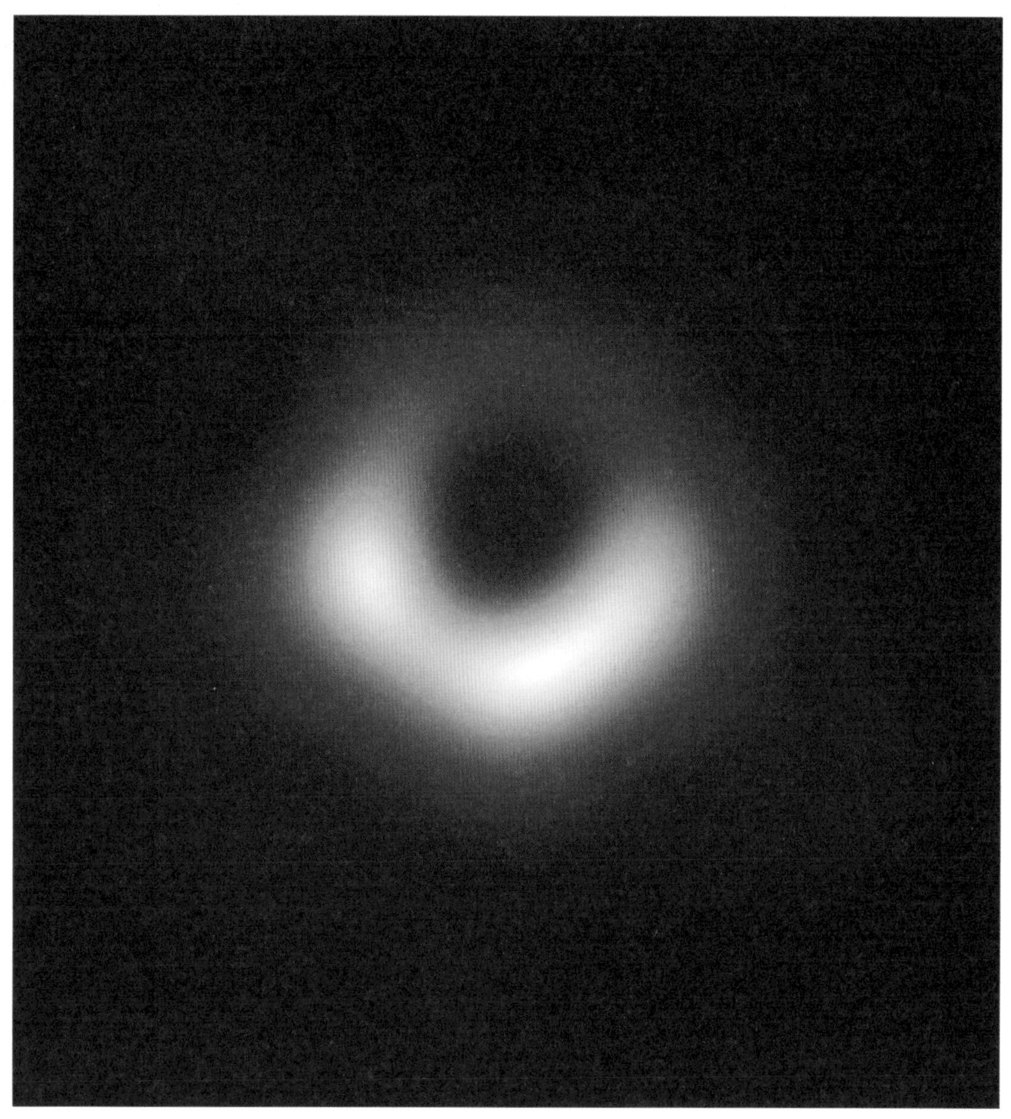

▲"我们看到了无法看到的东西"。2019年4月10日，美国国家科学基金会向世界宣告了一个历史性事件：事件视界望远镜（Event Horizon Telescope，简称EHT）成功捕捉到了有史以来第一张位于M87星系中央黑洞的事件视界图像。此前，人们一直认为不可能看到黑洞。事件视界望远镜是一个模拟望远镜，由分布在世界各地的一系列地基射电望远镜组成。

战》中卢克·天行者的故乡塔图因类似，而被称为"塔图因"行星。）现在人们认为，太空中行星的数量比恒星要多，随着NASA韦布空间望远镜等下一代空间计划的逐步实施，预计在未来几年中还会发现更多的行星。

2018年11月26日，NASA"洞察号"无人着陆探测器在火星成功着陆。撰文之时，"洞察号"已经在火星表面漫游，开始研究这颗行星的"内心深处"了；而NASA的另外一台无人飞行器——帕克太阳探测器，也正向着太阳进发，去完成人类首个太阳外冕探测任务。帕克太阳探测器将飞到离太阳中心仅有9.86个太阳半径（430万英里/约690万千米）的轨道位置，预计在

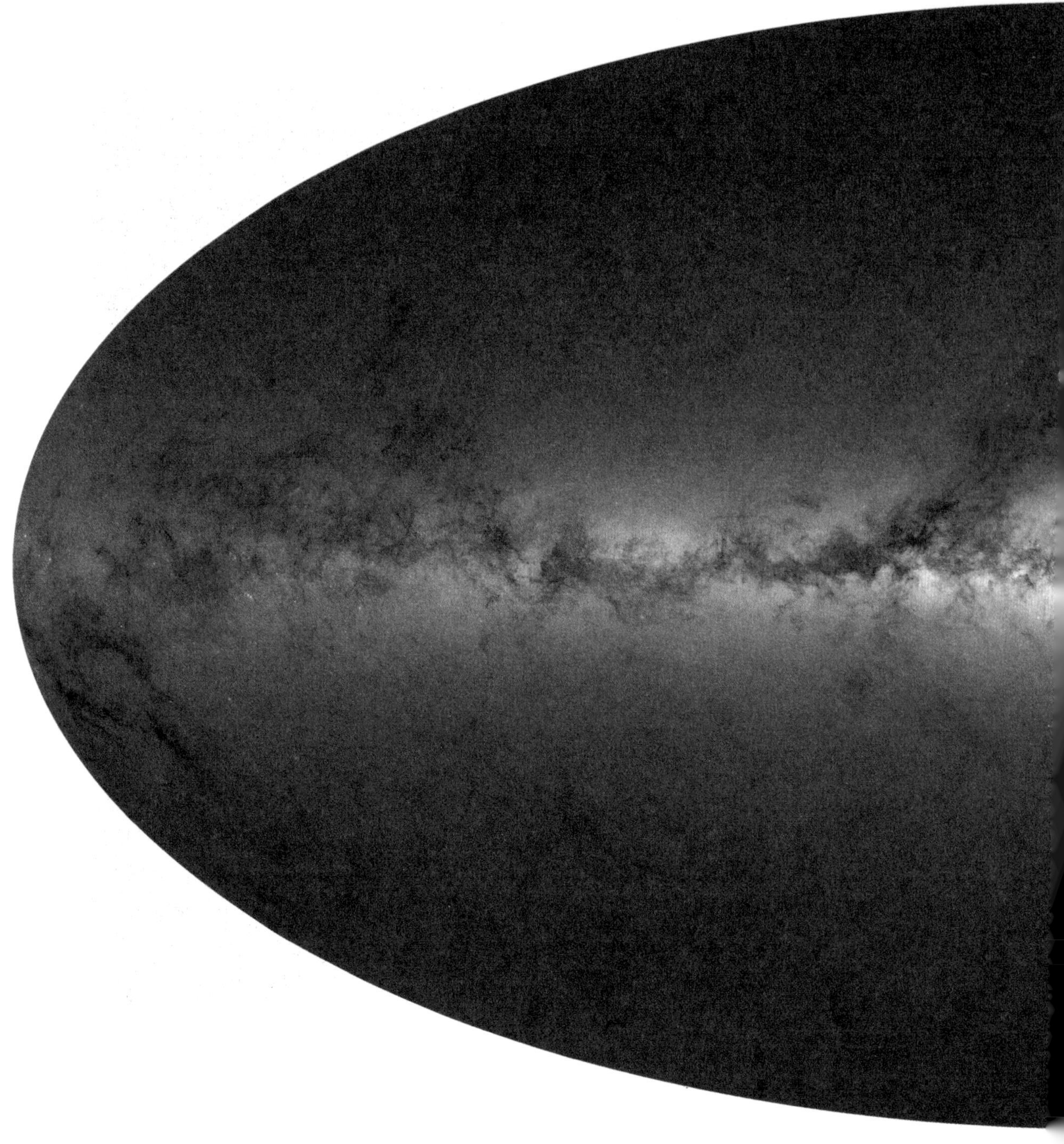

近日点时速度将达到约 43 万英里 / 时（约 69.2 万千米 / 时）。此外，2015 年就飞过了冥王星的“新视野号”探测器也在 2019 年 1 月 1 日首次飞掠了太阳系最最外围，位于柯伊伯带的绰号“天涯海角”、由冰和岩石组成的神秘天体。如果一切运转正常，它将在 2038 年加入“旅行者号”航天器的任务，一起探索外日球层，或许还会冲过边界进入星际空间。

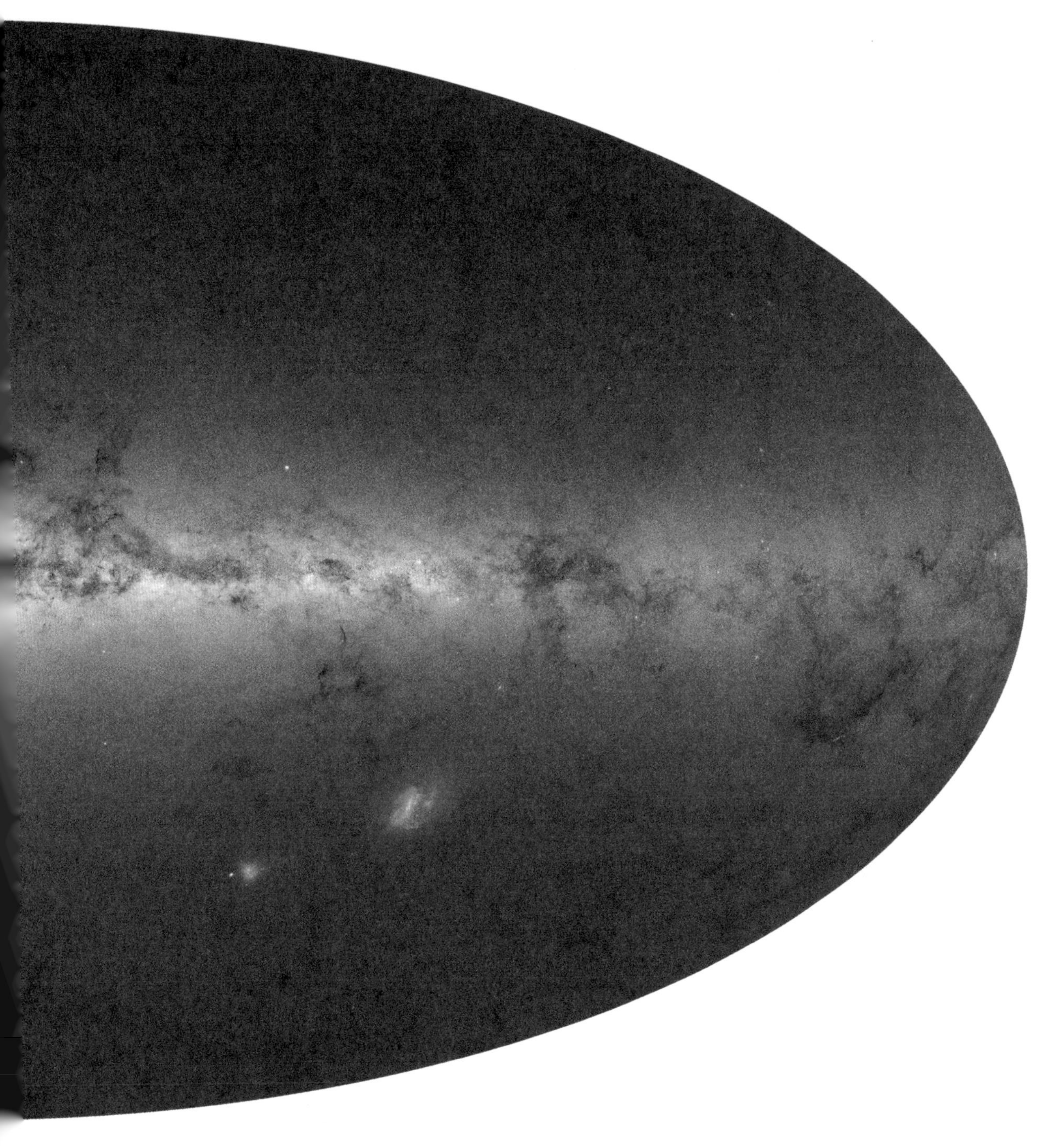

天空的故事还在继续，我们可以算是人类这个热爱探索的物种有史以来获得赞誉和回报最多的一代，科学进步的势头必然会紧紧将我们包围，这种充满着无限可能的激动也将一直伴随在我们的左右。就像1887年赫胥黎写道的那样：“已知是有限的，未知才是无限的。从智慧的角度来看，我们只不过是站在无边无际、无法解释的汪洋中的一个小岛上。我们每一代人都只能通过努力扩大一点点已知的范围，把这座小岛增大一点点而已。”

▲ *有史以来最详细的银河系地图。2018年，欧洲空间局发布的这张银河系及其近邻的图中包含有17亿颗恒星的数据，其中有些恒星甚至距离地球8000光年远。制图的原始信息来自盖亚天文卫星22个月间的数据采集工作。*

译名表

1. 人名

A. 迪安•林赛 A. Dean Lindsay
G.E. 米顿 G. E. Mitton
V. M. 斯里弗 V. M. Slipher
阿波菲斯 Apophis
阿博特•劳伦斯•洛厄尔 Abbott Lawrence Lowell
阿卜苏 Abuz
阿布•马谢尔 Abū Ma'shar
阿尔布雷希特•丢勒 Albrecht Dürer
阿尔布马扎 Albumasar
阿尔哈什米 Al-Hashimi
阿尔苏菲 Abd al-Rahman al-Sufi
阿喀琉斯 Achilles
阿拉托斯 Aratus
阿利斯塔克 Aristarchus
阿列克西•克劳德•克莱罗 Alexis Claude Clairaut
阿梅德•吉耶曼 Amédée Guillemin
阿蒙神大祭司 Djedkhonsuefeankh
阿那克西曼德 Anaximander
阿那克西米尼 Anaximenes
阿尔诺•彭齐亚斯 Arno Penzias
阿佩普 Apep
阿塔纳修斯•基歇尔 Athanasius Kircher
埃比尼泽•西布利 Ebenezer Sibly
埃德蒙•哈雷 Edmond Halley
埃德蒙•莫德斯特•莱斯卡博 Edmond Modeste Lescarbault
埃德温•哈勃 Edwin Hubble
埃里克•比特纳 Erich Büttner
埃米•英厄堡•布伦 Emmy Ingeborg Brun
艾蒂安•特鲁夫洛 Étienne Léopold
艾萨克•阿西莫夫 Isaac Asimov
爱德华•C. 皮克林 Edward C. Pickering
安德烈亚•阿尔恰托 Andrea Alciato
安德烈亚斯•策拉留斯 Andreas Cellarius
安德鲁•格兰特 Andrew Grant
安德斯•约翰•莱克塞尔 Anders Johan Lexell
安德斯•约纳斯•埃斯特朗 Anders Jonas Ångström
安东尼娅•莫里 Antonia Maury
安杰洛•塞基 Angelo Secchi
安娜•温洛克 Anna Winlock
安妮•江普•坎农 Annie Jump Cannon
安托万•德•费 Antoine de Fer
奥芬木特 Aafenmut
奥兰多•弗格森 Orlando Ferguson
奥龙斯•菲内 Oronce Finé
奥斯丁•亨利•莱亚德 Austen Henry Layard
奥西里斯 Osiris
巴尔托洛梅乌•维利乌 Bartolomeu Velho
巴思的阿德拉德 Adelard of Bath
巴特 Bat
巴托洛梅乌斯•安格利克斯 Bartholomaeus Anglicus

巴兹·奥尔德林　Buzz Aldrin
白塔尼　Al-Battani
贝尔纳·勒博维耶·德·丰特奈尔　Bernard Le Bovier de Fontenelle
贝萨里翁　Basilios Bessarion
比德　Bede
彼得·芒迪　Peter Mundy
彼得·尼科莱·阿部　Peter Nicolai Arbo
彼得鲁斯·阿皮亚努斯　Petrus Apianus
彼特拉克　Petrarch
毕达哥拉斯　Pythagoras
宾根的希德嘉　Hildegard of Bingen
布姆巴神　Bumba
达朗伯　Jean le Rondd'Alembert
大阿尔伯特　Albertus Magnus
戴进贤　Ignaz Kögler
戴维·格林斯庞　David Grinspoon
戴维·罗伯特　David Robert
德华·魏斯　Edward Weiss
狄奥尼修斯　Dionysius
第谷·布拉赫　Tycho Brahe
蒂尔伯里的杰维斯　Gervase of Tilbury
蒂迈欧　Timaeus
恩斯特·厄皮克　Ernst Öpik
恩西杜安娜　Enheduanna
斐索　Armand-Hippolyte Louis Fizeau
费迪南德　Ferdinand
弗朗茨·冯·葆拉·格鲁伊图森　Franz von Paula Gruithuisen
弗朗索瓦·阿拉果　François Arago
弗朗西斯·维路格比　Francis Willughby
弗雷德里克·丘奇　Frederic Church
弗里茨·茨维基　Fritz Zwicky
弗洛伦丝·库什曼　Florence Cushman
傅科　Jean Foucault
格奥尔格·冯·波伊尔巴赫　Georg von Peuerbach
古斯塔夫·多雷　Gustave Doré
古斯塔夫·基希霍夫　Gustave Kirchhoff
哈拉尔德·梅勒　Harald Meller
哈洛·沙普利　Harlow Shapley
哈索尔　Hathor
海因里希·奥尔贝斯　Heinrich Olbers
海因里希·施瓦贝　Heinrich Schwabe
汉吉尔　Jahangir
汉斯·利伯希　Hans Lippershey
赫拉尔杜斯·墨卡托　Gerardus Mercator
赫拉克勒斯　Hercules
赫拉克利德斯　Heraclides
赫利俄斯　Helios
赫摩克拉底　Hermocrates
赫胥黎　T. H. Huxley
亨丽埃塔·斯旺·莱维特　Henrietta Swan Leavitt
亨利·德雷伯　Henry Draper
亨利·卡文迪许　Henry Cavendish
加扎里　Al-Jazari
杰西·拉姆斯登　Jesse Ramsden
卡尔·弗里德里希·高斯　Carl Friedrich Gauss
卡尔西德　Calcidius
卡米伊·弗拉马里翁　Camille Flammarion
卡普拉罗拉　Caprarola
卡兹维尼　Zakariya al-Qazwini
恺撒·巴龙纽斯　Caesar Baronius
凯瑟琳娜　Katharina
科尔比尼阿努斯·托马斯　Corbinianus Thomas
科斯马斯　Cosmas
克拉斯·扬茨·福特　Claes Jansz Vooght
克莱德·汤博　Clyde Tombaugh
克劳狄乌斯·托勒密　Claudius Ptolemy

克雷莫纳的杰拉尔德　Gerard of Cremona
克里斯蒂安·惠更斯　Christiaan Huygens
克里斯托夫·沙伊纳　Christoph Scheiner
克里斯托弗·哥伦布　Christopher Columbus
克里斯托弗·雷恩　Christopher Wren
克里提亚斯　Critias
肯迪　Abu Yūsuf al-Kindi
奎兹尔科亚特尔　Quetzalcoatl
昆图斯·科提乌斯·鲁弗斯　Quintus Curtius Rufus
拉　Ra
拉尔夫·沃尔多·艾默生　Ralph Waldo Emerson
莱昂哈德·图尔奈瑟尔　Leonhard Thurneysser
莱奥纳尔多·德·皮耶罗·达蒂　Leonardo de Piero Dati
莱奥纳尔多·多纳托　Leonardo Donato
赖谢瑙的赫尔曼　Hermann of Reichenau
朗贝尔　Lambert
朗博松　Rambosson
勒内·笛卡尔　René Descartes
勒威耶　Urbain Le Verrier
雷吉奥蒙塔努斯　Regiomontanus
理查德·亚当斯·洛克　Richard Adams Locke
丽莎白·兰登·威廉斯　Elizabeth Langdon Williams
利奥·奥拉提乌斯　Leo Allatius
列夫·朗道　Lev Landau
刘易斯·斯威夫特　Lewis Swift
卢卡斯·德·海勒　Lucas de Heere
伦纳德·伍利　Leonard Woolley
罗伯特·本生　Robert Bunsen
罗伯特·弗拉德　Robert Fludd
罗伯特·胡克　Robert Hooke
罗伯特·史密斯　Robert Smith
罗伯特·斯特林·纽沃尔　Robert Stirling Newall
罗伯特·伍德罗·威尔逊　Robert Woodrow Wilson
马尔杜克　Marduk
马尔提亚努斯·卡佩拉　Martianus Capella
马克罗比乌斯·安布罗休斯·西奥多西乌斯　Macrobius Ambrosius Theodosius
马克西米利安·黑尔　Maximilian Hell
马塞尔·哈维达　Marcel Ravidat
马腾·范法尔肯博赫　Marten van Valckenborch
马托伊斯·佐伊特　Matthaus Seutter
玛丽亚·米切尔　Maria Mitchell
迈克尔·法拉第　Michael Faraday
曼德鲁普·帕尔斯贝里　Manderup Parsberg
米尔顿·L. 赫马森　Milton L. Humason
米夏埃尔·拉彭卢埃克　Michael Rappenglueck
莫尔文的瓦尔歇　Walcher of Malvern
姆邦博神　Mbombo
穆罕默德·本·阿卜杜拉　Muhammad ibn Abdallah
穆罕默德·本·穆萨·阿尔·花拉子密　Muhammad ibn Mūsā al-Khwārizmī
穆罕默德·萨利赫·撒特维　Muhammad Saleh Thattvi
穆斯塔因　Al-Musta'in
内维尔·马斯基林　Nevil Maskelyne
那波勃来萨　Nabopolassar
那伽　Naga
奈菲尔塔利　Nefertari
奈斯图鲁　Nastulus
妮科尔海娜·勒波特　Nicole-Reine Lepaute

尼古拉路易·德拉卡耶　Nicolas-Louis de Lacaille

尼古拉斯·菲斯海尔　Nicolaes Visscher

努特　Nut

诺曼·柏格森　Norman Pogson

诺曼·洛克耶　Norman Lockyer

欧多克索斯　Eudoxus

欧里亚克的热尔贝　Gerbert of Aurillac

皮埃尔·伽桑狄　Pierre Gassendi

皮埃尔·让森　Pierre Janssen

皮埃尔-西蒙·拉普拉斯侯爵　Pierre-Simon, marquis de Laplace

珀西瓦尔·洛厄尔　Percival Lowell

普拉西德斯·菲克斯尔米勒奈　Placidus Fixlmillner

乔鲍　Csaba

乔瓦尼·巴蒂斯塔·里乔利　Giovanni Battista Riccioli

乔瓦尼·德·唐迪　Giovanni de' Dondi

乔瓦尼·德米夏尼　Giovanni Demisiani

乔瓦尼·多梅尼科·卡西尼　Giovanni Domenico Cassini

乔瓦尼·曼齐尼　Giovanni Manzini

乔瓦尼·斯基亚帕雷利　Giovanni Schiaparelli

乔万尼·迪·保罗　Giovanni di Paolo

乔治·克鲁克香克　George Cruikshank

乔治·勒梅特　George Lemaître

乔治·约阿希姆·雷蒂库斯　George Joachim Rheticus

切雷雷·费迪南德娅　Cerere Ferdinandea

让·布里丹　Jean Buridan

热罗姆·拉朗德　Jérôme Lalande

瑞　Ruh

萨科霍波斯科　Sacrobosco

萨拉·西蒙斯　Sarah Symons

塞尔吉乌斯一世　Sergios I

塞奈姆特　Senenmut

塞西莉娅·佩恩·加波施金　Cecilia Payne Gaposchkin

赛特　Seth

赛特·瓦尔昌德·希拉昌德　Seth Walchand Hirachand

沙玛什　Shamash

圣阿戈巴尔德大主教　St Agobard

圣埃弗雷姆　St Ephrem the Syrian

圣依西多禄　Isidore of Seville

史蒂芬·霍金　Stephen Hawking

舒斯特　Schuster

苏丹伊斯坎德尔　Sultan Jalā l al-Dīn Iskandar Sultan ibn Umar Shaykh

苏格拉底　Socrates

泰勒斯　Thales

提图斯·李维　Titus Livius

帖木儿　Tamerlane

图尔的主教格里高利　Bishop Gregory of Tours

托比亚斯·迈耶　Tobias Mayer

托马斯·阿奎那　Thomas Aquinas

托马斯·布伦德维尔　Thomas Blundeville

托马斯·迪格斯　Thomas Digges

托马斯·迪克牧师　Thomas Dick

托马斯·哈里奥特　Thomas Harriot

托马斯·赖特　Thomas Wright

托特　Thoth

瓦利德二世　Walid II

威廉·哈金斯　William Huggins

威廉·海德·渥拉斯顿　William Hyde Wollaston

威廉·赫歇尔　William Herschel

威廉·惠斯顿　William Whiston

威廉·吉尔伯特　William Gilbert

威廉·帕森斯　William Parsons

威廉·佩克 William Peck
威廉·M. 蒂姆林 William M.Timlin
威廉明娜·弗莱明 Williamina Fleming
维尼夏·伯尼 Venetia Burney
薇拉·鲁宾 Vera Rubin
韦斯 Wace
维克拉姆·萨拉巴依 Vikram Sarabhai
温琴佐·科罗内利 Vincenzo Coronelli
沃灵福德的理查德 Richard of Wallingford
西尔维斯特二世 Pope Sylvester II
西蒙 Simon
西莫二世·德·美第奇 Cosimo II de' Medici
西塞罗 Cicero
希伯·柯蒂斯 Heber Curtis
夏尔·梅西耶 Charles Messier
小山久子 Hisako Koyama
匈奴王阿提拉 Attila the Hun
亚伯拉罕·棣美弗 Abraham de Moivre
亚历山大·贾米森 Alexander Jamieson
扬·扬松纽斯 Jan Janssonius
伊丽莎白·兰登·威廉斯 Elizabeth Langdon Williams
伊丽莎白·塔斯克 Elizabeth Tasker
伊西斯 Isis
以撒哈顿 Esarhaddon
尤利乌斯·席勒 Julius Schiller
约翰·埃勒特·波德 Johann Elert Bode
约翰·巴耶 Johann Bayer
约翰·波得 Johann Bode
约翰·多佩玛 Johann Doppelmayrr
约翰·费伯 John Faber
约翰·弗拉姆斯蒂德 John Flamsteed
约翰·伽勒 Johann Galle
约翰·格奥尔格·帕利奇 Johann Georg Palitzsch
约翰·哈里森 John Harrison
约翰·赫歇尔 John Herschel
约翰·库奇·亚当斯 John Couch Adams
约翰·马丁 John Martin
约翰·米歇尔 John Michell
约翰·缪勒 Johannes Müller von Königsberg of Vienna
约翰·斯托 John Stow
约翰·威尔金斯 John Wilkins
约翰·威廉·德雷珀 John William Draper
约翰内斯·安杰勒斯 Johannes Angelus
约翰内斯·古腾堡 Johannes Gutenberg
约翰内斯·赫维留 Johannes Hevelius
约翰内斯·开普勒 Johannes Kepler
约瑟夫·冯·利特鲁 Joseph von Littrow
约瑟夫·夫琅和费 Joseph Fraunhofer
约瑟夫尼古拉·罗贝尔弗勒里 Joseph-Nicolas Robert-Fleury
宰尔噶里 Al-Al-Zarqālī
詹姆斯·查理士 James Challis
詹姆斯·卡彭特 James Carpenter
詹姆斯·克拉克·麦克斯韦 James Clark Maxwell
詹姆斯·克雷格·沃森 James Craig Watson
詹姆斯·内史密斯 James Nasmyth
詹姆斯·韦布 James Webb
詹姆斯·乌雪 James Ussher
朱塞普·皮亚齐 Giuseppe Piazzi

2. 作品名

《“西庇阿之梦”注疏》 Commentarii in Somniumscipioni
《阿拉蒂亚》 Aratea
《阿姆达特书》 Amduat
《阿斯加德的骑行》 Asgårdsreien
《奥德赛》 Odyssey
《奥格斯堡奇观集》 Augsburger Wunderzeichenbuch
《巴比伦的秋天》 The Fall of Babylon
《巴比伦史诗》 Enuma Elish
《巴别塔》 Turris Babel
《北半球天体图》 Carte de l'hémisphère boreal
《北极光》 Aurora Borealis
《冰雹和雷声》 De Grandine et Tonitruis
《冰岛故事集》 Icelandic Hauksbók
《波德星图》 Uranographia
《博尔吉亚抄本》 Codex Borgia
《布鲁特传奇》 Romande Brut
《布伦德耶先生的习作集》 M.Blundeuile His Exercises
《测天图》 Uranometria
《创世记与逐出伊甸园》 The Creation of The World and the Expulsion from Paradise
《创造的奥妙》 The Wonders of Creation
《带有黄道十二宫的宇宙图》 Situs Terrae Circuliscoelestibus…
《带有行星轨道并附有彗星的太阳系格局图》 A Scheme of the Solar System with the Orbits of the Planets and Comets belonging thereto…
《当天神和恩利勒神》 EnumaAnuEnlil)
《地理全志》 Universal Geography
《第一哲学沉思集》 Meditationes de Prima philosophia
《蒂迈欧篇》 Timaeus
《发现了许多月球居民的明显痕迹及其中一座庞大建筑》 Discovery of Many Distinct Traces of Lunar Inhabitants,Especially of One of Their Colossal Buildings
《弗拉姆斯蒂德星图》 The Atlas Coelestis
《哥白尼天文图解》 Kopperu Tenmon Zukai
《给皇帝看的消遣之书》 Otia Imperialia
《供学校和研究机构使用的太阳系平面图或星图》 Plan or Map of the Solar System Projected for Schools & Academies
《关于太阳黑子的三封信》 Tre lettere sulle macchie solari
《关于宇宙多样性的对话》 Entretiens sur la pluralité des mondes
《和谐大宇宙》 Harmonia Macrocosmica
《亨利·德雷伯星表》 Henry Draper Catalogue
《恒星的布局》 De Composicione Sphere Solide
《恒星之书》 Constellations of Fixed Stars
《花之书》 Liber Floridus

《寰宇秩序》 Atlas Coelestis

《皇家科学院回忆录》 Mémoires de l'Académieroyaledes sciences

《皇家天文学会月报》 Monthly Notices of the Royal Astronomical Society

《彗星》 Les Comètes

《彗星书》 Kometenbuch

《彗星天文学论说》 Synopsis of the Astronomy of Comets

《火星，生命的居所》 Mars as the Abode of Life

《火星》 Mars

《火星飞船》 The Ship That Sailed to Mars

《火星及其运河》 Mars and its Canals

《霍恩比时期的内维尔》 The Neville of Hornby Hours

《积尺》 Zij al-Sindh

《积尺》 Zij

《积尺解读》 Explanation of Zijes

《基督教星图》 Coelum Stellatu Mchristianum

《基督教星图之第一半球》 The Coeli Stellati Christiani Haemisphaerium Posterius Map

《加泰罗尼亚地图集》 Catalan Atlas

《精巧机械装置的知识》 The Book of Knowledge of Ingenious Mechanical Devices

《两个世界的历史……》 Utriusque Cosmi…

《猎户座中的星云》 The Nebula in Orion

《鲁道夫星表》 Rudolphine Tables

《论磁》 De Magnete…

《论时间的推算》 On the Reckoning of Time

《论世界之球体》 De Sphaera Mundi

《论天空的构造》 On the Construction of the Heavens

《论我们的主耶稣基督的包皮》 De Praeputio Domini Nostri Jesu Christi Diatriba)

《论星盘》 Astrolabium

《罗马自建成以来的历史》 History of Rome

《南半球黄道十二宫星图》 The Zodiacusstellatus…

《年鉴》 Annale

《纽伦堡编年史》 Nuremberg Chronicle

《平面的天体》 Astrolobium Planum

《评注阿拉托斯和欧多克索斯的＜物象＞》 Commentary on the Phaenomena of Aratus and Eudoxus

《奇迹之书》 The Book of Marvels

《认识上帝之路》 Sci vias Domini

《神迹》 Prodigia

《时轮金刚》 Kalachakra Tantra

《世界的范围》 La Sphère Du Monde

《世界的和谐》 Harmonicesmundi

《探索月球上的世界》 The Discovery of a World in the Moone

《天空内部（或称净火天）体系图及路西法的堕落》 System of the Interior or Empyrean Heaven，Shewing the Fall of Lucifer

《天体轨道的完美描述》 A Perfit Description of the Caelestial Orbes

《天体图》 Figure of the Heavenly Bodies

《天体图》 A Celestial Atlas

《天体运行论》 De Revolutionibus Orbium Coelestium

《天文气象杂占》 Divination by Astrological and Meteorological Phenomena

《天文学》 Astronomy

《天文学大成》 Almagest

《天文学大成概论》 Epytoma in Almagestum

《天文学导论》 Introduction to Astronomy

《天文学绪论》 Prodromus Astronomiae

《天文仪器》 Machinaecoelestis

《通俗天文学手册和星图集》 Popular Handbook and Atlas of Astronomy
《统治学说》 Archidoxa
《土星系统》 System Asaturnium
《托莱多天文表》 Toledan Tables
《托勒密天球的平面图……》 Planisphaerium Ptolemaic…
《完整的光学系统》 A Compleat System of Opticks
《乌拉尼亚之镜》 Urania's Mirror
《物理年鉴》 Annalen der Physik
《物象》 Phaenomena
《物之属性》 De Proprietatibus Rerum
《写给年轻人的星星的故事》 G. E. Mitton's The Book of Stars for Young People
《新天文学》 Astronomia Nova…
《新星》 De Nova Stella
《星空使者》 Sidereus Nuncius
《星空图片集》 Bilderatlas der Sternenwelt
《行星假说》 Planetary Hypotheses
《雅吉斯地理星图小绘本》 Yaggy's Geographical Study
《亚历山大大帝传》 Histories of Alexander the Great
《伊利亚特》 Iliad
《依南娜的崇拜》 Ninme-šara
《英格兰编年史》 General Chronicle of England
《幽灵星图集》 The Phantom Atlas
《鱼的历史》 De Historiapiscium
《宇宙的奥秘》 Mysterium Cosmographicum
《宇宙体系论》 Exposition du Système du Mond
《宇宙志》 Cosmographia
《寓言之书》 Emblematum Liber
《御用天文学》 Astronomicumcaesareum
《原理》 Principia
《月面图》 Selenographia
《月球》 The Moon
《月球上的发现……》 Decouvertes dans la lune…
《运用艾萨克·牛顿爵士的原理解释天文学》 Astronomy Explained upon Sir Isaac Newton's Principles
《在费罗洛吉和墨丘利的婚礼上》 De Nuptiisphilologiae Et Mercurii
《占星术引介》 De Magnis Conjunctionibus
《正在经历的事件……》 Passing Events…
《自然哲学的数学原理》 Philosophiæ Naturalis Principia Mathematica
《自然之书》 Buch der Natur

致谢

我想向所有为本书的创作提供帮助的人表达我深深的谢意，如果没有你们，这本书不可能完成：感谢 Charlie Campbell at Kingsford Campbell、Ian Marshall at Simon and Schuster，感谢 Laura Nickoll 和 Keith Williams，是你们的不懈努力，才有了这本这么漂亮的书。也要再次感谢 Franklin Brooke-Hitching，感谢你忍受了我向你问了这么多问题。我还要感谢我的全家，谢谢你们对我的支持，感谢 Alex and Alexi Anstey，Daisy Laramy-Binks，Matt、Gemma and Charlie Troughton，Kate Awad，Katherine Parker，Georgie Hallett，Thea Lees。感谢《奇》节目组的朋友们：John、Sarah and Coco Lloyd，Piers Fletcher，James Harkin，Alex Bell，Alice Campbell Davies，Jack Chambers，Anne Miller，Andrew Hunter Murray，Anna Ptaszynski，James Rawson，Dan Schreibe，Mike Turner，Sandi Toksvig。

感谢那些慷慨地向我提供素材或允许我复制他们手中精美的星图和其他物件的机构，感谢你们让这本书如此丰富：感谢 Barry Ruderman of Barry Lawrence Ruderman Antique Maps 对本项目的毫无保留的慷慨支持，感谢 Massimo De Martini and Miles Baynton-Williams at Altea Antique Maps，感谢 Daniel Crouch and Nick Trimming at Daniel Crouch Rare Books and Maps，感谢 Dreweatts Ltd and Carlton Rochell Asian Art、Steven Holmes、the Cartin Collection、大英图书馆、欧洲航天局、美国国家航空航天局、根特大学、大都会艺术博物馆、美国国会图书馆和伦敦威尔康博物馆。

精选阅读书目

Armstrong, K. (2005) A Short History of Myth, London: Canongate

Barentine, J. C. (2016) The Lost Constellations, London: Springer Praxis Books

Barrie, D. (2014) Sextant..., London: Collins

Benson, M. (2014) Cosmigraphics, New York: Abrams

Brunner, B. (2010) Moon: A Brief History, Yale: Yale University Press

Bunone, J. (1711) Universal Geography, London

Burl, A. (1983) Prehistoric Astronomy and Ritual, Aylesbury: Shire

Chapman, A. (2014) Stargazers, Oxford: Lion Books

Christianson, G. E. (1995) Edwin Hubble: Mariner of the Nebulae, New York: Farrar, Straus & Giroux

Clarke, V. (ed.) (2017) Universe, London: Phaidon

Crowe, M. J. (1994) Modern Theories of the Universe from Herschel to Hubble, New York: Dover

Crowe, M. J. (1990) Theories of the World from Antiquity to the Copernican Revolution, New York: Dover

Davie, M. & Shea, W. (2012) Galileo: Selected Writings, Oxford: Oxford University Press

Dekker, E. (2013) Illustrating the Phaenomena: Celestial Cartography in Antiquity and the Middle Ages, Oxford: Oxford University Press

Dunkin, E. (1869) The Midnight Sky, London: The Religious Tract Society

Feynman, R. (1965) The Character of Physical Law, Cambridge, MA: MIT Press

Ford, B. J. (1992) Images of Science: A History of Scientific Illustration, London: British Library

Galfard, C. (2015) The Universe in Your Hand: A Journey Through Space, Time and Beyond, London: Macmillan

Hawking, S. (1988) A Brief History of Time, London: Bantam

Hawking, S. (2016) Black Holes: Reith Lectures, London: Bantam

Hawking, S. (2006) The Theory of Everything: The Origin and Fate of the Universe, London: Phoenix

Hodson, F. R. (ed.) (1974) The Place of Astronomy in the Ancient World, Oxford: Oxford University Press

Hoskin, M. (2011) Discoverers of the Universe: William and Caroline Herschel, Princeton, NJ: Princeton University Press

Hoskin, M. (1997) The Cambridge Illustrated History of Astronomy, Cambridge: Cambridge University Press

Hubble, E. (1936) The Realm of the Nebulae, New Haven, CT: Yale University Press

Kanas, N. (2007) Star Maps, Chichester: Praxis

King, D. A. (1993) Astronomy in the Service of Islam, Aldershot: Variorum

King, H. C. (1955) The History of the Telescope, London: Charles Griffin

Kragh, H. S. (2007) Conceptions of Cosmos, Oxford: Oxford University Press

Lang, K. R. & Gingerich, O. (eds) (1979) A Source Book in Astronomy and Astrophysics, 1900–1975, Cambridge, MA: Harvard University Press

Mosley, A. (2007) Bearing the Heavens: Tycho Brahe and the Astronomical Community of the Late Sixteenth Century, Cambridge: Cambridge University Press

Motz, L. & Weaver, J. H. (1995) The Story of Astronomy, New York, NY: Plenum

Nakayama, S. (1969) A History of Japanese Astronomy, Cambridge, MA: Harvard University Press

Neugebauer, O. (1983) Astronomy and History Selected Essays, New York, NY: Springer-Verlag

Rooney, A. (2017) Mapping the Universe, London: Arcturus

Rovelli, C. (2016) Seven Brief Lessons on Physics, London: Penguin

Rovelli, C. (2011) Anaximander, Yardley: Westholme

Sagan, C. (1981) Cosmos, London: Macdonald

Snyder, G. S. (1984) Maps of the Heavens, New York, NY: Cross River Press

Sobel, D. (2017) The Glass Universe, London: Fourth Estate

Sobel, D. (2011) A More Perfect Heaven: How Copernicus Revolutionized the Cosmos, London: Bloomsbury

Sobel, D. (2005) The Planets, London: Fourth Estate

Stephenson, B. (1994) The Music of the Heavens: Kepler's Harmonic Astronomy, Princeton, NJ: Princeton University Press

Stott, C. (1991) Celestial Charts, London: Studio Editions

Thurston, H. (1993) Early Astronomy, New York, NY: Springer-Verlag

Van Helden, A. (1985) Measuring the Universe: Cosmic Dimensions from Aristarchus to Halley, Chicago, IL: University of Chicago Press

Whitfield, P. (2001) Astrology, London: British Library

Whitfield, P. (1995) The Mapping of the Heavens, London: British Library

Wulf, A. (2012) Chasing Venus: The Race to Measure the Heavens, London: Vintage

图片来源

Alamy：正文 100–101 页; Altea Antique Maps：正文第 26–27 页、第 169 页下图; Anagoria：正文第 7 页; Asahigraph：正文第 217 页上图; 牛津大学阿什莫尔博物馆: 正文第 63 页; 纽约大学档案馆: 正文第 178 页上图; Barry Lawrence Ruderman Antique Maps：文前第 1 页、第 6–7 页，正文第 10 页、第 40 页、第 48–49 页两张图片、第 50 页、第 71 页、第 82 页、第 103 页、第 105 页、第 112 页、第 118–119 页全部图片、第 132–133 页全部图片、第 134 页上图、第 146 页、第 148 页、第 150 页两张图片、第 151 页上图、第 152–153 页、第 157 页、第 165 页下图、第 190 页下图、第 222 页、第 223 页; 邦瀚斯拍卖行: 第 61 页; 大英图书馆: 正文第 6 页、第 7 页、第 20 页、第 22 页、第 24 页、第 46–45 页、第 51 页、第 53 页、第 73 页、第 76 页、第 84 页、第 100 页、第 107 页; 剑桥大学图书馆: 正文第 142 页; Cartin Collection：正文第 96 页下图、第 97 页上图; Colegota：正文第 9 页; Jade Antique Maps, Asia：第 21 页下图; Dan Bruton, Ph.D., SFA Observatory, www.observatory.sfasu.edu (repeated star map); Daniel Crouch Rare Books and Maps：正文第 138–139 页、第 199 页; Dr Janos Korom：正文第 57 页; Dreweatts Ltd and Carlton Rochell Asian Art：正文 154–155 页; Dublin: Chester Beatty Library(公版)：正文第 21 页上图; Ed Dunens：序言第 09 页; ESA/Gaia/DPAC：正文第 230–231 页; ESAgency/Hubble and NASA：正文第 161v 页; Fae：正文第 16 页; bpk | Staatliche Kunstsammlungen Dresden | Elke Estel | Hans-Peter Klut：正文第 12–13 页; 事件视界望远镜、国家科学基金会: 正文第 229 页; Getty Images：正文第 4 页; Geographicus: 正文第 150 页; 斯坦福大学图书馆: 正文第 136–137 也; Hans Bernhard：正文第 31 页; 哈佛大学图书馆: 正文第 202 页、第 203 页; 海德堡大学图书馆: 序言第 07 页; Heritage Image Partnership Ltd/Alamy Stock Photo：正文第 3 页; 哈佛大学霍顿图书馆(公版)：正文第 36 页; 湖南省博物馆: 第 23 页; 剑桥大学天文学研究所图书馆: 正文第 144 页、第 145 页、第 165 页上图、第 166 页下图、第 178 页下图、第 188 页上图、第 190 页上图; Joe Haythornthwaite：正文第 195 页下图; John Harding：第 17 页; 莱顿大学: 正文第 127 页; 美国国会图书馆: 正文第 39 页两张图片、第 41 页、第 64 页、第 86–87 页, 第 94–95 页、第 98 页、第 126 页、第 128 页、第 129 页、第 135 页、第 140 页、第 162 页、第 169 页上图、第 173 页、第 182 页、第 188 页下图、第 191 页下图、第 196–197 页、第 204 页、第 207 页、第 218 页、第 219 页; 国会图书馆地理地图部: 正文第 47 页; 国会图书馆政府出版物部: 正文第 210 页; ’ Livioandronico2013：正文第

102 页 ; Marcus Bartlett ：正文第 32 页 ; Marsyas ：正文第 35 页 ; 大都会艺术博物馆：扉页，文前页第 4–5 页，序言第 04 页 , 正文第 28 页、第 30 页、第 66 页、第 88 页、第 91 页、第 92 页图、第 109 页下图、第 177 页 ; 明尼阿波利斯艺术博物馆：正文第 125 页上图 ; 卢森堡博物馆 (公版) ：正文第 124 页 ; 米兰达芬奇国家科学技术博物馆：正文第 92 页 ; Myrabella ：正文第 149 页上图 ; NASA/ESA/AURA/Caltech ：正文第 8 页 ; NASA/ESA ：正文第 221 页 ; NASA, ESA and Jesœs Maz Apellÿniz (Instituto de Astrof®™sica de Andaluc®™a) – acknowledgement: Davide De Martin (ESA/Hubble) ： 正 文 第 224 页 ; NASA, ESA, P. Oesch and I. Momcheva (Yale University), and the 3D-HST and HUDF09/XDF teams ：正文第 225 页 ; NASA, ESA and the Hubble Heritage Team (STScI/AURA) : NASA/JPL-Caltech ：正文第 227 页、正文第 228 页下面 3 张图 ; NASA 华盛顿卡内基研究所：正文第 184 页、第 185 页; NASA、约翰 • 霍普金斯大学应用物理实验室、美国西南研究院：正文第 200 页、第 228 页上图 ; NASA/JPL/Dan Goods ：正文第 220 页；美国国家艺术馆：正文第 38 页 ; 日本国立国会图书馆：序言第 10 页，正文第 216–217 页 ; NLA ：正文第 193 页上图 ; 法国国家图书馆 (公版) ：正文第 2 页 ; 美国国立医学图书馆：正文第 65 页、第 156 页、第 170–171 页 (两张图片); 挪威国家博物馆：正文第 54–55 页 ; 奥地利国家图书馆：正文第 108 页 ; Paul K ：正文第 96 页上面 5 张图 ; Philip Pikart ：正文第 19 页 ; Pom² ：正文第 60 页 ; SenemmTSR ：正文第 28 页 ; Smithsonian ：序言第 04 页 , 正文第 109 页上图、正文第 122 页、第 125 页右下图及左下图、第 131 页、第 134 页下图、第 158–159 页、第 174 页、第 175 页、第 176 页、第 215 页 ; The al-Sabah Collection, Kuwait (公版) ：正文第 59 页 ; The History of Chinese Science and Culture Foundation ：正文第 25 页 ; The Yorck Project ：正文第 29 页 ; totaltarian/imgur.com ：序言第 02 页 ; 汶岛第谷 • 布拉赫博物馆正文第 110 页下图、第 111 页 ; 根特大学：正文 78–79 页全部图片 ; 密歇根大学：正文第 121 页 ; virtusincertus 59; 沃尔特艺术博物馆 (公版) ：文第 77 页 ; Wellcome Collection ：序言第 05 页 , 正文第 16 页、第 32 页、第 33 页、第 113 页、第 160 页、第 16 页、第 166 页上图 ; 英国维尔康姆图书馆：正文第 68–69 页、第 70 页; Wikipedia.ru ：正文第 75 页 ; Xavier Caballe ：正文第 192 页 (左上图); Zentralbibliothek Z® π rich ：正文第 97 页下图 ; Zunkir ：正文第 15 页。

第 1 页：吉亚科莫 • 乔瓦尼 • 罗西（Giacomo Giovanni Rossi）创作的《天球平面图》（*Planisfero Del Globo Celeste*，1687 年）

文前第 4–5 页 :《夜之女王宫殿中的星之殿》（*The Hall of Stars in the Palace of the Queen of the Night*）卡尔 • 弗里德里希 • 申克尔为莫扎特歌剧《魔笛》设计的舞台效果。

图书在版编目（CIP）数据

星空5500年：人类探索神话、历史和宇宙的伟大旅程 / (英) 爱德华·布鲁克-海钦著；慕真译. -- 北京：北京联合出版公司, 2021.1（2023.7重印）

ISBN 978-7-5596-4723-8

Ⅰ. ①星… Ⅱ. ①爱… ②慕… Ⅲ. ①天文学－普及读物 Ⅳ. ①P1-49

中国版本图书馆CIP数据核字(2020)第228947号

北京版权局著作权合同登记 图字：01-2020-6250号

星空5500年：
人类探索神话、历史和宇宙的伟大旅程

作　　者　[英] 爱德华·布鲁克-海钦
译　　者　慕　真
出 品 人　赵红仕
责任编辑　高霁月
监　　制　黄　利　万　夏
特约编辑　路思维　杨　森
营销支持　曹莉丽
装帧设计　紫图装帧

北京联合出版公司出版
（北京市西城区德外大街 83 号楼 9 层　100088）
艺堂印刷（天津）有限公司印刷　新华书店经销
字数 197 千字　787 毫米 × 1092 毫米　1/16　16.5 印张
2021 年 1 月第 1 版　2023 年 7 月第 2 次印刷
ISBN 978-7-5596-4723-8
定价：199.00 元

All'Ill.mo Signore
Il Sig. Abbate Sebastiano Venier
Patritio Veneto.
Rotondità della del Cielo, et Terra.
Nascimento et Occaso delle Stelle.
Li quattro Elementi dominati dalli sette pianeti, et segni Celesti.
MONDO NUOVO
Case delli 12 segni Celesti collocati nella Sphera.
Membri dell'Huomo dominati dalli dodici segni Celesti.
Globo della Terra.
AUSTRO
SETTENTRIONE
NADIR
AFRICA
Ruota perpetua della Settuagesima. F. serve a Febraio. G. a Genaro.
Ruota perpetua della Quadragesima. F. serve a Febraio. M. a Marzo.
Ruota perpetua della Pascha. M. serve a Marzo. A. a Aprile.
Ruota perpetua dell'Ascensione. M. serve a Maggio. G. a Giugno.
Ruota perpetua delle Pentecoste. M. serve a Maggio. G. a Giugno.
Ruota perpetua del Corpo di Christo M. serve a Maggio. G. a Giugno.
AVREVS NVMERVS
Nel Laboratorio del P. Coronelli in Venetia